职业院校校企“双元”合作电气类专业立体化教材

电气识图与CAD制图

主　编　邵红硕

副主编　赵　冲

参　编　刘天宋

机械工业出版社

本书重点介绍了电气识图与CAD制图的基础知识与应用，全书共分4个项目，包含10个学习任务，分别是电气符号认知、电气图的认知、机床电气图的识读、机加工车间配电系统图的识读、电气图的制图基础、AutoCAD 2019软件基础应用、简单电气图形的绘制、供配电电路图的绘制、电气控制图的绘制、布局与出图打印。每个任务都以典型电气工程为载体，将电气识图方法和绘图技巧分散到各个任务中，通过任务描述、学习目标、建议课时、知识链接、任务实施等环节进行介绍，使学生能够牢固掌握基础知识和相关技能并能够灵活运用。本书配套有《电气识图与CAD制图工作页》，方便学生学以致用。

本书适合作为职业院校和技工院校电气类相关专业的专业基础课教材，也可以作为电气工程技术人员的参考书。

为方便教学，本书配套PPT课件、电子教案及视频资源（以二维码形式呈现于书中），选择本书作为授课教材的教师可登录www.cmpedu.com注册后免费下载。

图书在版编目（CIP）数据

电气识图与CAD制图/邵红硕主编.—北京：机械工业出版社，2022.1（2022.8重印）

职业院校校企“双元”合作电气类专业立体化教材

ISBN 978-7-111-70087-6

Ⅰ.①电… Ⅱ.①邵… Ⅲ.①电路图-识图-中等专业学校-教材 ②电气制图-AutoCAD软件-中等专业学校-教材 Ⅳ.①TM13 ②TM02-39

中国版本图书馆CIP数据核字（2022）第008653号

机械工业出版社（北京市百万庄大街22号 邮政编码100037）
策划编辑：赵红梅 责任编辑：赵红梅 张 丽
责任校对：樊钟英 王明欣 封面设计：马精明
责任印制：单爱军
河北宝昌佳彩印刷有限公司印刷
2022年8月第1版第2次印刷
184mm×260mm · 16.75印张 · 291千字
标准书号：ISBN 978-7-111-70087-6
定价：49.80元

电话服务 网络服务
客服电话：010-88361066 机 工 官 网：www.cmpbook.com
010-88379833 机 工 官 博：weibo.com/cmp1952
010-68326294 金 书 网：www.golden-book.com
封底无防伪标均为盗版 机工教育服务网：www.cmpedu.com

前　言

电气识图与制图是电气工程技术人员的典型工作任务，是电气从业者必备的基本技能，也是职业教育电气类专业的一门重要专业基础课程。本书是遵循“工学结合、双元合作”职业教育发展规律，以学生为中心，在企业有关人员的参与下，结合职业院校和技工院校的教学特点编写而成的一体化教学教材。

本书采用职业院校和技工院校常用的一体化教学方法进行内容的组织与编排，以培养读者的电气识图能力、AutoCAD 2019 软件制图能力为目标，选取必备的基础知识和技能，以典型工作任务为载体，有效整合理论知识和实践实操，突出知识的层次性、递进性，针对性和实用性强，使读者在完成工作任务过程中学习知识、掌握技能，提升工匠素养。

本书主要特色如下：

1）内容专业、严谨。本书内容依照现行电气行业国家标准和 AutoCAD 2019 软件使用说明进行编写，专业性强、内容严谨。

2）编写体例创新。每个任务都以典型电气工程为载体，目标明确，将电气识图方法和绘图技巧分散到各个任务中。在对绘图命令讲解时采用表格形式，内容清晰易懂，每个指令都有实例，分步骤举例讲解。

3）呈现模式新颖。本书采用“主教材＋工作页”配套模式，对应主教材开发出 12 个样例任务，8 个拓展任务，方便教学和练习。

4）立体化资源配套全。本书中绘图命令配有微课讲解，并配套 PPT 课件、电子教案等教学资源，方便教师教学和学生自学。

教学过程建议采用理实一体化教学方法，参考课时 80 学时，各任务参考课时见下表。

项目名称	任务名称	参考课时数
项目一 电气识图与制图基础	学习任务一 电气符号认知	4
	学习任务二 电气图的认知	4
	学习任务三 机床电气图的识读	6

（续）

项目名称	任务名称	参考课时数
项目一 电气识图与制图基础	学习任务四 机加工车间配电系统图的识读	6
	学习任务五 电气图的制图基础	2
项目二 AutoCAD 2019 绘图基础	学习任务六 AutoCAD 2019 软件基础应用	10
	学习任务七 简单电气图形的绘制	12
项目三 常用电气图的绘制与编辑	学习任务八 供配电电路图的绘制	14
	学习任务九 电气控制图的绘制	14
项目四 工程出图基础	学习任务十 布局与出图打印	6
机动		2
合计		80

本书由上海信息技术学校邵红硕任主编，南阳技师学院赵冲任副主编，常州刘国钧高等职业技术学校刘天宋参与编写。其中邵红硕编写项目三、项目四；赵冲编写项目一；刘天宋编写项目二。全书由邵红硕统稿。

由于编者水平有限，书中难免有欠妥之处，恳请广大读者批评指正。

编　者

二维码索引

（续）

名称	图形	页码	名称	图形	页码
“移动”命令		122	“拉长”命令		138
“旋转”命令		123	“打断”命令		139
“对齐”命令		124	“打断于点”命令		140
“复制”命令		125	“合并”命令		141
“镜像”命令		127	“分解”命令		142
“偏移”命令		128	“圆角”命令		143
“阵列”命令		129	“倒角”命令		144
“删除”命令		132	“单行文字”命令		146
“修剪”命令		133	“多行文字”命令		148
“拉伸”命令		134	“标注”命令		149
“缩放”命令		136	“线性标注”命令		151
“延伸”命令		137	“对齐标注”命令		152

（续）

目 录

项目一 电气识图与制图基础

项目描述

某工厂要对新建车间进行电气安装与设备调试，现已给出相关电气图样，要求施工人员能在规定期限内，对电气图样进行识图分析，安全有效地完成车间电气系统的安装与调试。

电气识图与制图是电气行业人员应具备的一项专业技能。通过本项目的学习，能够识读常见的电气符号、图形符号，会分析常见供配电图样和典型电气控制图样，掌握识图方法，培养严谨细致、科学思维的工匠素养。

学习任务一 电气符号认知

任务描述

电气图是用来阐述电气工作原理、描述电气产品的构造和功能，并提供产品安装和使用方法的一种简图，主要以电气图形符号、带注释的线框或简化外形来表示电气设备或系统中各有关组成部分的连接方式。如图 1-1 所示为电动机点动与连续复合控制电路，该电路中用各

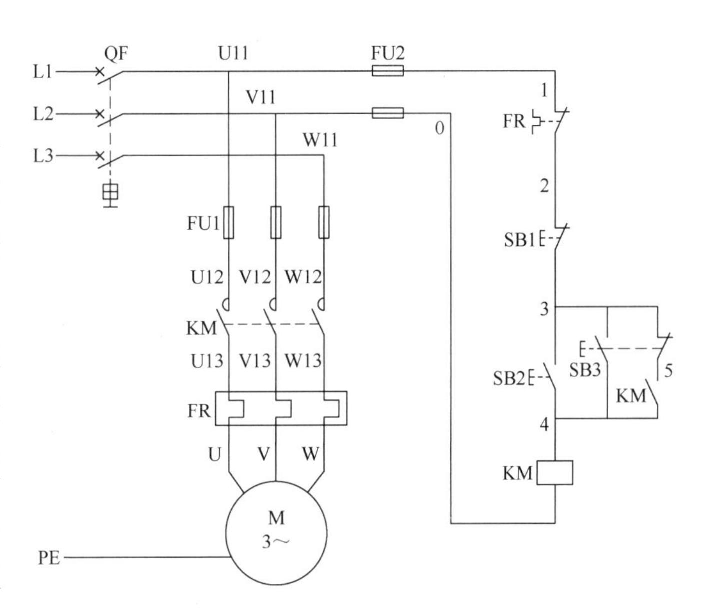

图 1-1 电动机点动与连续复合控制电路图

种图形和文字符号表示了实际电路中的元器件。本次任务学习电气图中的常用电气符号。

学习目标

1. 了解电气图的基本概念。
2. 能正确识读常用电气图形、文字符号。
3. 能正确书写常用电气图形、文字符号。
4. 能正确识读项目代号。

建议课时

4 课时。

知识链接

一、电气图形符号认知

图形符号是用于图样或其他文件以表示各设备或者概念的图形标记，通过书写、绘制、印刷或其他方法产生的可视图形，以简明易懂的方式传递信息，表示一个实物或概念，并可提供有关条件、相关性及动作信息的工业语言。

1. 图形符号的组成

（1）一般符号　一般符号是指表示一类产品或产品特征的一种简单符号，如图 1-2 所示。

（2）符号要素　符号要素是指具有确定意义的简单图形，必须与其他图形组合以构成一个设备或概念的完整符号，如图 1-3 所示。

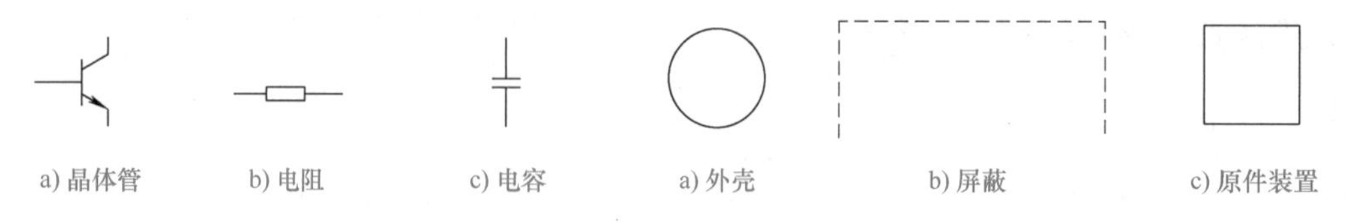

图 1-2　一般符号　　图 1-3　符号要素

（3）限定符号　限定符号是用以提供附加信息的一种加在其他符号上的符号，它一般不能单独使用，但一般符号有时也可用作限定符号，如图 1-4 所示。

（4）方框符号　方框符号是指表示元件、设备等的组合及其功能，既不给出元件、设备的细节，也不考虑所有连线的一种简单图形符号，如图 1-5 所示。

图 1-4　限定符号　　图 1-5　方框符号

2. 常用图形符号的应用说明

1）所有图形符号，均按无外压、无外力作用的正常状态示出。

2）某些设备元件有多个图形符号，如有优选形、其他形或形式 1、形式 2 等。选用符号的原则：尽可能采用优选形；在满足需要的前提下，尽量采用最简单的形式；在同一图号的图中使用同一种形式。

3）符号的大小和图线的宽度一般不影响符号的含义，在有些情况下，为了强调某些方面、便于补充信息或者区别不同用途，允许采用不同大小的符号和不同宽度的图线。

4）为了保持图面清晰，应尽可能避免导线弯折或交叉，在不致引起误解的情况下，可以将符号旋转或成镜像放置，但此时图形符号的文字标注和指示方向不得倒置。

5）图形符号一般画有引线，但在绝大多数情况下引线位置仅用作示例。在不改变符号含义的原则下，引线可取不同的方向。如引线符号的位置影响到符号的含义，则不能随意改变，否则引起歧义。

6）在 GB/T 4728. 2—2018 中比较完整地列出了符号要素、限定符号和其他常用符号，但组合符号是有限的。某些特定装置或概念的图形符号在标准中未列出，允许通过已规定的一般符号、限定符号和符号要素适当组合，派生出新的符号。

7）符号绘制：电气图用图形符号是按网格绘制出来的，但网格未随符号示出。

二、电气文字符号认知

1. 常用电气文字符号

电气技术中的文字符号可分基本文字符号和辅助文字符号。其中基本文字符号分单字母和双字母符号。

（1）单字母文字符号　用字母将各种电气设备、装置和元器件划分为 23 大类，每大类用一个专用单字母文字符号表示，如 R 为电阻器，Q 为电力电路的开关器件类等，具体见表 1-1。

表 1-1　单字母文字符号

字母代码	项目种类	举　例
A	组件、部件	印制电路板、激光器、调节器、磁放大器等
B	变换器	热电传感器、热电池、光电池、送话器、扬声器、耳机等
C	电容器	
D	二进制元件、存储器件	数字集成电路和器件、单稳态元件、寄存器、磁心存储器
E	其他元器件	照明灯、发热器件等
F	保护器件	熔断器、过电压放电器件、避雷器
G	发电机、电源	旋转发电机、旋转变频器、蓄电池、振荡器
H	信号器件	光指示器、声响指示器
K	继电器、接触器	
L	电感器、电抗器	感应线圈、电抗器、线路陷波器
M	电动机	
N	模拟元件	运算放大器，模拟、数字混合器件
P	测量设备、试验设备	指示器件、记录器件、积算测量器件、信号发生器、时钟
Q	电力电路的开关	断路器、隔离开关
R	电阻器	可变电阻器、电位器、变阻器、分流器、热敏电阻
S	控制电路开关、选择器	控制开关、按钮、位置开关、选择开关
T	变压器	电压互感器、电流互感器
U	调制器、变换器	解调器、变频器、编码器
V	半导体器件、电真空器件	电子管、气体放电管、晶体管、晶闸管、二极管
W	传输通道、天线、波导	导线、电缆、波导、偶极天线、抛物天线
X	端子、插座、插头	插座、插头、端子板
Y	电气操作的机械装置	电磁制动器、电磁离合器、气阀
Z	终端设备、混合变压器、滤波器、均衡器、限幅器	电缆平衡网络、压缩扩展器、晶体滤波器、网络

（2）双字母文字符号　双字母符号由表示种类的单字母与另一字母组成，其组合形式以单字母文字符号在前，另一个字母在后的次序列出。双字母符号中的另一个字母通常选用该类设备、装置和元器件英文名词的首位字母、常用缩略语、约定俗成的习惯用字母，常用双字母文字符号见表 1-2。

表 1-2　常用双字母文字符号

名称	双字母	名称	双字母	名称	双字母
直流电动机	MD	自耦变压器	TA	电压继电器	KV
交流电动机	MA	整流变压器	TR	接触器	KM
同步电动机	MS	稳压器	TS	电位器	RP
电子管	VE	电流互感器	TA	频敏电阻器	RF
隔离开关	QS	电压互感器	TV	晶体管放大器	AD
刀开关	QK	熔断器	FU	电子管放大器	AV
控制开关	SA	照明灯	EL	连接片	XB
微动开关	SS	指示灯	HL	插头	XP
按钮开关	SB	蓄电池	GB	插座	XS

（3）辅助文字符号　辅助文字符号用来表示电气设备、装置和元器件以及线路的功能、状态和特征，通常也是由英文单词的前一个或两个字母构成。它一般放在基本文字符号后边，构成组合文字符号。如“ACC”表示加速，“BRK”表示制动等。辅助文字符号也可以放在表示种类的单字母符号后边组成双字母符号，例如“SP”表示压力传感器。若辅助文字符号由两个以上字母组成时，为简化文字符号，只允许采用第一位字母进行组合，如“MS”表示同步电动机。辅助文字符号还可以单独使用，如“OFF”表示断开，“DC”表示直流等。辅助文字符号一般不能超过三位字母。常用辅助文字符号见表 1-3。

表 1-3　电气图中常用的辅助文字符号

序号	名称	符号	序号	名称	符号
1	电流	A	12	向后	BW
2	交流	AC	13	控制	C
3	自动	AUT	14	顺时针	CW
4	加速	ACC	15	逆时针	CCW
5	附加	ADD	16	降	D
6	可调	ADJ	17	直流	DC
7	辅助	AUX	18	减	DEC
8	异步	ASY	19	接地	E
9	制动	BRK	20	紧急	EM
10	黑	BK	21	快速	F
11	蓝	BL	22	反馈	FB

（续）

序号	名称	符号	序号	名称	符号
23	向前、正	FW	40	不保护接地	PU
24	绿	GN	41	反、由、记录	R
25	高	H	42	红	RD
26	输入	IN	43	复位	RST
27	增	ING	44	备用	RES
28	感应	IND	45	运转	RUN
29	低、左、限制	L	46	信号	S
30	闭锁	LA	47	起动	ST
31	主、中、手动	M	48	置位、定位	SET
32	手动	MAN	49	饱和	SAT
33	中性线	N	50	步进	STE
34	断开	OFF	51	停止	STP
35	闭合	ON	52	同步	SYN
36	输出	OUT	53	温度、时间	T
37	保护	P	54	真空、速度、电压	V
38	保护接地	PE	55	白	WH
39	保护接地与中性线共用	PEN	56	黄	YE

（4）其他文字符号

1）特殊用途文字符号。在电气图中，一些特殊用途的接线端子、导线等通常采用一些专用的文字符号。例如，三相交流系统电源分别用“L1、L2、L3”表示，三相交流系统的设备分别用“U、V、W”表示。

2）文字符号的组合。文字符号的组合形式一般为：基本符号 + 辅助符号 + 数字序号。例如，第一台电动机，其文字符号为 M1；第一个接触器，其文字符号为 KM1。

2. 补充文字符号的原则

1）在不违背上述原则的基础上，可采用国际标准中规定的电气技术文字符号。

2）先采取规定的单字母文字符号、双字母文字符号和辅助文字符号的前提下，可补充有关的双字母符号和辅助文字符号。

3）应采用有关国家标准或专业标准中规定的英文术语缩写。同一设备若有几种名称时，应选用其中一个名称。当设备名称、功能、状态或特征为一个英文单词时，一般采用该单词的第一位字母构成文字符号，需要时也可用前两位字母、前两个音节的首位字母、常用缩略语或约定俗成的习惯用法；当设备名称、功能、状态或特征为两个或三个英文单词时，一般采用两个或三个英文单词的第一位字母构成文字符号，需要时也可用前两位字母、前两个音节的首位字母、常用缩略语或约定俗成的习惯用法构成文字符号。

4）因 I、O 容易与 1 和 0 混淆，因此不允许它们单独作为文字符号使用。

3. 常用电气符号（见表 1-4）

表 1-4　常见元件图形和文字符号一览表

类别	名称	图形符号	文字符号	类别	名称	图形符号	文字符号
开关	单极控制开关		SA	位置开关	常开触头		SQ
	手动开关一般符号		SA		常闭触头		SQ
	三极控制开关		QS		复合触头		SQ
	三极隔离开关		QS	按钮	常开按钮		SB
	三极负荷开关		QS		常闭按钮		SB
	组合旋钮开关		QS		复合按钮		SB
	低压断路器		QF		急停按钮		SB
	控制器或操作开关	后 前 2 1 0 1 2 1 2 3 4	SA		钥匙操作式按钮		SB
接触器	线圈操作器件		KM	热继电器	热元件		FR
	常开主触头		KM		常闭触头		FR
	常开辅助触头		KM	中间继电器	线圈		KA
	常闭辅助触头		KM		常开触头		KA

（续）

类别	名称	图形符号	文字符号	类别	名称	图形符号	文字符号
时间继电器	通电延时线圈（缓吸）		KT	中间继电器	常闭触头		KA
时间继电器	断电延时线圈（缓放）		KT	电流继电器	过电流线圈	I>	KA
时间继电器	瞬时闭合的常开触头		KT	电流继电器	欠电流线圈	I<	KA
时间继电器	瞬时断开常闭触头		KT	电流继电器	常开触头		KA
时间继电器	延时闭合常开触头		KT	电流继电器	常闭触头		KA
时间继电器	延时断开常闭触头		KT	电压继电器	过电压线圈	U>	KV
时间继电器	延时闭合常闭触头		KT	电压继电器	欠电压线圈	U<	KV
时间继电器	延时断开常开触头		KT	电压继电器	常开触头		KV
电磁操作器	电磁铁的一般符号	或	YA	电压继电器	常闭触头		KV
电磁操作器	电磁吸盘		YH	电动机	三相笼型异步电动机	M 3~	M
电磁操作器	电磁离合器		YC	电动机	三相绕线转子异步电动机	M 3~	M
电磁操作器	电磁制动器		YB	电动机	他励直流电动机	M	M
电磁操作器	电磁阀		YV	电动机	并励直流电动机	M	M
非电量控制的继电器	速度继电器常开触头	n	KS	电动机	串励直流电动机	M	M
非电量控制的继电器	压力继电器常开触头	p	KP	熔断器	熔断器		FU

（续）

类别	名称	图形符号	文字符号	类别	名称	图形符号	文字符号
发电机	发电机		G	变压器	单相变压器		TC
	直流测速发电机		TG		三相变压器		TM
灯	信号灯（指示灯）		HL	互感器	电压互感器		TV
	照明灯		EL		电流互感器		TA
接插器	插头和插座	或	X 插头 XP 插座 XS	电抗器	电抗器		L

思　考

电路图中元器件的文字和图形符号能否单独存在？

三、电气技术中的项目代号

1. 项目代号定义及组成

项目代号是用以识别图、表图、表格中和设备上的项目种类，并提供项目的层次关系、实际位置等信息的一种特定的代码。通过项目代号可以将不同的图或其他技术文件上的项目（软件）与实际设备中的该项目（硬件）对应，联系在一起。

项目代号是由拉丁字母、阿拉伯数字、特定的前缀符号，按照一定规则组合而成的代码。一个完整的项目代号含有四个代号段：

1）高层代号段，其前缀符号为“=”；

2）种类代号段，前缀符号为“-”；

3）位置代号段，其前缀符号为“+”；

4）端子代号段，其前缀符号为“:”。

2. 项目代号表示方法

（1）种类代号　种类代号是用以识别项目种类的代号。有如下三种表示方法：

1）由字母代码和数字组成，见表 1-5 中方法 1。如：－K2（种类代号段的前缀符号＋项目种类的字母代码＋同一项目种类的序号）、－K2M（前缀符号＋种类的字母代码＋同一项目种类的序号＋项目的功能字母代码）。

2）用顺序数字表示图中的各个项目，同时将这些顺序数字和它所代表的项目排列于图中或另外的说明中，见表 1-5 中方法 2。

3）对不同种类的项目采用不同组别的数字编号，见表 1-5 中方法 3。如：对电流继电器用 11、12、13 等。如果用分开表示法表示继电器，可在数字后加“.”，再用数字来区别，如：继电器 11.1、11.2 等。

项目种类字母代码多采用单字母，一般按表 1-1 选取。如若采用多个字母组成字母代码，则第一个字母应按表 1-1 选取，而且所使用的各字母代码应在图上或文件中说明。

（2）高层代号　它是指系统或设备中任何较高层次（对给予代号的项目而言）项目的代号。如 S2 系统中的开关 Q3，表示为“＝S2－Q3”，其中“＝S2”为高层代号。

表 1-5　种类代号表示方法

表示方法	举例
方法 1	－K2、－K2M
方法 2	－8、－9、－23
方法 3	11、12、13、11.1、11.2

（3）位置代号　它指项目在组件、设备、系统或建筑物中的实际位置的代号。位置代号由自行规定的拉丁字母或数字组成。在使用位置代号时，就给出表示该项目位置的示意图。如“＋204＋A＋4”可写为：“＋204A4”，意思为 A 列柜装在 204 室第 4 机柜。

（4）端子代号　它通常不与前面三个代号段组合在一起，只与种类代号组合。当项目的端子有标记时，端子代号必须与项目上端子的标记相一致；当项目的端子没有标记时，应在图上设定端子代号。端子代号通常采用数字或大写字母，特殊情况下也可用小写字母。如：“－S4：A”表示控制开关 S4 的 A 号端子；“＝S5P2－Q1：3”表示“＝S5P2－Q1”隔离开关的第 3 号端子。

3. 项目代号的应用

（1）第 1 段（高层代号）和第 2 段（种类代号）的组合　设备中的任一项目均可用第 1 段和第 2 段的代号组合成 1 个项目代号，如图 1-6 所示。其中单元 1 包括：变压器＝1－T1、断路器＝1－Q1、电动机＝1－M1。这种组合能提供项目之间的关系，但通常极少反映项目的安装位置，因此只能在设计工作的初期确定项目代号。

（2）第 2 段（种类代号）和第 3 段（位置代号）的组合　如图 1-7 所示。其中位置 5 包括：变压器 +5 – T1、蓄电池 +5 – G1、变压器 +5 – T2。这种方法明确给出项目的位置但不提供功能关系。

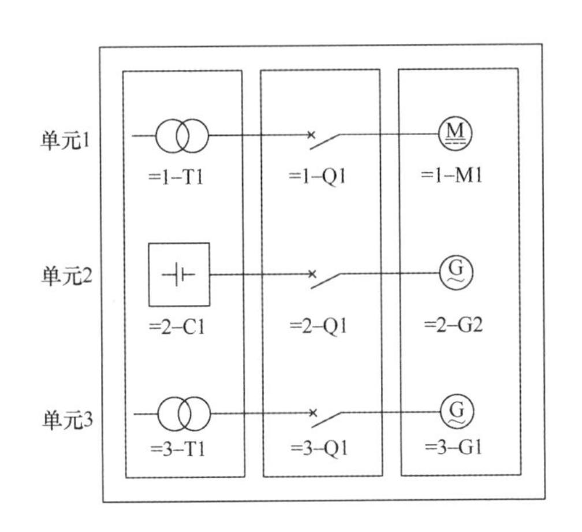

图 1-6　项目代号应用（一）

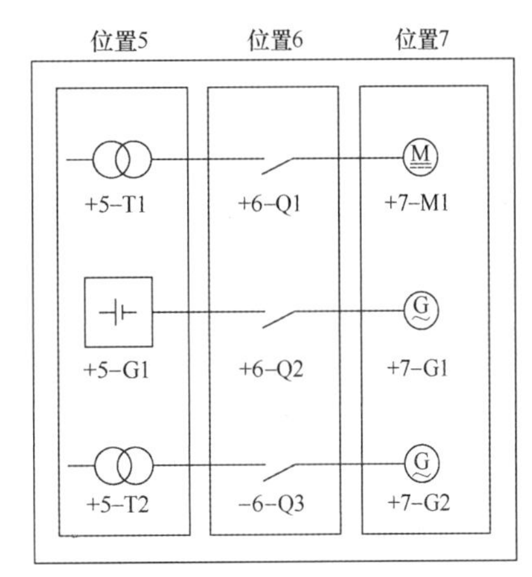

图 1-7　项目代号应用（二）

（3）第 1 段（高层代号）、第 2 段（种类代号）和第 3 段（位置代号）的组合　该组合形式为：“ = 高层代号段 – 种类代号段（空格） + 位置代号段”。其中高层代号段对于种类代号段是功能隶属关系，位置代号段对于种类代号段来说是位置信息。如：“ = A1 – K1 + C8S1M4”表示 A1 装置中的继电器 K1，位置在 C8 区间 S1 列控制柜 M4 柜中；“ = A1P2 – Q4K2 + C1S3M6”表示 A1 装置 P2 系统中的 Q4 开关中的继电器 K2，位置在 C1 区间 S3 列操作柜 M6 柜中。

任务实施

同步练习《电气识图与 CAD 制图工作页》中“样例任务 1　C6150 型车床电气控制原理图识读”。独立完成“拓展任务 1　M7130 型平面磨床电气原理图的识图”。

学习任务二　电气图的认知

任务描述

电气图是用电气图形符号、线框等来表示电气设备或系统中各有关组成部分之间相互关系及连接方式的一种图。

如图 2-1 所示为车间动力配电平面图，图 2-2 所示为车床刀架快速移动控制电路图，由两个图可看出电气图的用途不同，其表现方式也不同，本次任务从电气图的分类、特点和表示方法三个方面进行电气识图的学习。

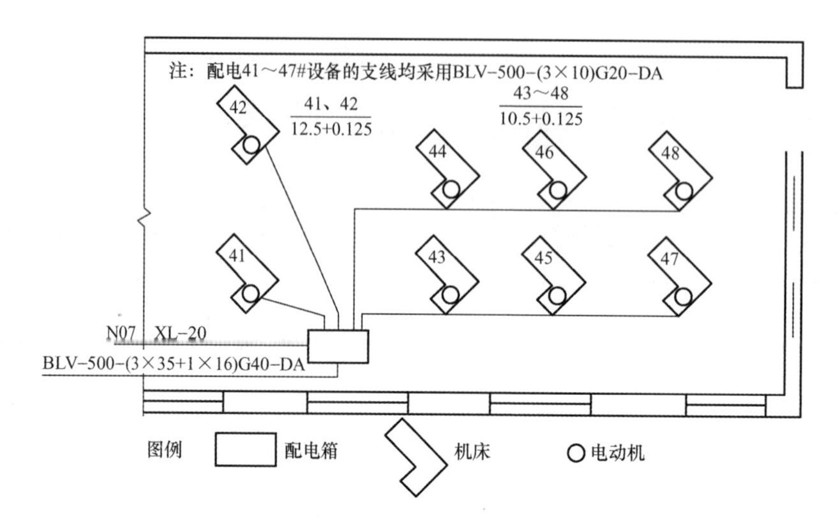

图 2-1　车间动力配电平面图

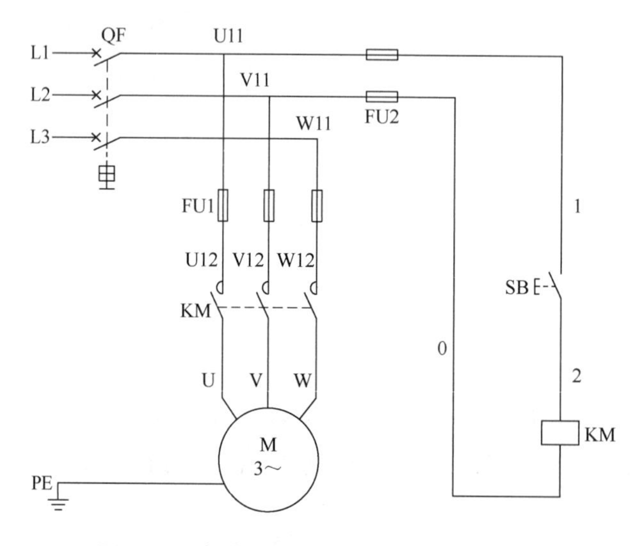

图 2-2　车床刀架快速移动控制电路图

学习目标

1. 了解电气图的分类和特点。
2. 能理解电气图的表示方法。

4 课时。

一、电气图的分类及特点

1. 电气图的分类

（1）系统图　系统图就是用符号或带注释的线框表示系统或分系统的基本组成、相互关系及其主要特征的一种简图。例如，电动机的主电路图（见图 2-3）就表示了它的供电关系，其供电过程为：电源 L1、L2、L3 三相→熔断器 FU→接触器 KM→热继电器 FR→电动机。

如图 2-4 所示为某变电所供电系统图，表示该变电所把 10kV 电压通过变压器变换为 0.38kV 电压，经断路器 QF 和母线后，通过跌落式熔断器中的 FU－QK1、FU－QK2、FU－QK3 分别供给 3 条支路。系统图常用来表示整个工程或其中某一项目的供电方式和电能输送关系，也可表示某一装置或设备各主要组成部分的关系。

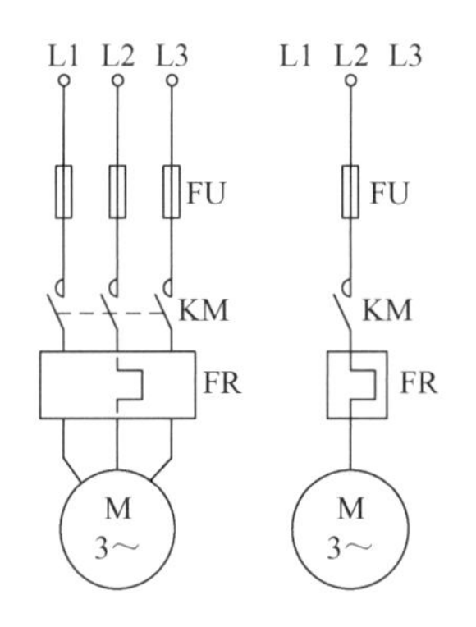

图 2-3　电动机供电系统图

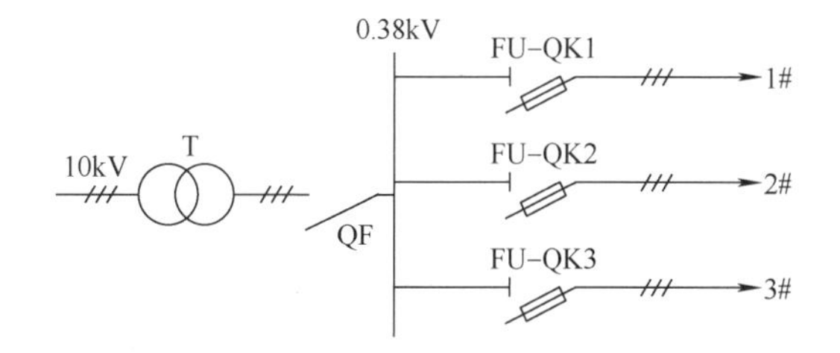

图 2-4　某变电所供电系统图

（2）电路图　电路图就是按工作顺序用图形符号从上而下、从左到右排列，详细表示电路、设备或成套装置的全部组成和连接关系，而不考虑其实际位置的一种简图。其目的是便于深入理解设备的工作原理、分析和计算电路特性及参数，所以这种图又称为电气原理图。

如图 2-5 所示的磁力起动器电路图中，当按下起动按钮 SB2 时，接触器 KM 的线圈将得电，其常开主触头闭合，使电动机得电，起动运行，另一个辅助常开触头闭合，进行自锁；当按下停止按钮 SB1 或热继电器 FR 动作时，KM 线圈失电，常开主触头断开，电动机停止。可见，电路图表示了电动机的操作控制原理。

（3）接线图　接线图是一种简图或表格，主要用于表示电气装置内部元件之间及其外部其他装置之间的连接关系，便于制作、安装及维修人员接线和检查。如图 2-6所示为磁力起动器控制电动机的主电路接线图，它清楚地表示了各元件之间的实际位置和连接关系：电源（L1、L2、L3）由 BX –3 ×6 的导线接至端子排 X 的 1、2、3 号，然后通过熔断器 FU1 ~ FU3 接至交流接触器 KM 的主触头上，再经过继电器的发热元件接到端子排 X 的 4、5、6 号，最后用导线接入电动机的 U、V、W 端子。

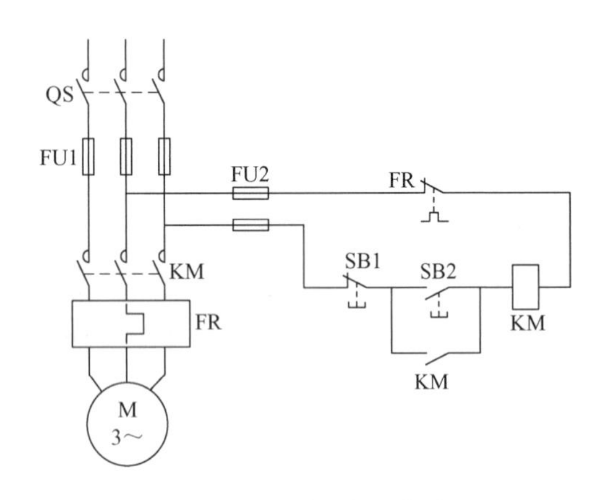

图 2-5　磁力起动器电路图

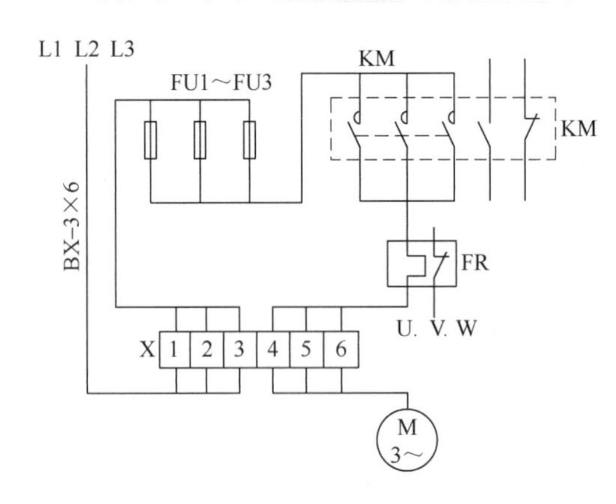

图 2-6　磁力起动器控制电动机的主电路接线图

当一个装置比较复杂时，接线图又可分解为以下几种。

1）单元接线图。它表示成套装置或设备中一个结构单元内的各元件之间的连接关系的一种接线图。这里的“结构单元”是指在各种情况下可独立运行的组件或某种组合体，如图 2-7 所示为电动机的接线图，它表明当电动机的端子接线方式为U1 – W2、U2 – V1、V2 – W1 时，电动机内部绕组是三角形联结；当电动机的端子接线方式为 W2 – U2 – V2 时，电动机内部绕组是星形联结。单元接线图通常只是表示成套装置或设备中一个结构单元内部

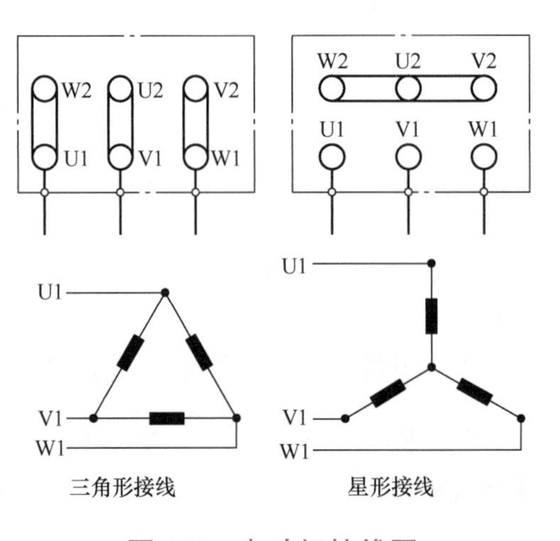

图 2-7　电动机接线图

连接的情况，它不包括单元之间的外部连接，但可给出与之有关的互连接线图的识别标识。

2）互连接线图。它表示成套装置或设备的不同单元之间连接关系的一种接线图。如图 2-8所示为欧姆龙 PLC 接线图，表明了 PLC 与各模块之间的连接关系。互连接线图只是表示两个或两个以上单元之间的连接情况，不包括单元内部的连接。

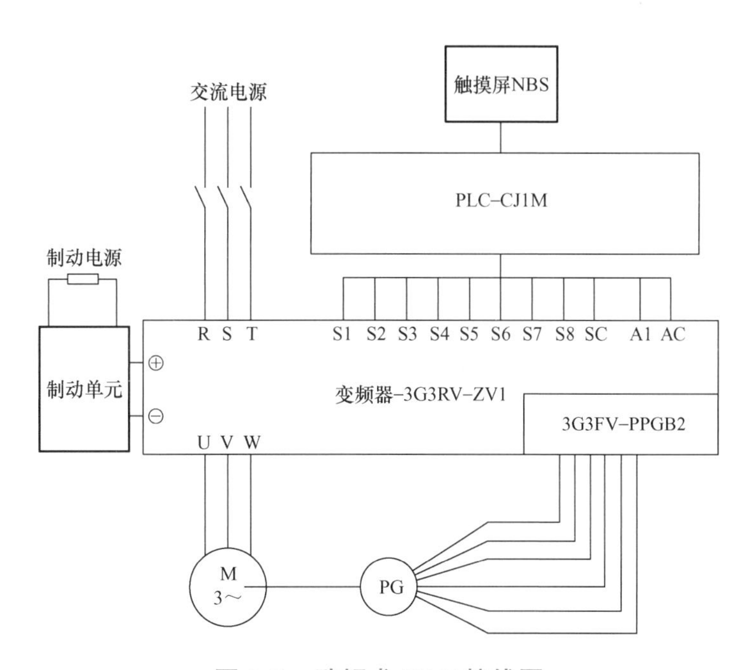

图 2-8　欧姆龙 PLC 接线图

3）端子接线图。它表示成套装置或设备的端子以及接在端子上外部接线的一种接线图，它不包括单元或设备的内部连接，但要提供与之有关的图号。如图 2-9所示。

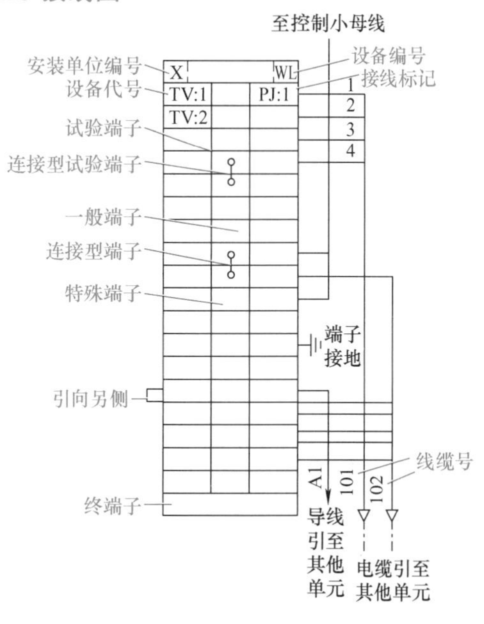

图 2-9　端子接线图

4）电线电缆配置图。它表示电线电缆两端位置，必要时还包括电线电缆功能、特性和路径等信息的一种接线图。如图 2-10 所示是变频器参考布线图，它表示变频器至电动机电缆应独立于其他电缆走线。多台变频器的电动机电缆可以并行布线。一般电动机电缆、输入电源电缆和控制电缆安装在不同的桥架内，以避免电动机电缆和其他电缆长距离的并行走线，从而减少变频器输出电压产生的电磁干扰。当控制电缆和电源电缆必须交叉走线时，交叉角度为90°。电缆桥架之间以及桥架和接地极之间必须有良好的电气连接。

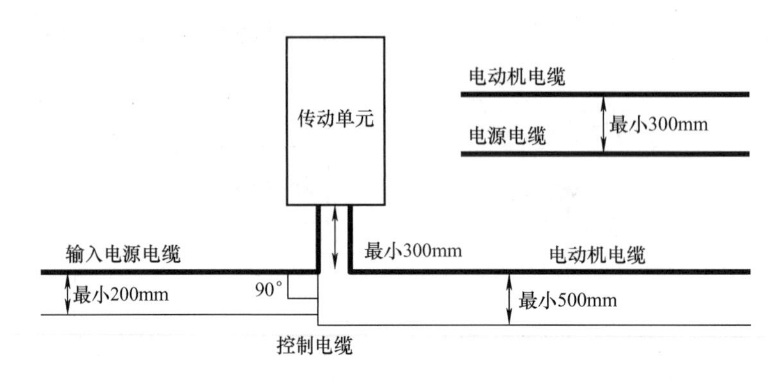

图 2-10 变频器参考布线图

（4）电气布置图 电气布置图是指用来表达项目相对或绝对位置信息的简图，如图 2-11 所示。图中用简化外形表示电气元器件的安装位置和尺寸。电气布置图主要用于电气设备和电气线路的安装、接线、检查、维修和故障分析等场合，常与电路图、接线图配合用。

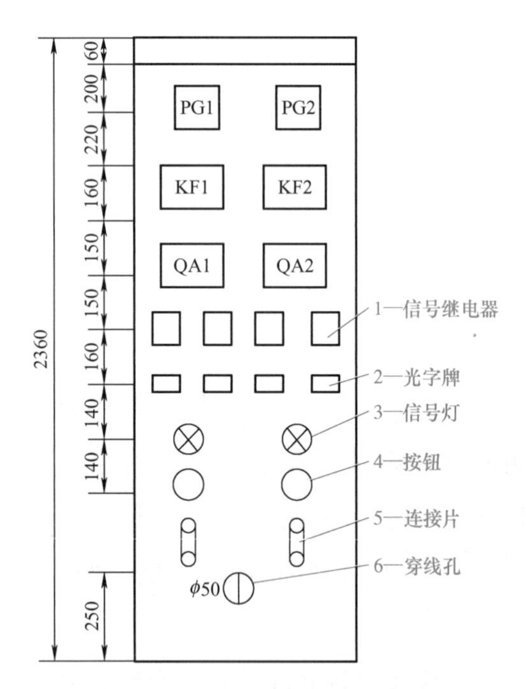

图 2-11 配电柜元件电气布置图

（5）设备元件和材料表 设备元件和材料表是一种把成套设备、装置中各组成部分和相应数据集中在一起列成的表格，用来表示各组成部分的名称、型号、规格和数量等，便于读图者阅读，了解各元器件在装置中的作用和功能，从而读懂装置的工作原理。设备元件和材料表是电气图的重要组成部分，它可置于图中的某一位置，也可单列一页（视元器件材料多少而定）。为了方便书写，通常是从下而上排序。表 2-1 是某开关柜上的设备元件和材料表。

表 2-1 设备元件和材料表

符号	名称	型号	数量
ISA－351D	微机保护装置	＝220V	1
KS	自动加热除湿控制器	KS－3－2	1
SA	跳、合闸控制开关	LW－Z－1a，4，6a，20/F8	1
QC	主令开关	LS1－2	1
QF	断路器	GM31－2PR3，0A	1
FU1－2	熔断器	AM1 16/6A	2
FU3	熔断器	AM1 16/2A	1
1－2DJR	加热器	DJR－75－220V	2
HLT	手车开关状态指示器	MGZ－91－1－220V	1
HLQ	断路器状态指示器	MGZ－91－1－220V	1
HL	信号灯	AD11－25/41－5G－220V	1
M	储能电动机	ZYJ66－220－106	1

（6）产品使用说明书上的电气图　生产厂家往往随产品使用说明书附上电气图，供用户了解该产品的组成、工作过程及注意事项，以达到正确使用、维护和检修的目的。

（7）其他电气图　除了上述一些较为常用的主要电气图外，在实际电气工程中还存在多种形式的其他电气图。例如，对于较为复杂的成套装置或设备，为了便于制造，通常还会有局部的大样图、印制电路板图等；而若为了装置的技术保密，往往只给出装置或系统的功能图、流程图、逻辑图等。从中不难看出，电气图种类很多，但这并不意味着所有的电气设备或装置都应具备这些图样。根据表达的对象、目的和用途不同，所需图的种类和数量也不一样。电气图作为一种工程语言，在表达清楚的前提下，越简单越好。

2. 电气图的特点

电气图主要用于表示系统或装置中的电气关系。其主要特点介绍如下。

（1）清楚　如图 2-12 所示为某一变电所电气图，表示该变电所将 10kV 电压变换为 0.38kV 电压，分配给 4 条支路，用文字符号表示，并给出了变电所各设备的名称、功能和电流方向

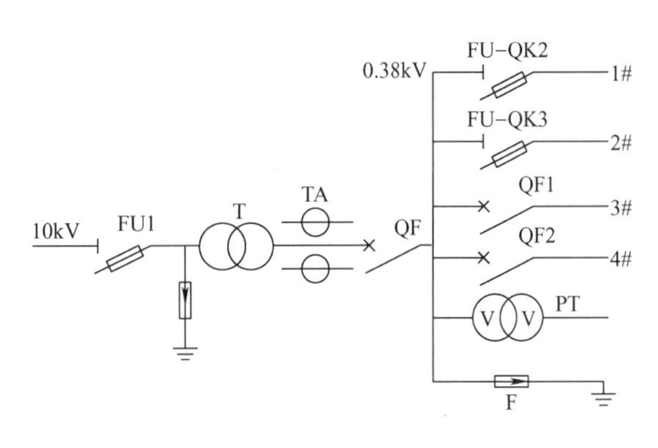

图 2-12　变电所电气图

及各设备连接关系和相互位置关系，但没有给出具体位置和尺寸。

（2）简洁　电气图是采用电气元器件或设备的图形符号、文字符号和连线来表示的，没有必要画出电气元器件的外形结构，因此对于系统构成、功能及电气接线等，通常都采用图形符号、文字符号来表示。

（3）独特性　电气图主要表示成套装置或设备中各元器件之间的电气连接关系，不论是说明电气设备工作原理的电路图、供电关系的电气系统图，还是表明安装位置和接线关系的平面图和连线图等。

（4）布局有序　电气图的布局依据其所要表达的内容而定。电路图、系统图是按功能布局，只考虑元件之间的功能关系，而不考虑元器件的实际位置，该类图样在绘制时要表明电路的工作原理和元器件的动作过程，因此应按照元器件功能和动作顺序，从上而下、从左到右布局；对于接线图、平面布置图，则要考虑元器件的实际位置，因此在图样绘制时应按元器件的位置布局，如图 2-1 和图 2-6 所示。

（5）多样性　对系统的元件和连接线描述方法不同，电气图的表示方法就不同，这构成了电气图的多样性。例如，元件可采用集中表示法、半集中表示法和分开表示法，连线可采用多线表示法、单线表示法和混合表示法。

同时，一个电气系统中各种电气设备和装置之间，从不同角度、不同侧面考虑，存在着不同的关系。例如，在图 2-13 所示的电动机供电系统图中，就存在着以下几种不同的关系。

1）电能通过 FU、KM、FR 送到电动机 M，它们之间存在着能量传递关系，如图 2-13所示。

2）从逻辑关系上，只有当 FU、KM、FR 都正常时，M 才能得到电能，所以它们之间存在“与”的关系：M＝FU・KM・FR。即只有 FU 正常为“1”、KM 闭合为“1”、FR 没有烧断为“1”时，M 才能为“1”，表示可得到电能，其逻辑图如图 2-14 所示。

3）从保护角度考虑，FU 用于短路保护，即当电路电流突然增大发生短路时，FU 烧断，使电动机失电。因此，它们之间就存在着信息传递关系：“电流”输入 FU，FU 输出“烧断”或“不烧断”，取决于电流的大小，可用图 2-15 表示。

二、电气图的表示方法

电气图可以通过线路、电气元件以及元器件触头和工作状态来表示。

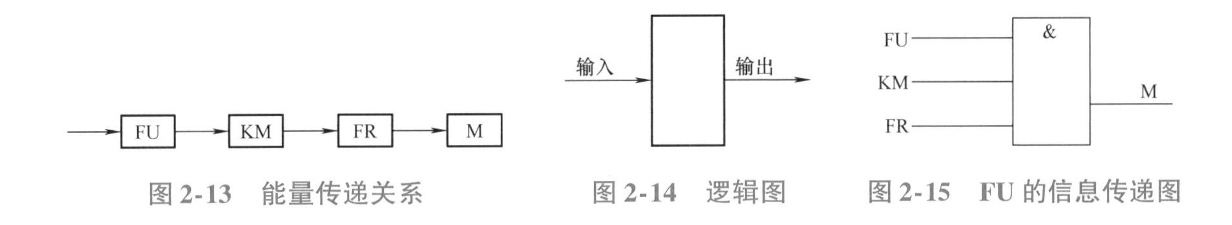

图 2-13　能量传递关系　　图 2-14　逻辑图　　图 2-15　FU 的信息传递图

1. 线路表示方法

线路的表示方法通常有多线表示法、单线表示法和混合表示法 3 种。

(1) 多线表示法　电气图中电气设备的每根连接线或导线各用一条图线表示，这种方法便称为多线表示法。如图 2-16 所示是一个具有正、反转的电动机主电路图，采用多线表示法能比较清楚地表明电路工作原理，多线表示法一般用于表示各相或各线内容的不对称及要详细表示各相或各线的具体连接方法的场合。若图线太多，对于比较复杂的设备，交叉就多，反而不容易看懂图。

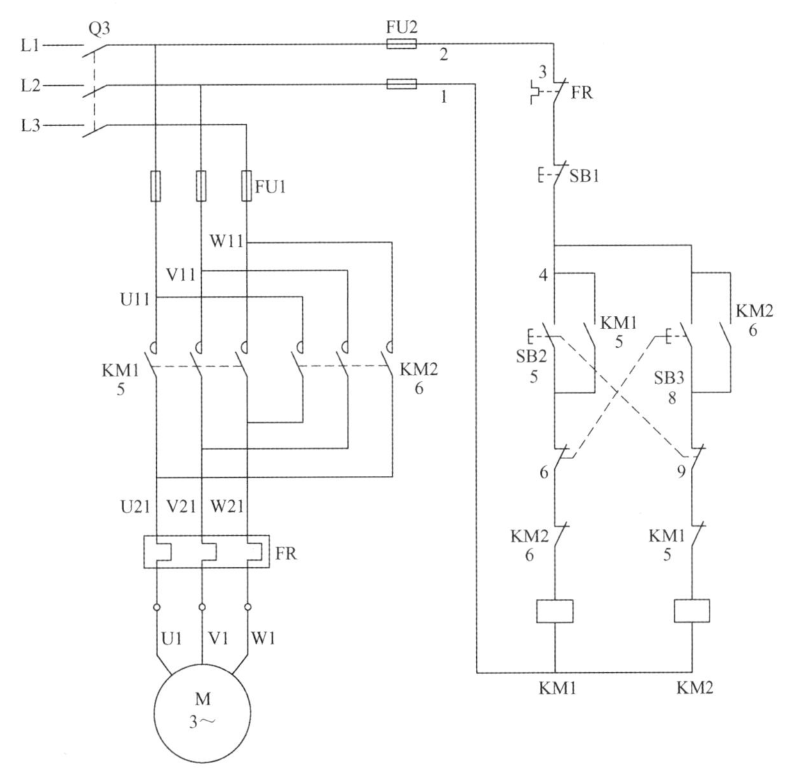

图 2-16　多线表示法示例图

(2) 单线表示法　在图中电气设备的两根或两根以上的连接线或导线，只用一根线表示的方法称为单线表示法。如图 2-17 所示为用单线表示的具有正、反转的电动机主电路图。这种表示法主要适用于三相电路或各线基本对称的电路图中。对于不对称的部分在图中注释，图 2-17 中热继电器是两相的，图中标注了“2”。

（3）混合表示法　在一个图中，一部分采用单线表示法，另一部分采用多线表示法，称为混合表示法。如图 2-18 所示，为了表示三相绕组的连接情况，该图用了多线表示法；为了说明两相热继电器，也用了多线表示法；其余的断路器 QF、熔断器 FU、接触器 KM1 均为三相对称，采用单线表示法。这种表示法具有单线表示法简洁、精练的优点，又有多线表示法描述精确、充分的优点。

2. 电气元件表示方法

电气元件在电气图中通常采用图形符号来表示，绘出其电气连接，在符号旁标注项目代号（文字符号），必要时还会标注有关的技术数据。在电气图中表示一个完整件图形符号的方法有集中表示法、半集中表示法和分开表示法。

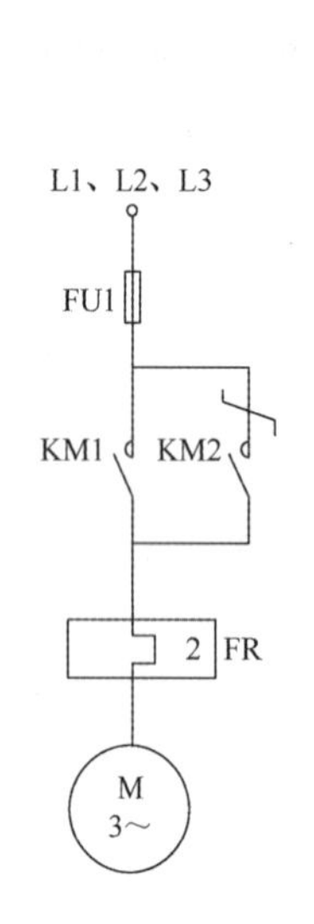

图 2-17　单线表示法示例图

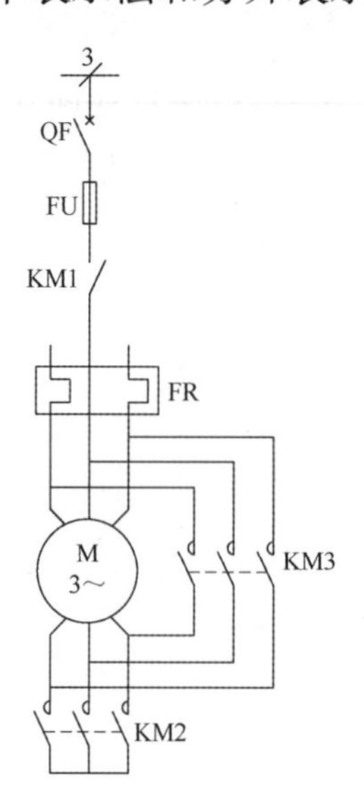

图 2-18　混合表示法示例图

（1）集中表示法　把设备或成套装置中的一个项目各组成部分的图形符号在简图上绘制在一起的方法，称为集中表示法。如图 2-19 所示是两个项目，继电器 KA 有一个线圈和一对触点，接触器 KM 有一个线圈和 3 对触头，它们分别用机械连接线联系起来，各自构成一体。集中表示法的特点：各组成部分用机械连接线（虚线）互相连接起来，机械连接线（虚线）必须是一条直线，这种表示法只适用于简单的电路图。

（2）半集中表示法　把一个项目中某些部分的图形符号在简图中分开布置，并用机械连接符号把它们连接起来，称为半集中表示法。如在图 2-20 中，KM 具有一个线圈、3 对主触头和一对辅助触头。集中表示法的特点：机械连接线可以弯折、分支和交叉。

（3）分开表示法　把一个项目中某些部分的图形符号在简图中分开布置，并使用项目代号（文字符号）表示它们之间关系的方法，称为分开表示法，也称为展开法。若图 2-20 采用分开表示法，则如图 2-21 所示。

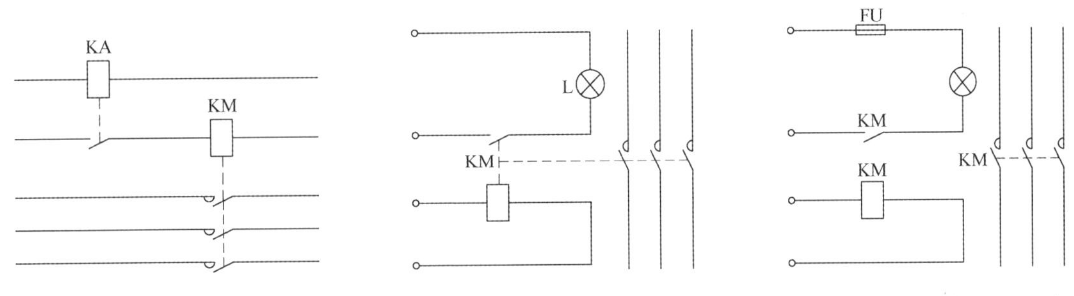

图 2-19　集中表示法示例　　图 2-20　半集中表示法示例　　图 2-21　分开表示法示例

可见分开表示法的特点：既没有机械连接线又可避免或减少图线交叉，因而图面更清晰。但是在看图时，要寻找各组成部分比较困难，必须综观全局图，把同一项目的图形符号在图中全部找出，否则在看图时就可能会遗漏。

为了看清元件、器件和设备各组成部分，便于寻找其在图中的位置，分开表示法可与半集中表示法结合起来或者采用插图、表格表示各部分的位置。

思　考

分开表示法有何优缺点？适用于什么场合？

（4）项目代号的标注方法　采用集中表示法和半集中表示法绘制的元件，其项目代号只在图形符号旁标出并与机械连接线对齐，如图 2-20 中的 KM。

采用分开表示法绘制的元件，其项目代号应在项目的每一部分自身符号旁标注，如图 2-21 所示。必要时，对同一项目的同类部件（如各辅助开关、各触头）可加注序号。

（5）标注项目代号时的注意事项

1）项目代号的标注位置尽量靠近图形符号。

2）图线水平布局的图，项目代号应标注在符号上方；图线垂直布局的图，项目代号标注在符号的左方。

3）项目代号中的端子代号应标注在端子或端子位置的旁边。

4）线框的项目代号应标注在其上方或右方。

3. 元器件触头和工作状态表示方法

（1）电器触头位置　在同一电路中，当电器元件线圈得电或元器件受到力的作用后，各触头符号的动作方向应一致；对于分开表示法绘制的图，触头位置可以灵活运用，没有严格规定。

思　考

在两种布局形式中，电器元件的图形和文字符号的书写绘制各有哪些特点？

靠电磁力或人工操作的触头，其位置表示方法有两种：水平布局和垂直布局。水平布局如图 2-22 所示，水平连接线上的触头符号，在加电或受力后，动作方向一致向上，即动合触头在静触头的下侧，动断触头在静触头的上侧。垂直布局如图 2-23 所示，垂直连接线上的触头符号，在加电或受力后，动作方向一致向右，即动合触头在静触头的左侧，动断触头在静触头的右侧。

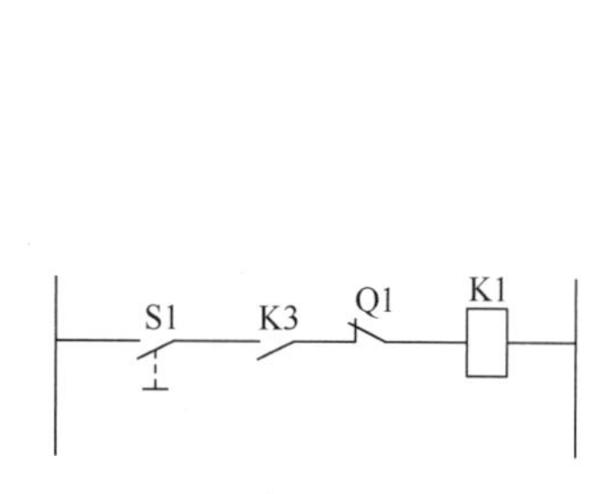

图 2-22　触头的水平布局

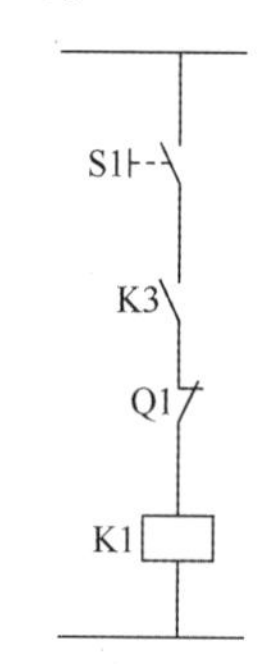

图 2-23　触头的垂直布局

非电磁力和非人工操作的触头，其位置的表示方法有多种，可以用注释、标记和表格表示，如图 2-24 所示为速度继电器的触头，采用注释的方法表示；如图 2-25所示，用操作器件的符号表示，凸轮推动圆球带动触头动作，转轮自 0°开始，转到 60°～180°和 240°～330°之间闭合，在其他位置均断开。

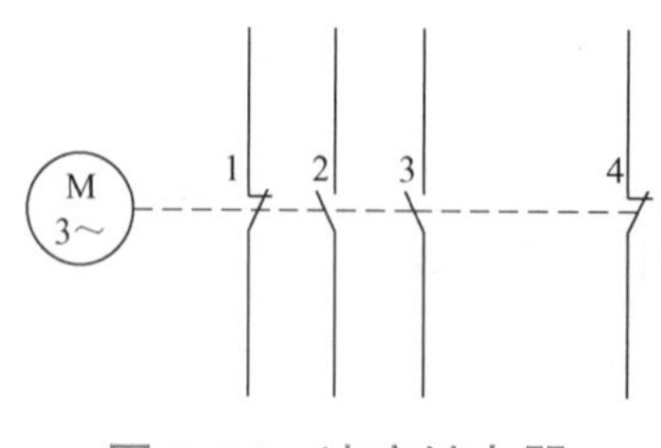

图 2-24　速度继电器

1—在起动位置闭合　2—在 100r/min < n < 200r/min 时闭合

3—在 n≥1400r/min 时闭合　4—未使用的一组触头

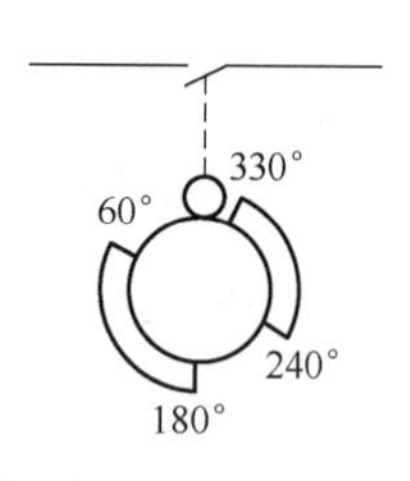

图 2-25　凸轮

（2）元器件工作状态的表示方法　在电气图中，元器件和设备的可动部分通常应表示在非激励或不工作的状态或位置。例如：

1）继电器和接触器在非激励的状态，图中的触头状态是在该元器件不通电的情况下，触头的状态。

2）断路器、负荷开关和隔离开关在断开位置。

3）带零位的手动控制开关在零位置，不带零位的手动控制开关在图中规定位置。

4）机械操作开关（如行程开关）在非工作的状态或位置（即搁置）时的情况及机械操作开关在工作位置的对应关系，一般表示在触头符号的附近或另附说明。

5）温度继电器、压力继电器都处于常温和常压（一个大气压）状态。

6）事故、备用、报警等开关或继电器的触点应该表示在设备正常使用的位置，如有特定位置，应在图中另加说明。

7）多重开闭器件的各组成部分必须表示在相互一致的位置上，而不管电路的工作状态。

（3）元器件技术数据的标注　电路中的元器件的技术数据（如型号、规格、整定值、额定值等）一般标在图形符号的附近。

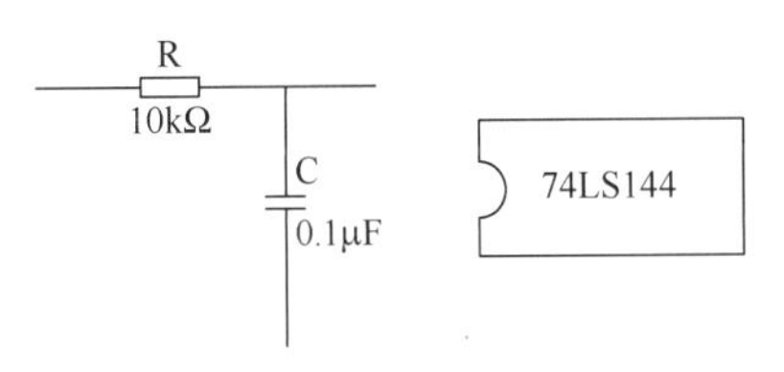

图 2-26　元器件技术数据的标注

图线水平布局图的技术数据尽可能标在图形符号下方；对于图线垂直布局图，则标在项目代号的右方；对于像继电器、仪表、集成块等方框符号或简化外形符号，则可标在方框内，如图 2-26 所示。

4. 电气图中连接线的表示方法

在电气图中，各元件之间采用导线连接，起到传输电能、传递信息的作用，因此我们要学习连接线的表示方法。

（1）连接线的一般表示法

1）导线一般表示法。一般的图线就可表示单根导线。对于多根导线，可以分别画出，也可以只画一根图线，但需加标志。若导线少于 4 根，可用短画线数量代表根数；若多于 4 根，可在短画线旁加数字表示，如图 2-27a 所示。表示导线特征的方法是：在横线上面标出电流种类、配电系统、频率和电压等；在横线下面标出电路的导线数乘以每根导线截面积（mm^2），当导线的截面积不同时，可用“+”将其分开，如图 2-27b 所示。

要表示导线的型号、截面积、安装方法等，可采用短画指引线，加标导线属性和敷设方法，如图2-27c 所示。该图表示导线的型号为 BLV（铝芯塑料绝缘线），其中 3 根截面积为 $25mm^2$，1 根截面积为 $16mm^2$；敷设方法为穿入塑料管（VG），塑料管管径为 40mm，沿地板暗敷。要表示电路相序的变换、极性的反向、导线的交换

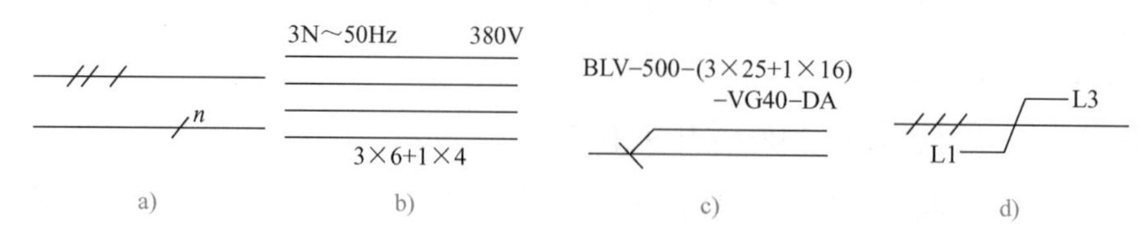

图 2-27　导线的表示方法

等，可采用交换号表示，如图 2-27d 所示。

2）图线的粗细。一般而言，电源主电路、一次电路、主信号通路等采用粗线表示；控制回路、二次回路等采用细线表示。

3）连接线分组和标记。为了方便看图，对多根平行连接线，应按功能分组。若不能按功能分组，可任意分组，但每组不多于 3 条，组间距应大于线间距。

为了便于看出连接线的功能或方向，可在连接线上方或连接线中断处做信号名标记或其他标记，如图 2-28 所示。

4）导线连接点的表示。如图 2-29 所示导线的连接点有“T”形连接点和双重连接点之分。在“T”形连接点中，可加实心圆点，也可不加实心圆点；在双重连接点中，对于“+”形连接点，必须加实心圆点，而交叉不连接的，不能加实心圆点。

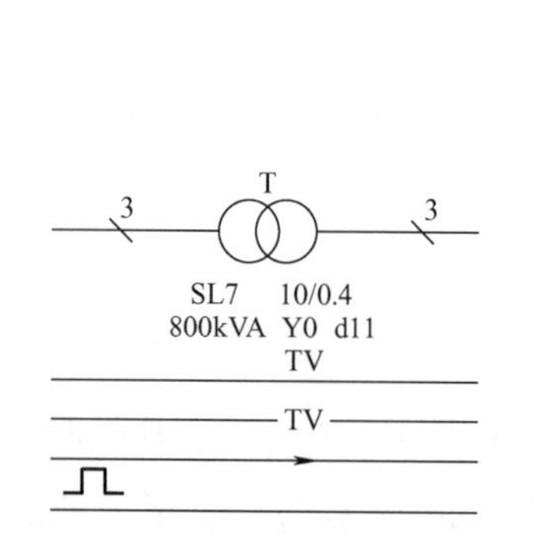

图 2-28　连接线标记示例

表示方法	图例		说明
T形连接	形式1		优选
	形式2		增加连接符号
双重连接	形式1	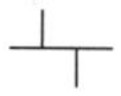	优选
	形式2		有必要时

图 2-29　导线连接点示例图

思　考

连接线的接点为什么要一般按 T 形连接？

（2）连接线的连续表示法和中断表示法

1）连续表示法及其标志。连接线可用多线或单线表示。为了避免线条太多，以保持图面的清晰，对于多条方向相同的连接线，常采用单线表示法，如图 2-30 所示。

当导线汇入用单线表示的一组平行连接线时，在汇入处应折向导线走向，而且每根导线两端应采用相同的标记，如图 2-31 所示。

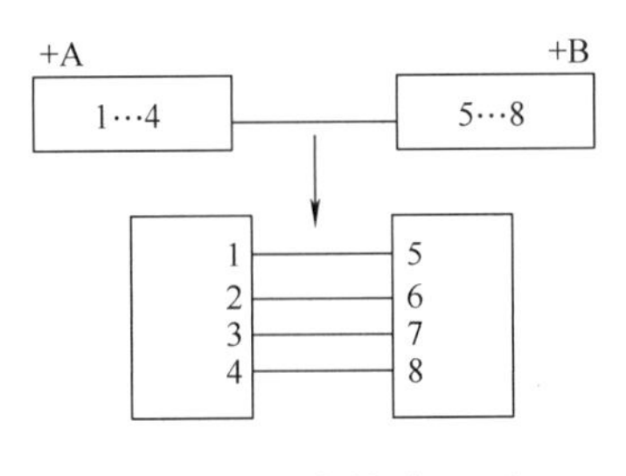

图 2-30 连续表示法

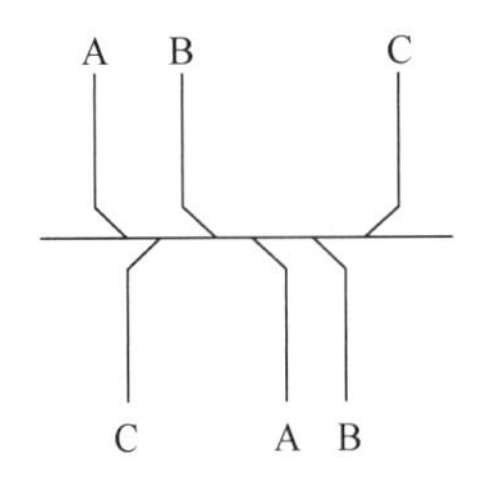

图 2-31 汇入导线表示法

2）中断表示法及其标志。为了简化线路图或使多张图采用相同的连接表示，连接线一般采用中断表示法。

在同一页图中，中断处的两端应给出相同的标记，并给出连接线去向的箭头，如图 2-32 中的 G 标记。对于不在同一页的图，应在中断处采用相对标记法，即中断处标记名相同，并标注“图序号/图区位置”。如图 2-32 中的 L 标记，在第 20 号图样上标有“L3/C4”，它表示 L 中断处与第 3 号图样的 C 行 4 列处的 L 断点连接；而在第 3 号图样上标有“L20/A4”，它表示 L 中断处与第 20 号图样的 A 行 4 列处的 L 断点相连。

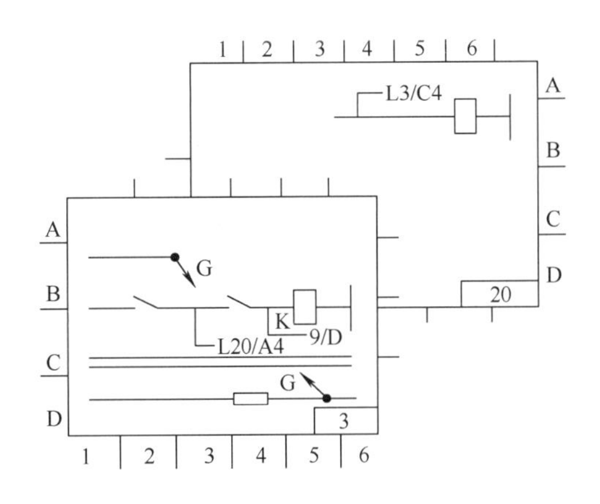

图 2-32 中断表示法及其标志

对于接线图，中断表示法的标注采用相对标注法，即在本元件的出线端标注去连接的对方元件的端子号。如图 2-33 所示，PJ 元件的 1 号端子与 CT 元件的 2 号端子相连接，而 PJ 元件的 2 号端子与 CT 元件的 1 号端子相连接。

（3）连接线的绘制规则

1）连接线的交叉和弯折一般成直角，且路径最短。

2）表示主电路、主信号通路等重要电路的连接线可加粗表示。

3）电路中过长的连接线可用中断线表示法表示。

(4) 连接线的布置方式

1) 水平布置方式。其表示设备和电气元器件的图形符号按横向（即行）布置，连接线呈水平方向，各类似项目纵向对齐，如图 2-34 所示。

2) 垂直布置方式。其表示设备或电气元器件的图形符号按纵向（即列）排列，连接线呈垂直方向，各类似项目横向对齐，如图 2-35 所示。

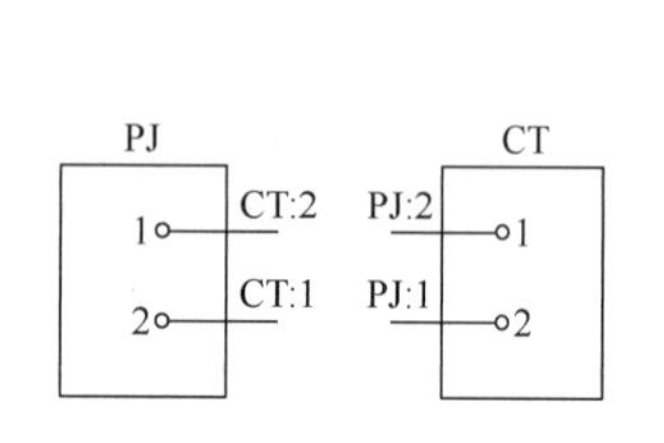

图 2-33　中断表示法的相对标注

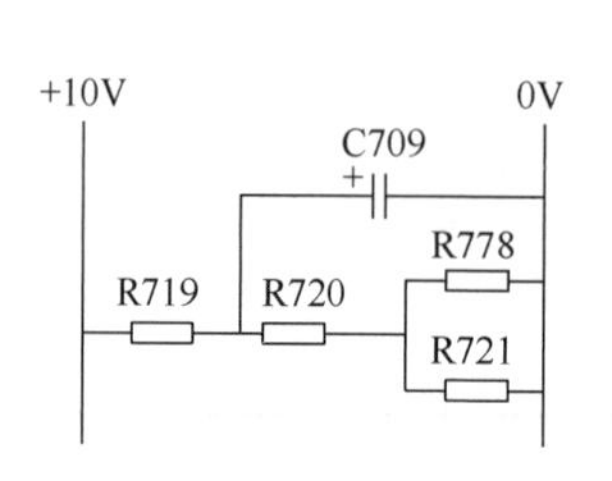

图 2-34　连接线的水平布置

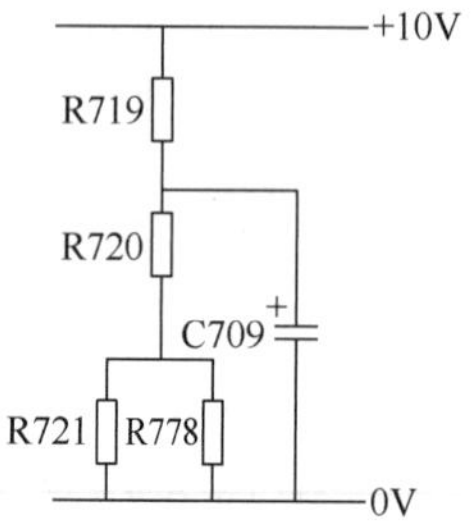

图 2-35　连接线的垂直布置

3) 交叉布置方式：用斜的交叉线的布置方式把相应的元件连接成对称的布局，如图 2-36 所示。

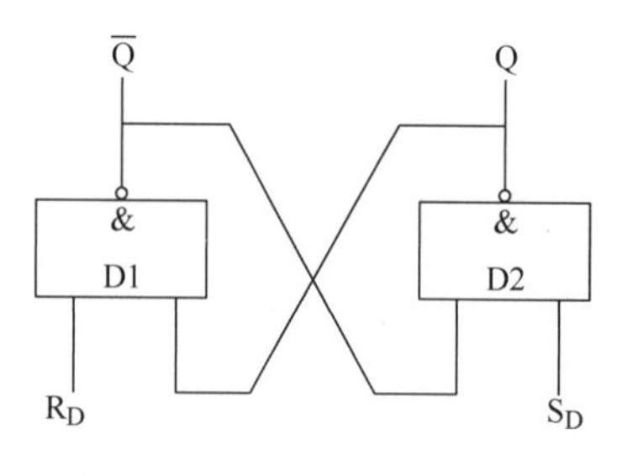

图 2-36　连接线的交叉布置

任务实施

同步练习《电气识图与 CAD 制图工作页》中"样例任务 2　某机加工车间配电系统图识图"。独立完成"拓展任务 2　实验楼电气安装平面图的识图"。

学习任务三　机床电气图的识读

任务描述

生产机械电气控制线路常用电路图、接线图和布置图来表示。如图 3-1 所示为 C620－1 型车床电气控制电路图，在实际生产中，还需要结合车床的接线图和布置图使用，这样才能完成系统的安装、调试与检修。本次任务学习电气控制线路的电路图、接线图和布置图的识读方法。

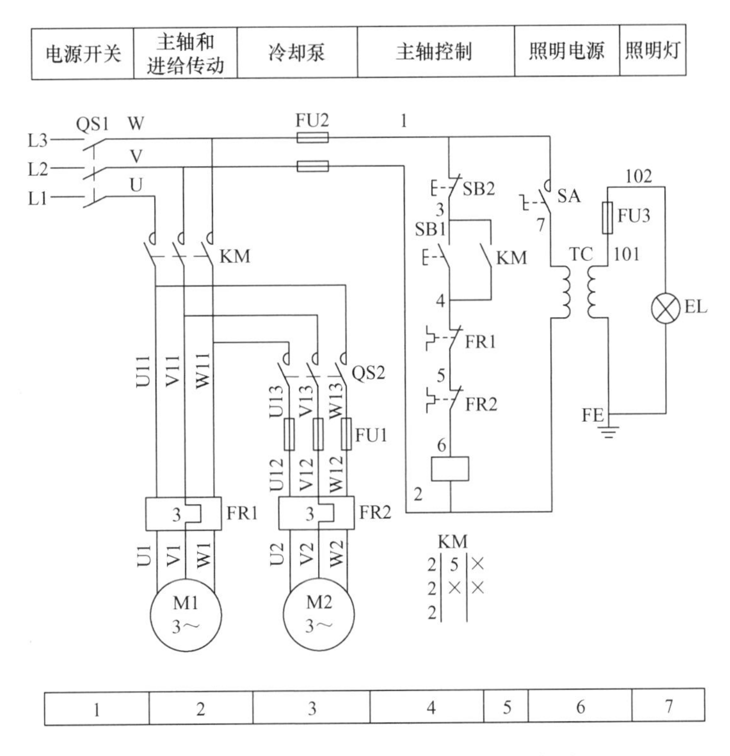

图 3-1　C620－1 型车床电气控制电路图

学习目标

1. 了解机床电气图的概念及特点。
2. 能完成机床电气图的识读。
3. 掌握机床电气图的绘制方法。

建议课时

6 课时。

知识链接

一、电气图的识读步骤

1. 详细看图样说明

拿到图之后，首先仔细阅读图样的标题栏和有关说明，如图样目录、技术说明、电气元件明细表、施工说明书等，结合已有的电工知识，对电气图的类型、性质、作用有一个明确的认识，从整体上理解图样的概况和表述的重点。

2. 看框图

框图概括表示系统或分系统的基本组成、相互关系及其主要特征。框图多采用单线。

3. 看电路图

电路图是电气图的核心，它内容丰富，不易识读，因此要详细看电路图，电路图是看图的难点和重点。看电路图时，首先分清主电路和控制电路，交流回路和直流回路；然后按照先看主电路，再看控制电路的顺序进行看图。

4. 看接线图

看接线图时要结合电路图，根据端子标志、回路标号从电源端顺次查下去，分析线路走向和电路的连接方法，分析每条支路是怎样通过各个电气元件构成闭合回路的。配电盘内、外电路需经接线端子板。因此，看接线图时，要把配电盘内、外的线路走向分析清楚，就必须注意分析端子板的接线情况。

二、识读机床电气控制电路图

思 考

图 3-2 的自锁正转控制电路图提供了哪些信息？该控制电路有何特点？

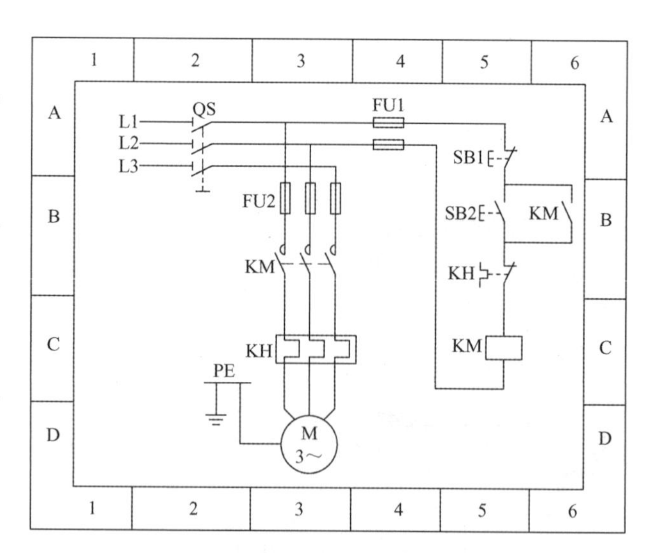

图 3-2　自锁正转控制电路图

电路图是指用以表达项目电路组成和物理连接信息的简图，具有以下功能：用以说明产品的功能原理以及产品各组成部分的连接关系；为绘制接线图、印制电路板图和电气设备的安装、维修等提供依据。接下来学习电路图的表示方法、识读方法和绘制方法。

1. 电路图的基本表示方法

（1）布局方法　电路或电气元器件按功能布局法布局。功能布局法是指在简图中表示电路或电气元器件的图形符号的布置位置，只考虑便于看出它们所表示的电路或电气元器件的功能关系，而不考虑其实际安装位置的一种布局方法。电路图的布局要求如下：

1）图中的连接线尽可能保持直线，相关项目图形符号排列整齐使电路直接连通，如图 3-3 所示。

2）同等重要的并联支路相对于公共通路对称布置，如图 3-4所示。

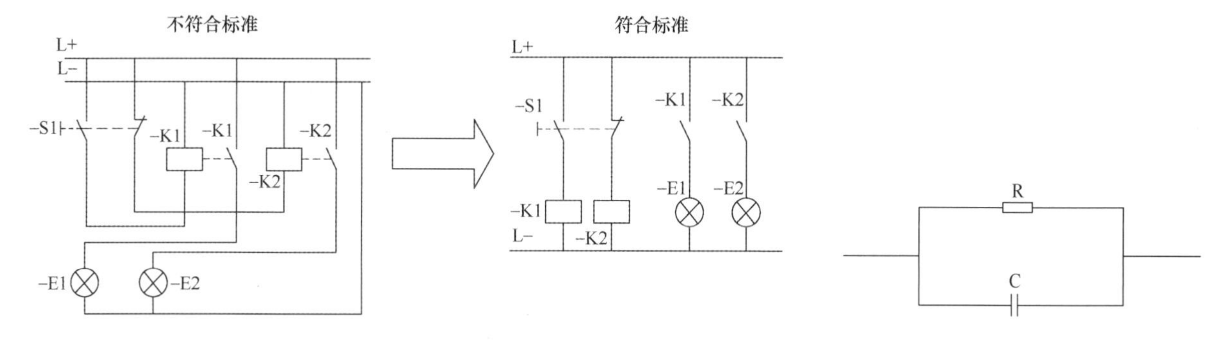

图 3-3　电路图导线的连接　　图 3-4　电路图元件的布局

3）图中功能相关项目的图形符号应集中在一起，彼此靠近，如图 3-5 所示。

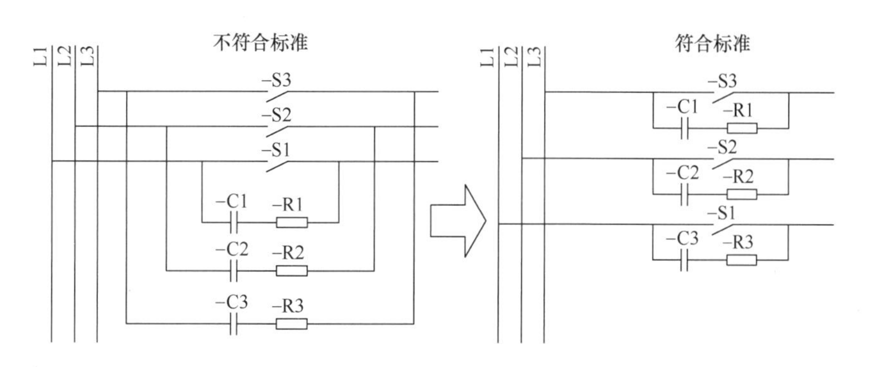

图 3-5　电路图支路的布局

（2）图上位置的表示方法

1）图幅分区法。图幅分区法是用行或列以及行列组合标记来表明图上位置，如图 3-2 所示，在上、下周边内从左到右用阿拉伯数字顺序编号，在左、右周边内自上而下用大写拉丁字母依次编写。

在图幅分区法中表示导线的去向分以下两种情况：在同一页图上连接线中断标注位置标记，如图 3-6 所示；不在同一页图上连接线中断标注位置标记如图 3-7 所示。

在图幅分区法中符号或元器件的分区位置代号可以标注在触头旁边，也可标注在种类代号的下方，但全图的形式要统一，如图 3-8 所示。

2）电路编号法。电路编号法是一种用阿拉伯数字按一定的顺序编号来确定各支路项目位置的方法。对水平布置的图，数字按自上而下的顺序编排；对垂直布置的图，数字按自左至右的顺序编排，如图 3-9 所示。

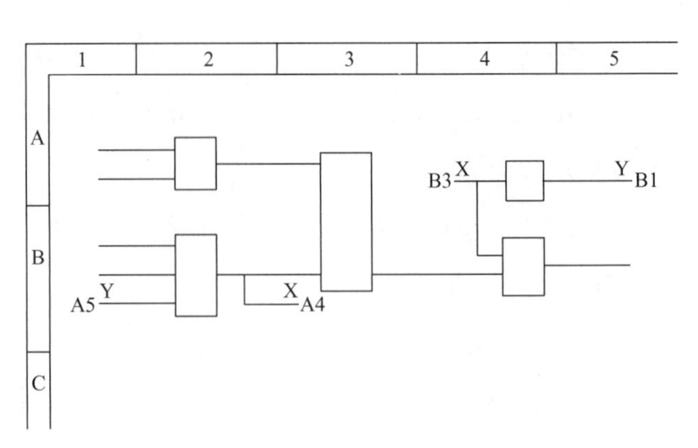

图 3-6　同一页图连线中断

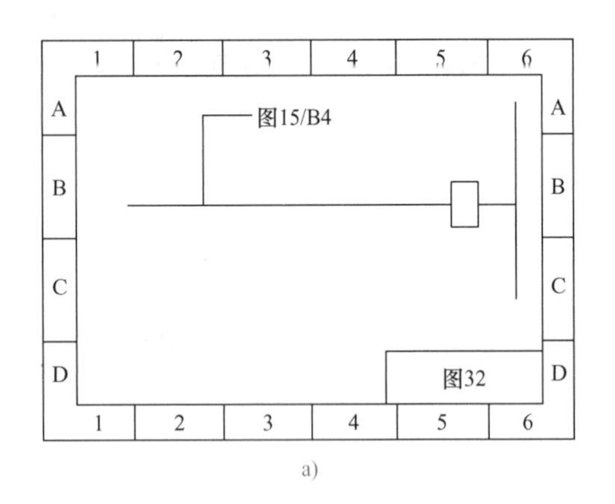

a)

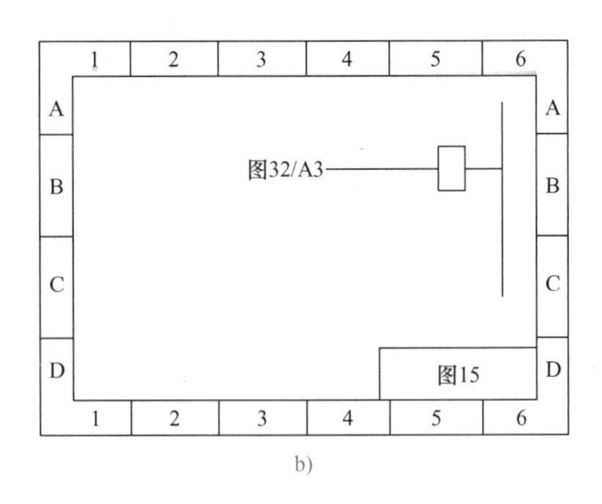

b)

图 3-7　不同页图连线中断

3）表格法。表格法是指在图的边缘部分绘制一个按参照代号进行分类的表格。编制方法：表格中的参照代号和图中相应的图形符号在垂直或水平方向对齐，图形符号旁仍需标注参照代号；图上的各项目与表格中的项目一一对应，如图 3-10所示。

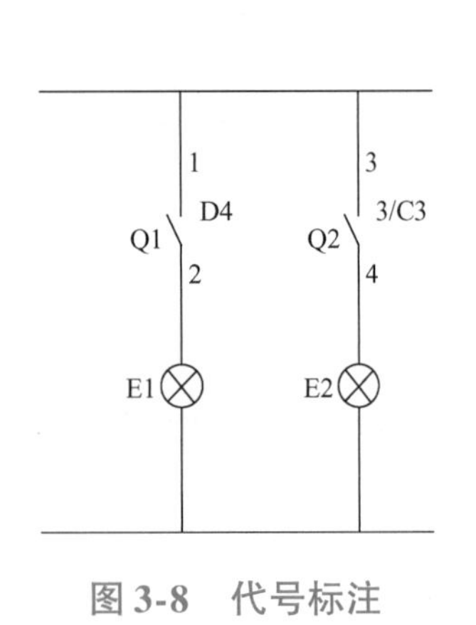

图 3-8　代号标注

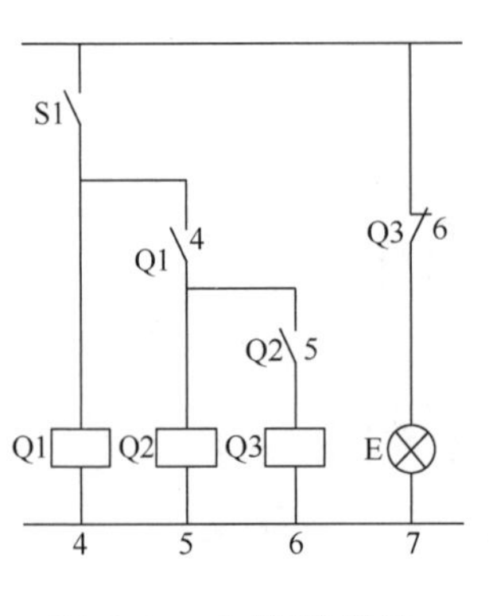

图 3-9　电路编号法

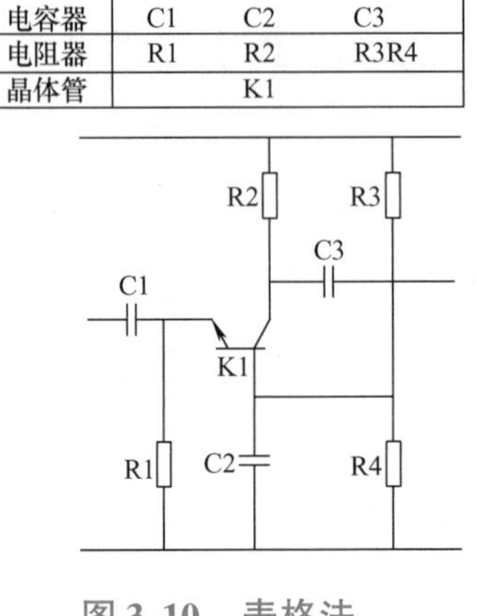

电容器	C1	C2	C3
电阻器	R1	R2	R3R4
晶体管		K1	

图 3-10　表格法

2. 电气控制电路图的识读方法

普通车床是一种应用极为广泛的金属切削机床，它主要用来车削外圆、内圆、端面、螺纹和定型表面，并可用钻头、铰刀、镗刀进行加工。如图 3-1 所示为 C620－1 型车床电气控制电路，接下来进行该电路图的识读。

（1）先分析机械部分，后分析电气部分　首先分析 C620－1 型车床的机械部分，它主要是由车身、主轴变速箱、进给箱、溜板箱、溜板与刀架等几部分组成。机床的主传动是主轴的旋转运动，它是由主轴电动机通过皮带轮传动传到主轴变速箱，再由变速箱带动主轴旋转的，该车床刀架的纵向运动和横向运动都是由主轴电动机传给的。

C620－1 型车床对电气线路的要求如下：机床共有两台电动机，一台是主轴电动机 M1，带动主轴旋转；另一台是冷却泵电动机 M2，为车削工件时输送冷却液。机床要求两台电动机只能单向运动，且采用全压直接起动。

该电路图按电路功能分为电源开关、主轴和进给传动、冷却泵、主轴控制、照明电源、照明灯 6 个单元，标注在电路图上方。

在电路图下部（或上部）划分若干图区，并从左向右依次用阿拉伯数字编号标注在图区栏内。通常是一条回路或一条支路划为一个图区，图 3-1 所示电路图共划分了 7 个图区。

电路图中，在每个接触器线圈下方画出两个竖直线，分成左、中、右三栏，每个电气线圈下方画一个竖直线，分成左、右两栏。把受到其线圈控制而动作的触头所处的图区号填入相应的栏内，对备而未用的触头，在相应的栏内用“×”标出或不标出任何符号，见表 3-1。

表 3-1　接触器触头在电路图中位置的标记

栏目	左栏	中栏	右栏
触头位置	主触头所在图区	辅助常开触头所在图区	辅助常闭触头所在图区
KM 2 | 5 | × 2 | × | × 2 | |	表示三对主触头在图区 2	表示一对辅助常开触头在图区 5，另一对常开触头未用	表示两对辅助常闭触头未用

（2）先主后辅，化整为零　该控制电路可分为主电路、控制电路及照明电路。主电路中的 M1 为主轴电动机，拖动主轴旋转；M2 为冷却电动机，输出冷却液。因它们的容量均小于 10kW，可采用全压起动。控制电路由按钮、热继电器和接触器线圈组成，通过按钮 SB1 和 SB2 来控制主电路的两台电动机。照明电路由变压器和照明灯组成，主要是照明用。

如图 3-11 所示，主电路中电动机电源采用 380V 的交流电源，由电源开关 QS1 引入。主轴电动机 M1 的起停由 KM 的主触头控制，主轴通过摩擦离合器实现正反转；主轴电动机起动后，才能起动冷却泵电动机 M2，是否需要冷却，由转换开关 QS2 控制。熔断器 FU1 为电动机 M2 提供短路保护。热继电器 FR1 和 FR2 为电动机 M1 和 M2 的过载保护，它们的常闭触头串联后接在控制电路中。

如图 3-12 所示，控制电路中主轴电动机的控制过程：闭合电源开关 QS1，按下起动按钮 SB1，接触器 KM 线圈通电使铁心吸合，电动机 M1 由 KM 的三个主触头吸合而通电起动运转，同时并联在 SB1 两端的 KM 辅助触头（线号 3-4）吸合，实现自锁；按下停止按钮 SB2，M1 停转。冷却泵电动机的控制过程为：当主轴电动机 M1 起动后（KM 主触头闭合），闭合 QS1，电动机 M2 得电起动；若要关掉冷却泵，断开 QS2 即可；当 M1 停转后，M2 停转。

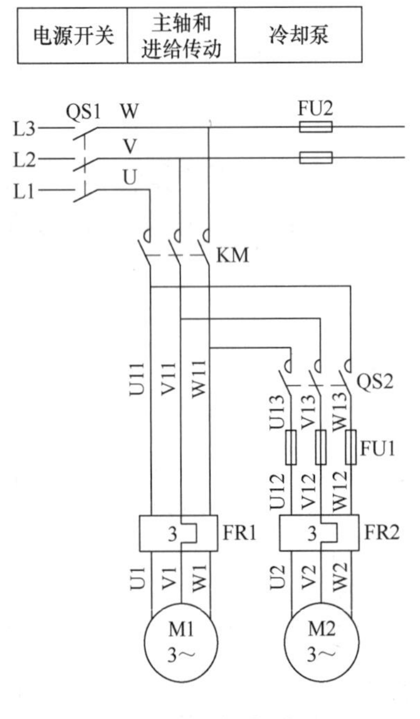

图 3-11　主电路图

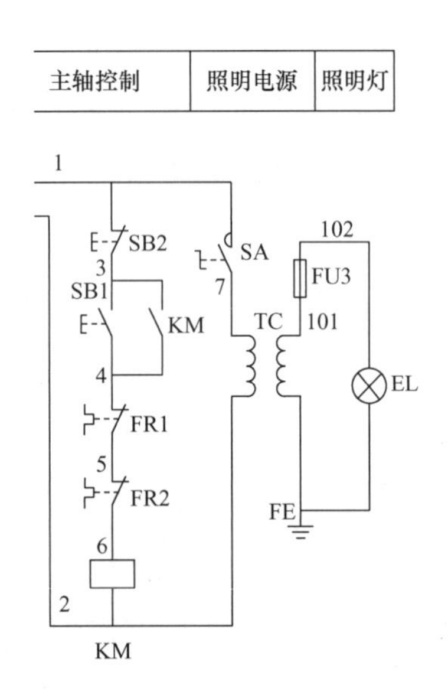

图 3-12　控制电路图

照明电路控制过程为：照明由变压器 TC 将交流 380V 转换为 36V 的安全电压供电，FU3 为短路保护。闭合开关 SA，照明灯 EL 亮。照明电路必须接地，以确保人身安全。

（3）集零为整，统观全局　C620－1 型车床电气控制电路的工作原理分析如下。

1）控制电路原理分析。

闭合 QS1。

起动：按下 SB1→KM 线圈得电 → KM 主触头闭合 → M1 正转连续运行
　　　　　　　　　　　　　 → KM 自锁触头闭合 ↗

停止：按下 SB2→KM 线圈失电→KM 各触头恢复初始状态→M1 停止正转

2）冷却泵电路原理分析。电动机 M1 运行时（KM 主触头闭合），闭合 QS2，油泵电动机 M2 运行。断开 QS2（或按下 SB2），油泵电动机 M2 停止运行。

辅助电路原理分析：闭合 SA，EL 灯亮；断开 SA，EL 灯灭。

3. 电气控制电路图的绘制方法

电路图能充分表示电气设备和电器的用途、作用和工作原理，是电气线路安装、调试和维修的理论依据。绘制电路图时应遵循以下的原则：

1）电路图一般分电源电路、主电路和辅助电路 3 部分。

① 电源电路画成水平线，三相交流电源相序 L1、L2、L3 自上而下依次画出，中性线 N 和保护接地线 PE 画在相线之下。直流电源的正极画在上边，负极画在下边。电源开关要水平画出。

② 主电路是由主熔断器、接触器和主触头、热继电器的热元件以及电动机等组成。主电路通过的电流较大。主电路画在电路图的左侧并垂直电源电路。

③ 辅助电路一般由主令电器的触头、接触器线圈及辅助触头、继电器线圈及触头、指示灯和照明灯等组成。辅助电路要跨接在两相电源线之间，一般按照控制电路、指示电路和照明电路的顺序依次垂直画在主电路的右侧，且与下边电源线相连的耗能元件要画在电路图的下方，而电器的触头要画在耗能元件与上边电源线之间。一般应按照自左至右、自上而下的排列来表示操作顺序。

2）电路图中，各电器的触头位置都按电路未通电和电器未受外力作用时的常态位置画出。分析原理时，应从触头的常态位置出发。

3）电路图中，电气元件无须画出实际的外形图，而只画出国家统一规定的电气图形符号即可。

4）电路图中，同一电器的各个元件不按它们的实际位置画在一起，而是按其在线路中所起的作用分别画在不同的电路中，但它们的动作却是相互关联的，因此，必须标注相同的文字符号。

5）一般识看电路图时，有直接电联系的交叉导线连接点，用实心点表示；无直接电联系的交叉导线则不画实心点。

6）电路图采用电路编号法，即对电路中的各个接点用字母或数字编号。

① 主电路在电源开关的出线端按相序依次编号为 U11、V11、W11。然后按从上到下、从左到右的顺序，每经过一个电气元件后，编号要依次递增，如 U12、V12、W12；U13、V13、W13……单台三相交流电动机的 3 根引出线相序依次编号为 U、V、W。为了不致引起误解和混淆，对于多台电动机引出线的编号，可在字母前用不同的数字加以区别，例如：1U、1V、1W；2U、2V、2W……。

② 辅助电路编号按“等电位”原则从上而下、从左至右的顺序用数字依次编号，每经过一个电气元件后，编号要依次递增。控制电路编号的起始数字必须是 1，其他辅助电路的起始数字依次递增 100，如照明电路编号从 101 开始；指示电路编号从 201 开始等。

三、识读机床电气安装接线图

电气安装接线图主要用于电气设备的安装配线、线路检查、线路维修和故障处理。在图中要表示出各电气设备、电气元件之间的实际接线情况，并标注出外部接线所需的数据。如图 3-13 所示为电气自锁正转控制电路接线图。

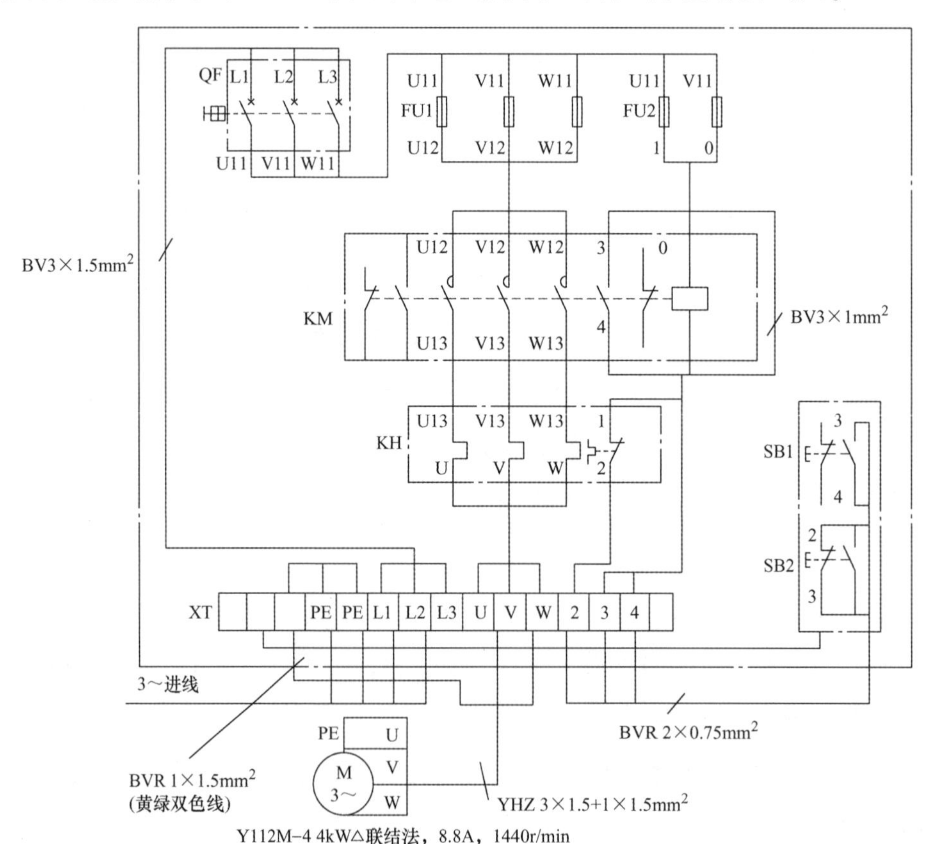

图 3-13　电气自锁正转控制电路接线图

1. 接线图的基本表示方法

(1) 布局方法　接线图中的电路或电气元件按位置布局法布置。位置布局法是指简图中表示电路或电气元件的图形符号的布置位置与该元件实际安装位置基本一致的布局方法。

功能布局法与位置布局法相比有何不同?

(2) 项目的表示方法　项目的表示方法应遵循以下原则：项目一般用矩形、正方形、圆形等简化外形符号表示，简化外形用细实线表示，如图 3-14a 所示；有时也用点画线框表示，如图 3-14b 所示，但有引出线的线框边应用细实线绘制如图 3-14c 所示；在无须强调项目实际位置时，也可采用图形符号表示，但要在图形符号旁标注与电路图或逻辑图相同的参照代号。

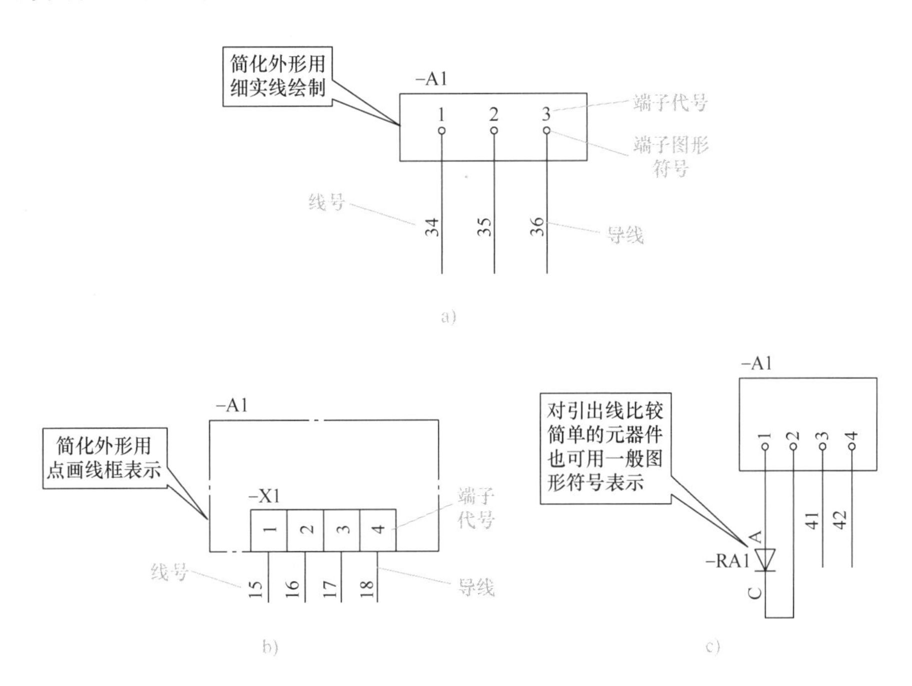

图 3-14　接线图项目的表示方法

(3) 端子的表示方法　端子的表示方法有以下三种：端子一般用图形符号和端子代号表示，如图 3-14a 所示；端子在项目的简化外形中能清晰识别时，端子无须示出，可只标出端子代号，如图 3-14b 所示；如需说明接线端子是可拆卸或不可拆卸时，则应在图中画出相应的图形符号。

(4) 导线的识别标记　导线的识别标记有从属标记和独立标记两种。从属标记分为从属本端标记和从属远端标记。从属本端标记是指在导线或线束的端部标记，与其本端部连接的端子代号的一种标记方式，如图 3-15a 所示；从属远端标记是指在导线或线束的端部标记，与其远端部连接的端子代号的一种标记方式如图 3-15b 所示。

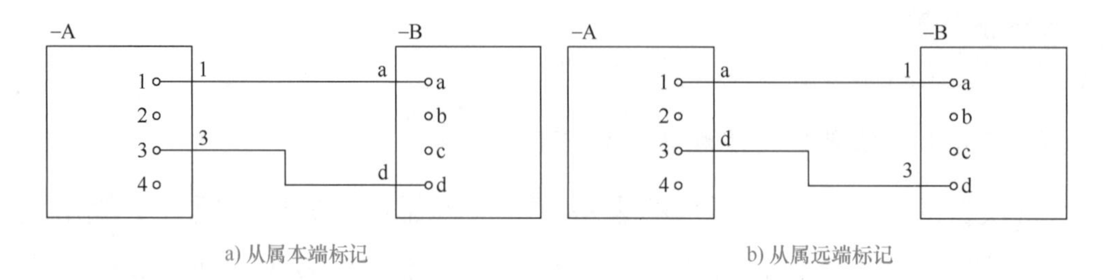

图 3-15　导线的从属标记

独立标记是指导线或线束的标记与其所连接的端子的代号无关的标记系统，如图 3-16 所示。

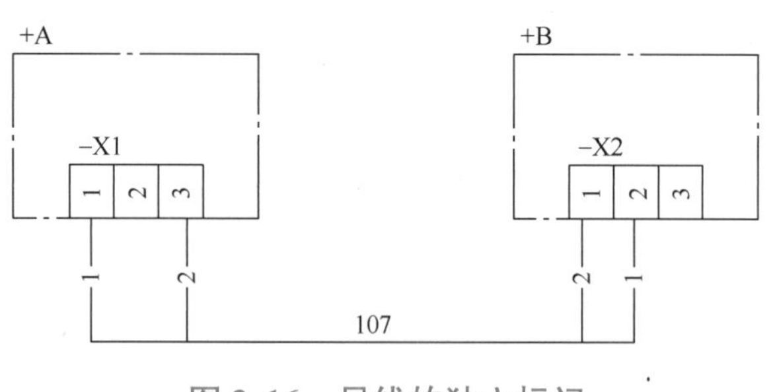

图 3-16　导线的独立标记

（5）导线的表示方法

1）导线的连续表示法是指端子之间的连接线是用连续的、不间断的图线表示的一种绘制方法，如图 3-15 所示。

2）导线的中断表示法是指将连接线的中间部分断开，并用标记符号表示导线去向的一种绘制方法，如图 3-17 所示。连接线中断处标记可以采用字母、数字、参照代号、位置标记等表示。中断表示法是简化连接线绘图的一个重要手段：当穿越图面的连接线较长或穿越稠密区域时，为使图面清晰，可用中断表示法绘制；当一条图线需要连接到另外的图上时，必须采用中断表示法绘制。

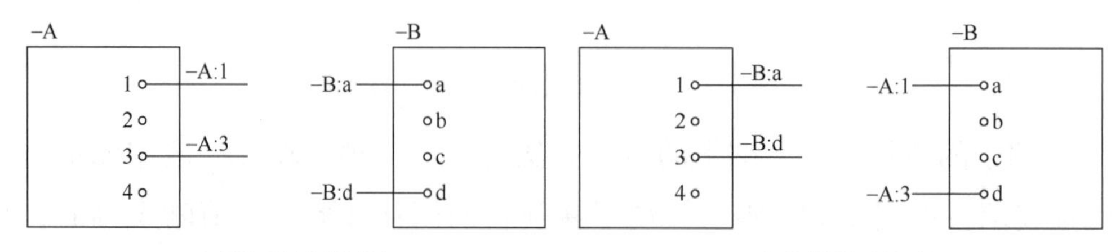

图 3-17　导线的中断表示法

3）导线的多线表示法是指每根导线各用一条图线表示的方法，如图 3-18 所示。用多线表示法绘制的图，能详细地表达各相或各线的内容，尤其是在各相或各线内容不对称情况下，宜采用这种方法。

4）导线的单线表示法是指用一根导线表示多根导线的方法，如图 3-19 所示。导线组、电缆、线束等可以用多线表示，也可以用单线表示。若用单线表示，线条应加粗，在不至于引起误解的情况下也可用部分加粗表示。

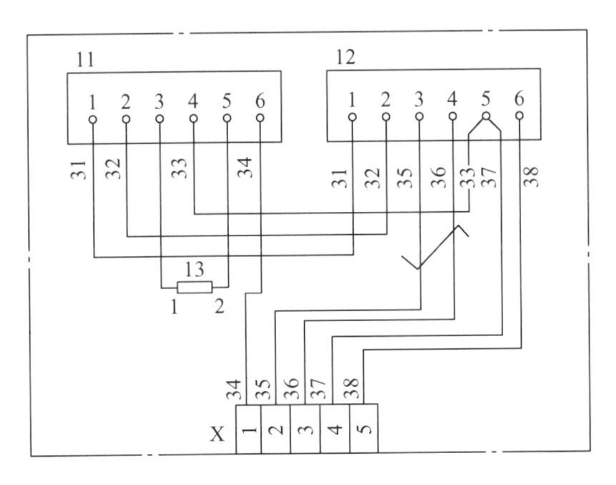

图 3-18　导线的多线表示法

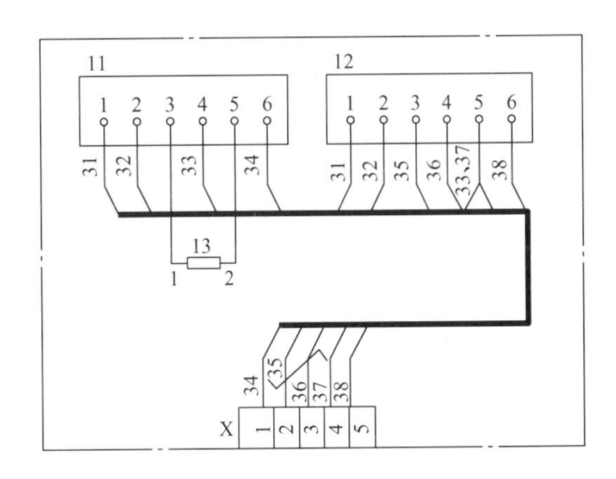

图 3-19　导线的单线表示

2. 电气安装接线图的识读方法

由于安装接线图是按接线原理图绘制出来的，在电气安装接线图中各电气元件的文字符号、元件连接顺序、线路号码编制都必须与电气原理图一致。因此，看安装接线电路图的时候，应结合接线原理图对照阅读。此外，对回路标号、端子板上内外电路连接的分析，对识图也有一定的帮助。

由图 3-20 的 C620－1 型车床安装接线图可以读出电路中各元器件和用电设备在控制盘上的位置。

其中，照明灯 EL、起动按钮 SB1，停止按钮 SB2，电动机 M1、M2 在控制盘外，经控制盘下方的接线排与盘内的控制元件相连。图中的元器件标明了触头的通断状态以及线号，该线号与原理图一致。因此，结合图 3-21 可以进行安装接线图的识读。

识读电气安装接线图可遵循以下步骤：应先看主电路，后看辅助电路。由车床原理图可知 L1、L2、L3 电源线经 QS1 引入车床控制电路中，经 KM 主触头、FR1 与 M1 电动机相连；经 QS2、FU1、FR2 与 M2 相连。对应的接线图中，由配电盘外引入 300V 交流电，三根导线经接线进入控制盘内，导线去向与控制电路中一致，接线图中对应的线号标明了元器件之间的连线。识读主电路要注意：电动机在盘

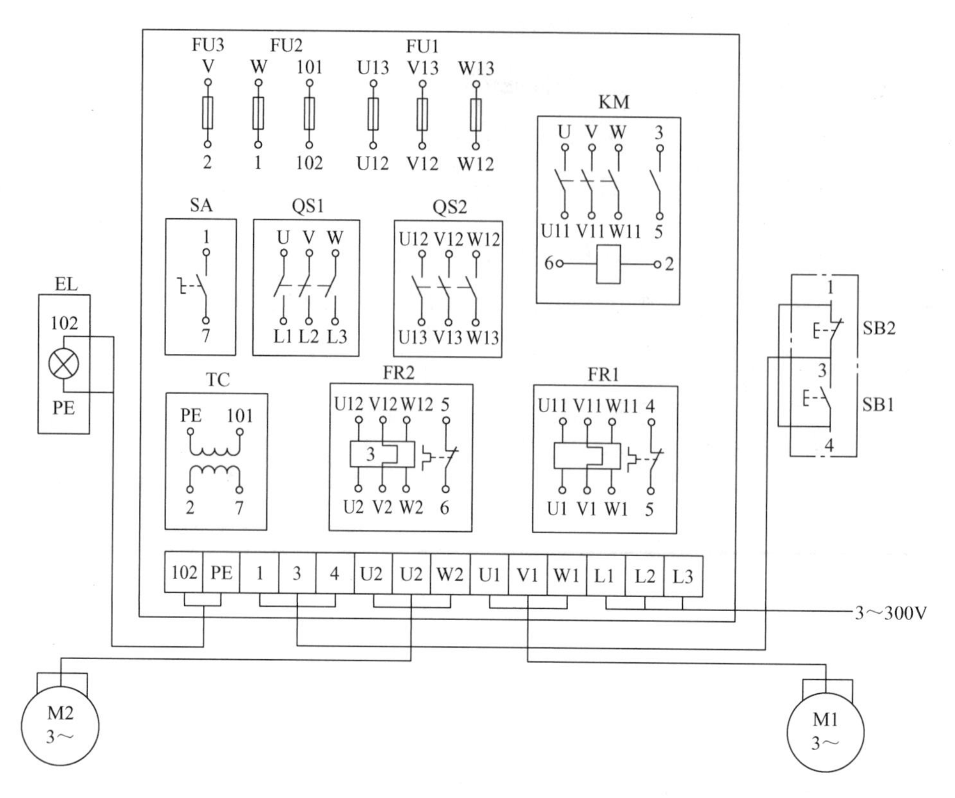

图 3-20　C620－1 型车床安装接线图

外，它的连线要经接线排。

控制电路同样由电源开始进行识读。QS1 出线端的 W、V 经 FU2 为控制电路供电，1 号线经 SB2、SB1、FR1、FR2、KM、2 号线到 QS1 的 V 端形成闭合回路，接线图上找到对应的元器件和线号即可进行控制线路接线图的识读。控制电路中要注意：主令元件和指示灯都要经接线排。

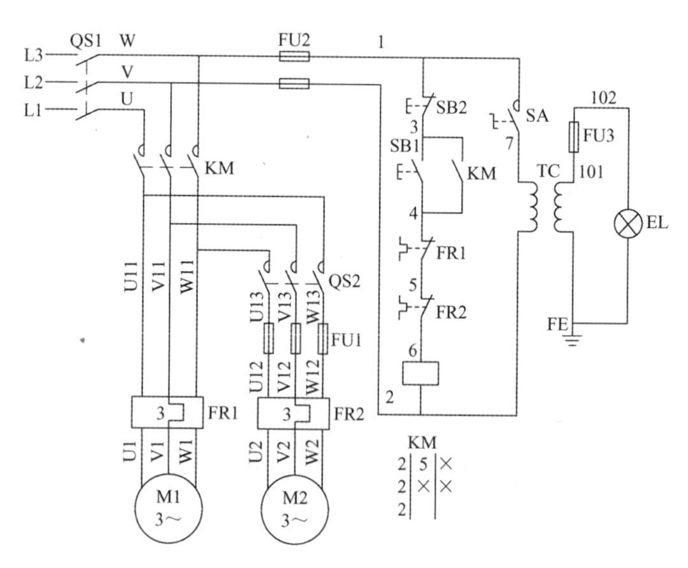

图 3-21　C620－1 型车床电气控制原理图

四、识读机床电气布置图

电气布置图是指用来表达项目相对或绝对位置信息的简图，如图 3-22 所示。图中用简化外形表示电气元件的安装位置和尺寸。它主要用于电气设备和电气线路的安装、接线、检查、维修和故障分析等场合，常与电路图、接线图配合使用。

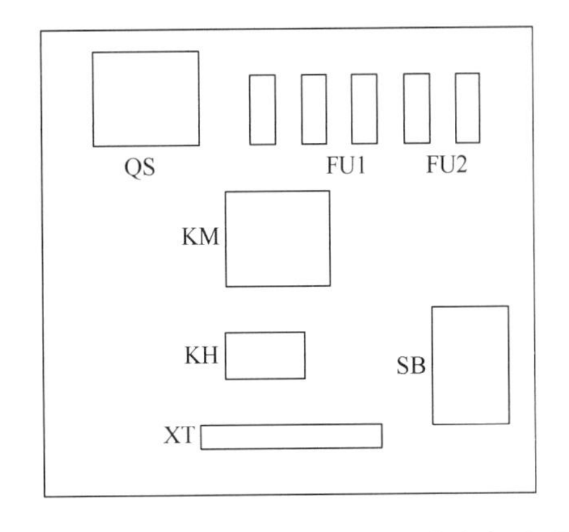

图 3-22　自锁正转控制电路元件电气布置图

1. 电气布置图的分类

电气布置图的分类很多，具体分类如图 3-23 所示。其中电气设备布置图是一种用以提供电气设备安装位置信息的简图，如图 3-24 所示，电气设备布置图不必给出各元件间连接关系的信息，但要表示出设备之间的实际距离和尺寸等详细信息。

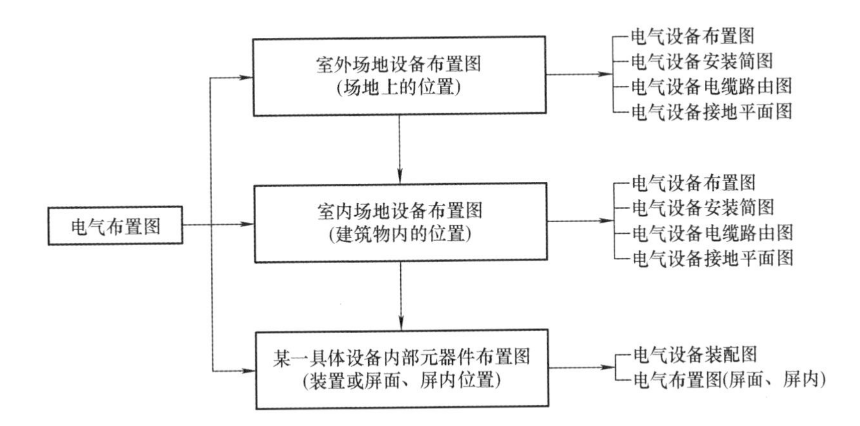

图 3-23　电气布置图的分类

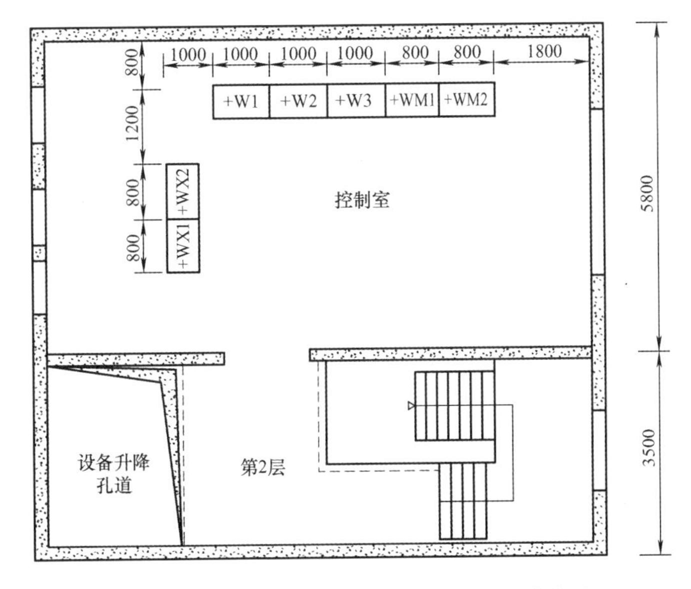

图 3-24　车间控制室电气设备布置图（单位为 mm）

电气设备装配图是一种用来表示电气装置、设备及其组成部分的连接和装配关系的图，如图 3-25 所示。它一般按比例绘制，也可按轴测投影法、透视法或类似的方法绘制。图中应示出所装零件的形状、零件与其被设定位置之间的关系和零件的识别标记。

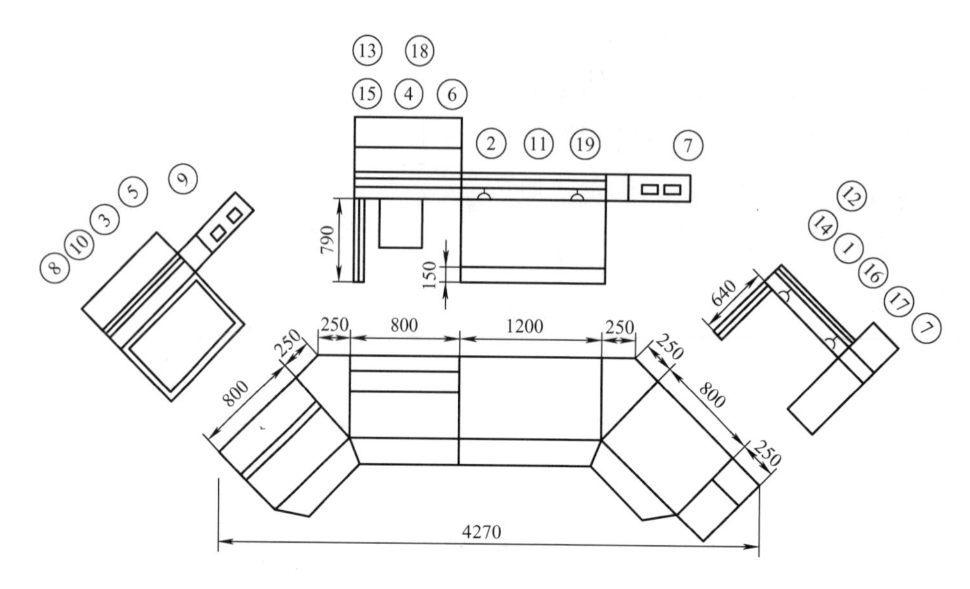

图 3-25　某机床电气设备装配图（单位为 mm）

1—窄监视器平板　2—宽监视器平板　3—低窄控制平板　4—高窄控制平板　5—低窄控制盘　6—高窄控制盘　7—右端构件　8—左端构件　9—角构件　10—窄仪表盒　11—宽仪表盒　12—外侧腿　13—高外侧腿　14—内侧腿　15—高内侧腿　16—与设备相邻的侧腿　17—控制盘　18—窄设备架　19—宽平台

2. 电气布置图的基本表示方法

（1）电气布置图的布局方式

1）电气布置图是按照位置布局法布置的，图形符号应表示在电气元件所在的相对位置，如图 3-26 所示。

2）图中应表示出项目的相对位置或绝对位置及其尺寸。

3）对于非电设备的信息，只有对理解电气图和电气设备安装十分重要时，才将它们表示出来。但为了使图面清晰，非电设备和电气设备要有明显

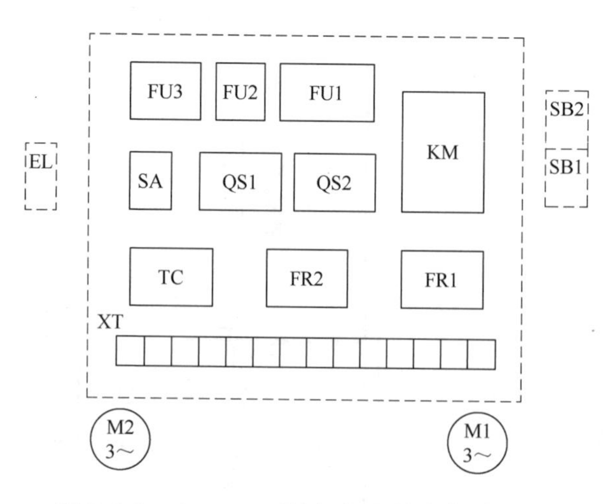

图 3-26　C620－1 型车床元件电气布置图

区别。

(2) 电气元件的表示方法　电气布置图中的电气元件通常用表示其主要轮廓的简化形状或图形符号来表示，如图 3-22 所示。其安装方法和方向、位置等应在布置图中表明。

(3) 连接线的表示方法　电气布置图中的连接线一般用单线表示法绘制，只有在需要表明复杂连接的细节时，才允许采用多线表示。

(4) 设备位置的确定方法　可借助于物体的简化外形、主要尺寸和它们之间的距离以及代表物体的符号等信息确定物体的相对位置或绝对位置及其尺寸。

小提示

① 体积大和较重的电气元件应安装在电气板的下面，而发热元件应安装在电气板的上面；

② 强电、弱电分开并注意屏蔽，防止外界干扰；

③ 电气元件的布置应考虑整齐、美观、对称；

④ 外形尺寸与结构类似的电气元件安放在一起，以便加工、安装和配线；

⑤ 需要经常维护、检修、调整的电气元件安装位置不宜过高或过低。

任务实施

同步练习《电气识图与 CAD 制图工作页》中“样例任务 1　C6150 型车床电气控制原理图识读”。独立完成“拓展任务 1　M7130 型平面磨床电气原理图的识图”。

学习任务四　机加工车间配电系统图的识读

任务描述

电气施工图是用规定的图形符号和文字符号表示系统的组成及连接方式、装置和线路的具体安装位置和走向的图纸。如图 4-1 所示为某商场楼层配电箱照明配电系统图，如图 4-2 所示为工厂车间动力线路电气平面图。电气工程施工图是工程电气施工的重要依据，本次任务学习电气施工图相关知识，其中重点学习工厂车间电气施工图的识读。

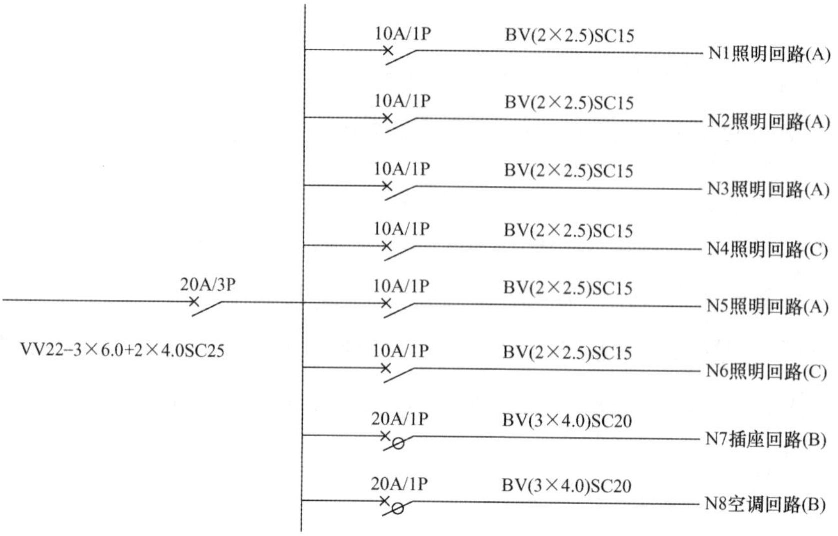

10A/1P
BV(2×2.5)SC15
N1照明回路(A)
10A/1P
BV(2×2.5)SC15
N2照明回路(A)
10A/1P
BV(2×2.5)SC15
N3照明回路(A)
10A/1P
BV(2×2.5)SC15
N4照明回路(C)
20A/3P
10A/1P
BV(2×2.5)SC15
N5照明回路(A)
VV22-3×6.0+2×4.0SC25
10A/1P
BV(2×2.5)SC15
N6照明回路(C)
20A/1P
BV(3×4.0)SC20
N7插座回路(B)
20A/1P
BV(3×4.0)SC20
N8空调回路(B)

图 4-1　某商场楼层配电箱照明配电系统图

C
B
A
3300
12000
4kW
4kW
4×4—SC20
39 M612K 5
40 Y2312A 4
38 C1312 3
41 M612K 5
37 Y3150 4
42 CM1106 3
43 Z535 2.8
36 CA6140 7.5
44S350
1.7
1.7 45S250
4×2.5—SC20
4×2.5—SC20
4×2.5—SC20
4×2.5—SC20
4×2.5—SC20
2(4×2.5)—SC20
4×2.5—SC20
4×2.5—SC20
4×2.5—SC20
4×2.5
(3×6+1×4)—SC25
(3×6+1×4)—SC25
4×2.5
4×2.5
4×2.5
4×2.5
4×2.5
6000
6000
6000
1
2
3

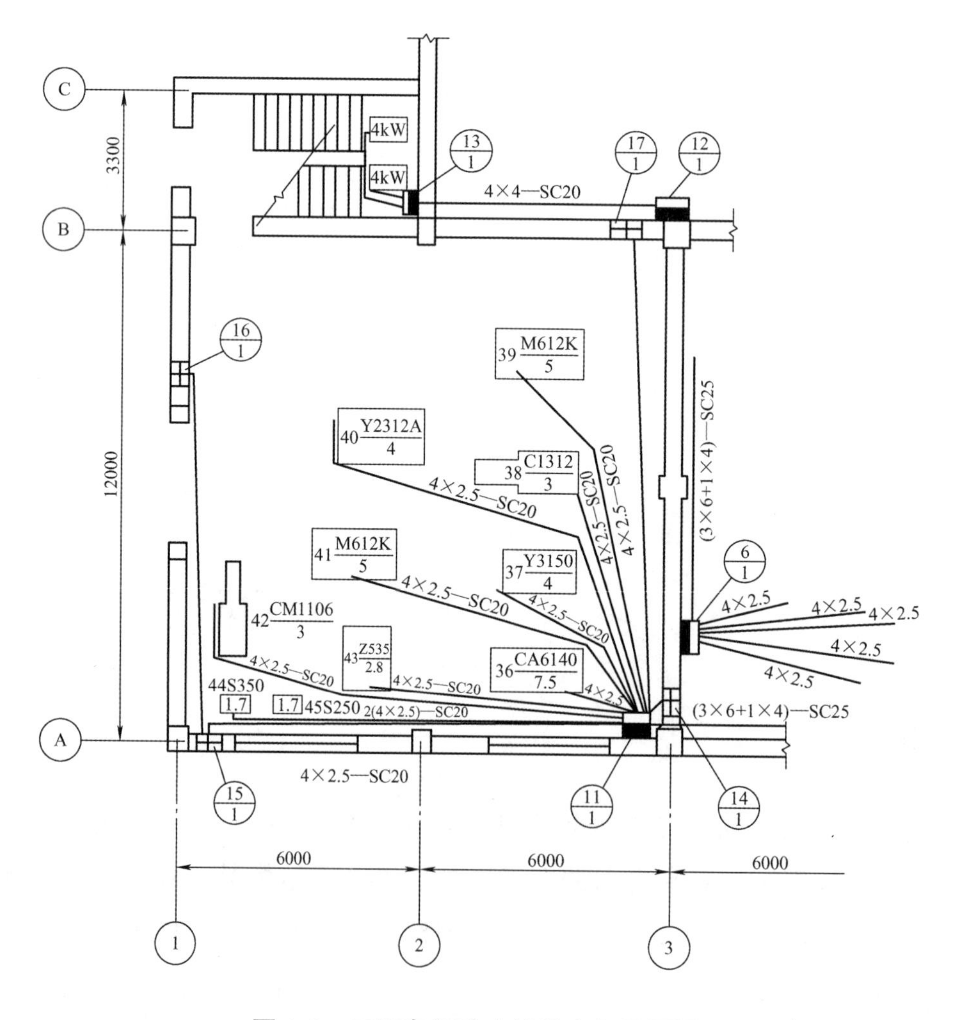

图 4-2　工厂车间动力线路电气平面图

学习目标

1. 了解电气施工图的概念及特点。
2. 能完成车间照明电气平面图的识读。
3. 能正确识读车间动力电气平面图。

建议课时

6 课时。

知识链接

一、电气施工图

1. 电气施工图的组成

建筑电气施工图由图样目录与设计说明、主要材料设备表、系统图、平面布置图、控制原理图、安装接线图、安装大样图（详图）组成。

（1）图样目录与设计说明　图样目录包括图样内容、数量、工程概况、设计依据以及图中未能表达清楚的各有关事项等。设计说明包括供电电源的来源、供电方式、电压等级、线路敷设方式、防雷接地、设备安装高度及安装方式、工程主要技术数据、施工注意事项等。

（2）主要材料设备表　它包括工程中所使用的各种设备和材料的名称、型号、规格、数量等。它是编制购置设备、材料计划的重要依据之一。

（3）系统图　系统图是用规定的符号表示系统的组成和连接关系，用单线将整个工程的供电线路示意连接起来，主要表示整个工程或某一项目的供电方案和方式，也可以表示某一装置各部分的关系。系统图包括供配电系统图（强电系统图）、弱电系统图。

如图 4-1 所示为照明配电系统图，属于强电系统。图中要表示供电方式、供电回路、电压等级及进户方式；标注回路个数、设备容量及起动方法、保护方式、计量方式、线路敷设方式。如图 4-3 所示为天线电视系统图，它属于弱电系统。图中表示了元器件的连接关系。

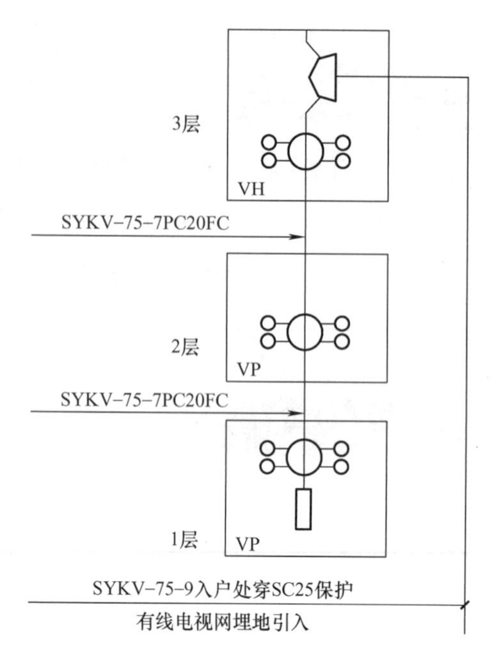

图 4-3　某建筑共用天线电视系统图

(4) 平面布置图　平面布置图是将设备、器具的图形符号和敷设的导线（电缆）或穿线管路的线条画在建筑物或安装场所，用以表示设备、器具、管线实际安装位置的水平投影图。

平面布置图是电气施工图中的重要图样之一，如照明线路平面布置图（见图 4-4）、防雷接地平面布置图（见图 4-5）等，用来表示电气设备的编号、名称、型号及安装位置、线路的起始点、敷设部位、敷设方式，及所用导线型号、规格、根数、管径大小等。通过阅读系统图，了解系统基本组成之后，就可以依据平面布置图编制工程预算和施工方案，然后组织施工。

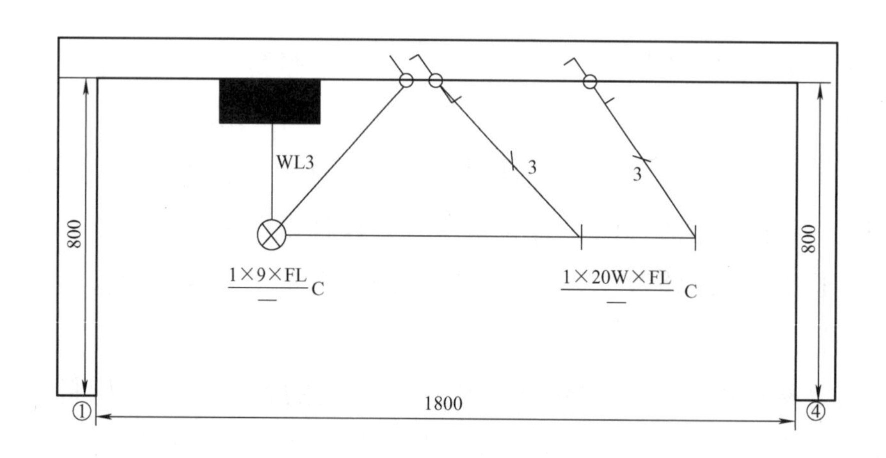

图 4-4　照明线路平面布置图（单位为 mm）

强电平面布置图包括电力平面布置图、照明平面布置图、防雷接地平面布置图、厂区电缆平面布置图等。弱电平面布置图包括消防电气平面布置图、综合布线平面布置图等。

(5) 控制原理图　控制原理图包括系统中所用电气设备的电气控制原理，在施工过程中，用以指导电气设备的安装和控制系统的调试运行工作。

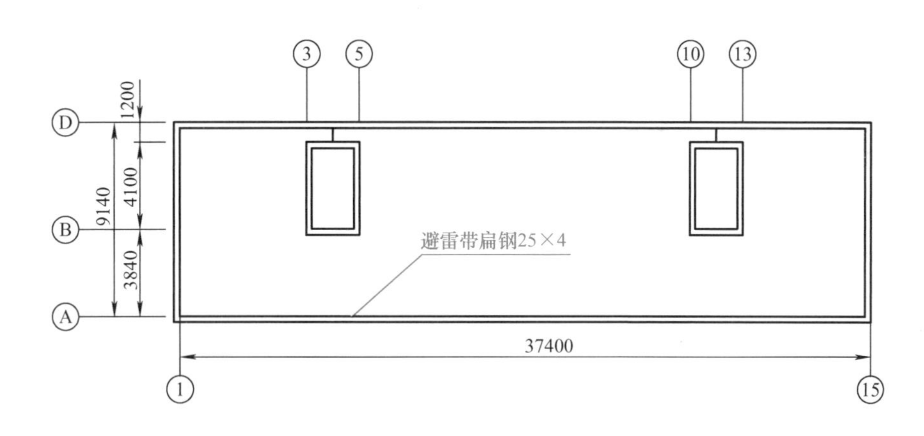

图 4-5　防雷接地平面布置图（单位为 mm）

（6）安装接线图　安装接线图包括电气设备的布置与接线，应与控制原理图对照阅读，在施工过程中指导调试工作。

（7）安装大样图（详图）　安装大样图是详细表示电气设备安装方法的图样，对安装部件的各部位注有具体图形和详细尺寸，是进行安装施工和编制工程材料计划时的重要参考图。

2. 电气施工图的特点

1）电气施工图大多是采用统一的图形符号并加注文字符号绘制的。

2）电气设备和线路在平面图中并不是按比例画出它们的形状及外形尺寸的，通常用图形符号来表示，线路中的长度是用规定的线路的图形符号按比例绘制的。

3. 电气施工图常用符号

在电气施工图中经常用到符号代表某种器件设备，表 4-1 列出了电气施工图常用图形符号及对应名称。

表 4-1　电气施工图常用图形符号及对应名称

图形符号	名称	图形符号	名称
	单相变压器		熔断器式开关
	三相变压器		熔断器式隔离开关
或	单相自耦变压器		避雷针
或	电压互感器		壁龛交接箱

（续）

图形符号	名称	图形符号	名称
或	电流互感器	MDF	总配线架
	电源自动切换箱	IDF	中间配线架
	动力配电箱		分线盒一般符号
	照明配电箱		室内分线盒
	应急照明配电箱		室内分线盒
	开关一般符号		灯的一般符号
	单极开关		球形灯
	单极开关（暗装）		壁灯
	双极开关		顶棚灯
	双极开关（暗装）		花灯
	三极开关		广照型灯
	三极开关（暗装）		防水防尘灯
	双控单极开关		弯灯
	单极拉线开关		荧光灯
t	单极限时开关		三管荧光灯
	调光器	5	五管荧光灯

（续）

图形符号	名称	图形符号	名称
	单相插座		电线、电缆、传输通道通用符号
	暗装		三根导线
	密封（防水）	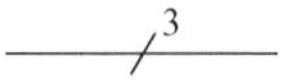 3	三根导线
	防爆	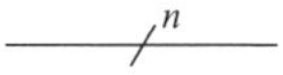 n	n 根导线
	单相三孔插座		电铃
	单相三孔插座（暗装）		插座箱
	密封三孔插座	A	指示式电流表
	防爆三孔插座	V	指示式电压表
	带接地插孔的三相插座	 Wh	有功电能表
	带接地插孔的三相插座（暗装）	 $\cos\varphi$	功率因数表
	钥匙开关		电风扇
	匹配终端		垂直通过配线
	天线一般符号	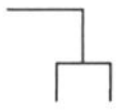	电信插座
	放大器一般符号		传声器一般符号
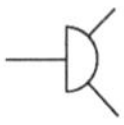	两路分配器		扬声器一般符号

二、电气施工图的识读

1. 电气施工图的识读方法

1）熟悉电气图例符号，弄清图例、符号所代表的内容。

2）针对一套电气施工图，一般应先按照“标题栏及图样目录→设计说明→设备材料表→系统图→平面布置图→控制原理图→安装接线图→安装大样图”的顺序阅读，然后再对某部分内容进行重点识读。

① 看标题栏。了解工程项目名称内容、设计单位、设计日期、绘图比例。

② 看目录。了解单位工程图样的数量及各种图样的编号。

③ 看设计说明。了解工程概况、供电方式以及安装技术要求。特别注意的是有些分项局部问题是在各分项工程图样上说明的，看分项工程图样时也要先看设计说明。

④ 看设备材料表。充分了解各图例符号所表示的设备器具名称及标注说明。

⑤ 看系统图。各分项工程都有系统图，如变配电工程的供电系统图，电气工程的电力系统图，电气照明工程的照明系统图，了解主要设备、元件连接关系及它们的规格、型号、参数等。

⑥ 看平面布置图。了解平面布置、轴线、尺寸、比例、各种变配电设备、用电设备的编号、名称和它们在平面上的位置、各种变配电设备起点、终点、敷设方式及在建筑物中的走向。

3）抓住电气施工图要点进行识读。

① 在明确负荷等级的基础上，了解供电电源的来源、引入方式及路数。

② 了解电源的进户方式是由室外低压架空引入还是电缆直埋引入。

③ 明确各配电回路的相序、路径、管线敷设部位、敷设方式以及导线的型号和根数。

④ 明确电气设备、器件的平面安装位置。

小提示

对电气施工图而言，一般遵循“六先六后”的原则。先强电后弱电、先系统后平面、先动力后照明、先下层后上层、先室内后室外、先简单后复杂。

2. 电气施工系统图和平面布置图的识读

系统图、平面布置图、控制原理图、安装接线图是施工图的主要构成部分。前面已经认识了控制原理图和安装接线图，这里重点学习电气施工图中的系统图和平面布置图。

(1) 供配电系统图的识读 电气施工系统图包含供配电系统图、照明工程照明系统图、电缆电视系统图等。其中，供配电系统图是电气施工系统图的重要组成部分，它对电能起着接受、更换和分配的作用，向各种用电设备提供电能。识读供配电系统图是电气工程施工的重要环节。这里以供配电系统图为例讲解系统图的识读方法。

1) 供配电线路图。供配电线路作为一种传输、分配电能的线路，它与一般的电工线路有所区别。通常情况下，供配电线路的连接关系比较简单，线路中电压或电流传输的方向也比较单一，基本上都是按照顺序关系从上到下或从左到右进行传输的，且其大部分组成元器件只是简单地实现接通与断开两种状态，没有复杂的变换、控制和信号处理线路。如图 4-6 所示为一种典型的供配电线路图。

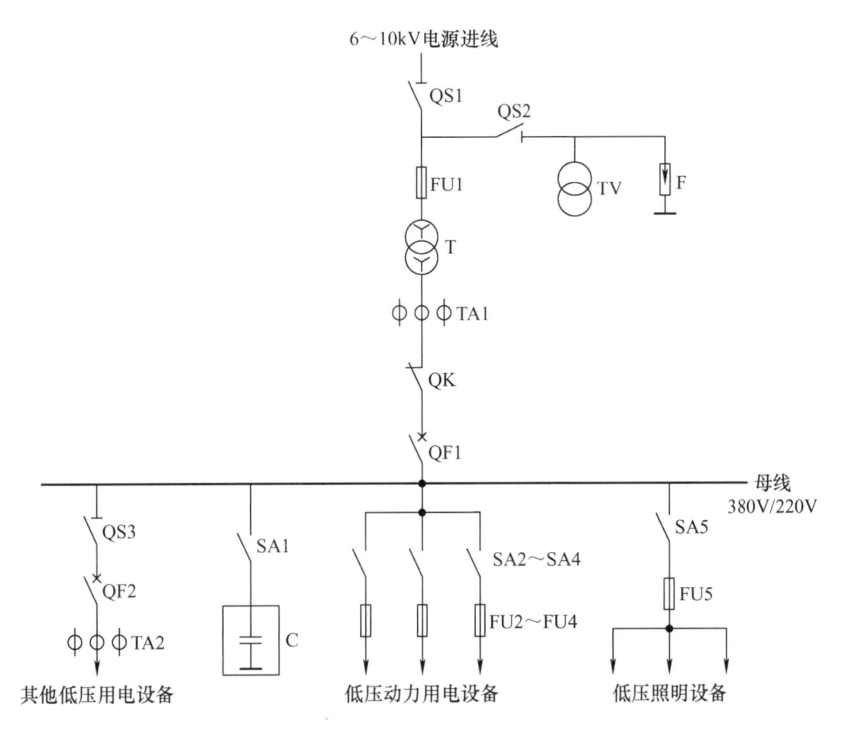

图 4-6 某工厂供配电线路图

供配电线路图中不同图形符号代表不同的组成部件、元器件，部件、元器件间的连接线体现出了其连接关系。当线路中的开关类器件断开时，其后级所有线路无供电；当逐一闭合各开关类器件时，电能逐级向后级线路传输，经后级的不同分支线路，即完成对前级线路电能的分配。

在对供配电线路图从整体上进行初步认识的基础上，首先要能够进行电路元器件识读（见表 4-1），然后要分析清线路中各关联部件及元器件的控制关系，该环节是识读供配电线路的关键。在供配电线路中，主要体现的是线路通、断的控制关系，实现的是电能的传输和分配。在识读时，理顺线路的前后连接关系，分析清楚“通”状态下电能的传输方向，“断”状态下电能无法传递的结果。

2）低压供配电系统图。车间供配电系统图如图 4-7 所示，由图中可知，低压供配电系统主要由配电干线系统图及配电箱系统图组成。

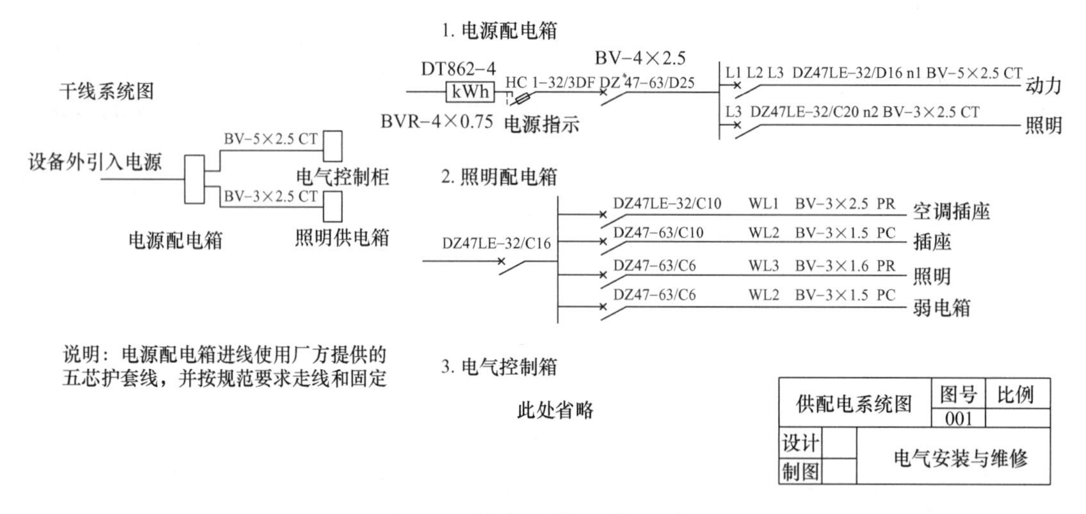

图 4-7　某车间供配电系统图

配电干线系统图表示配电干线与配电箱之间的联系方式，如图 4-7 中的干线系统图所示，它表明了系统经外部引入电源，然后从电源配电箱内引出两组线，分别与电气控制柜和照明供电箱相连。这里的 BV－3×2.5 表示 3 根 2.5mm^2 的铜芯聚氯乙烯电缆桥架敷设（字母代号见表 4-2）。在图样中线路表示形式为：a－b（c×d） e－f。其中 a：线路编号；b：导线型；c：导线根数；d：导线截面积；e：线路敷设方式（字母代号见表 4-3）；f：线路敷设部位（字母代号见表 4-4）。例如：N1 BV－3×4 SC20-FC 表示 N1 回路，3 根 4mm^2的铜芯聚氯乙烯塑料绝缘线，穿 SC20 的焊接钢管沿地板敷设。

表 4-2　电气施工常用导线字母代号

名称	代号	名称	代号
铜芯聚氯乙烯绝缘线	BV	铝芯聚氯乙烯软线	BLVR
铝芯聚氯乙烯绝缘线	BLV	铜芯聚氯乙烯绝缘双绞连接软线	RVS
铜芯聚氯乙烯绝缘及护套线	BVV	铜芯聚氯乙烯绝缘平行连接软线	RVB
铝芯聚氯乙烯绝缘及护套线	BLVV	铜芯氯丁橡皮绝缘线	BXF
铜芯聚氯乙烯软线	BVR	铝芯氯丁橡皮绝缘线	BLXF
铝芯橡皮绝缘玻璃丝编织线	BBIX	铜芯橡皮绝缘玻璃丝编织线	BBX

表 4-3　线路敷设方式字母代号

敷设方式	代号	敷设方式	代号
穿焊接钢管敷设	SC	穿电线管敷设	MT
穿硬塑料管敷设	PC	穿阻燃半硬聚氯乙烯管敷设	FPC
电缆桥架敷设	CT	金属线槽敷设	MR
塑料线槽敷设	PR	用钢索敷设	M
穿金属软管敷设	CP	穿聚氯乙烯塑料波纹电线管敷设	KPC
直接埋设	DB	电缆沟敷设	TC
混凝土排管敷设	CE	穿扣压式薄壁钢管敷设	KBG

表 4-4　线路敷设部位字母代号

敷设部位	代号	敷设部位	代号
沿或跨梁（屋架）敷设	AB	暗敷设在梁内	BC
沿或跨柱敷设	AC	暗敷设在柱内	CLC
沿墙面敷设	WS	暗敷设在墙内	WC
沿天棚或顶板面敷设	CE	暗敷设在屋面或顶板内	CC
吊顶内敷设	SCE	地板或地面下敷设	F

配电箱系统图用以表示某项具体配电系统供电方式、配电回路分布及相互联系的电气施工图。如照明配电箱系统图能集中反映照明系统的配电方式、导线或电缆的型号、规格、数量、敷设方式及穿管管径的规格型号等。通过该图，可以了解建筑物内部电气照明配电系统的全貌，它也是进行电气安装调试的主要图样之一。

如图 4-7 中的照明配电箱系统图。它包含 5 个低压断路器，分别是 DZ47LE－32/C16、DZ47LE－32/C10、DZ47－63/C10、DZ47－63/C6。其中 DZ47LE－32/

C16 左侧为电源进线端，由电源配电箱的照明端引入；右侧为出线端，与 DZ47LE－32/C10、DZ47－63/C10、DZ47－63/C6、DZ47－63/C6 相连。自上而下分析：DZ47LE－32/C10 为 WL1 线路供电（线路用途字母代号见表 4-5），采用 BV－3×2.5 的导线进行塑料线槽敷设，为空调插座供电；DZ47－63/C10 为 WL2 线路供电，采用 BV－3×1.5 的导线进行穿硬塑料管敷设，为插座供电；DZ47－63/C6 为 WL3 线路供电，采用 BV－3×1.6 的导线进行塑料线槽敷设，为照明供电；DZ47－63/C6 为 WL2 线路供电，采用 BV－3×1.5 的导线进行穿硬塑料管敷设，为弱电箱供电。

表 4-5　标注线路用途字母代号

名称	代号	名称	代号
控制线路	WC	电力线路	WP
直流线路	WD	广播线路	WS
照明线路	WL	电视线路	WV
应急照明线路	WE	插座线路	WX
电话线路	WF		

（2）电气施工平面布置图的识读　电气施工平面布置图是一种用图形符号来表示电气装置、设备和线路等在建筑物中的安装位置、连接关系及其安装方法的简图，用于建筑电气设备的安装、维护和管理。下面学习一下它的表示方法和分类。

1）基本表示方法。建筑电气安装平面图中的电气设备用图形符号、文字符号或简化外形表示，但其图形符号与电路图中的图形符号并不完全相同。电气照明设备平面布置图中的常用图形符号见表 4-1。

线路的标注是用图线和文字符号相结合的方法进行标注的，表示出线路的走向，导线的型号、规格、根数、长度以及线路配线方式，如图 4-8 所示。

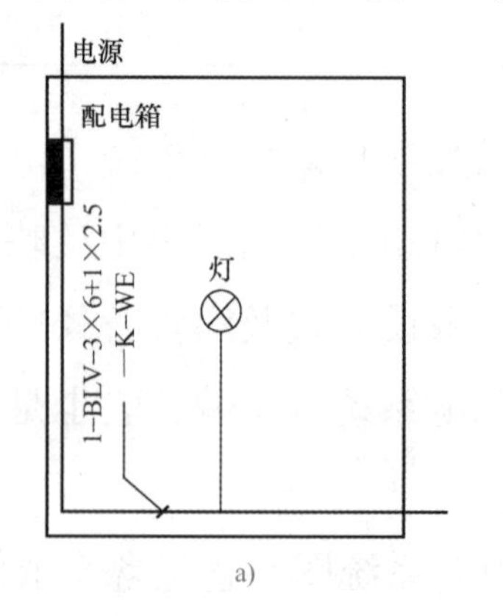

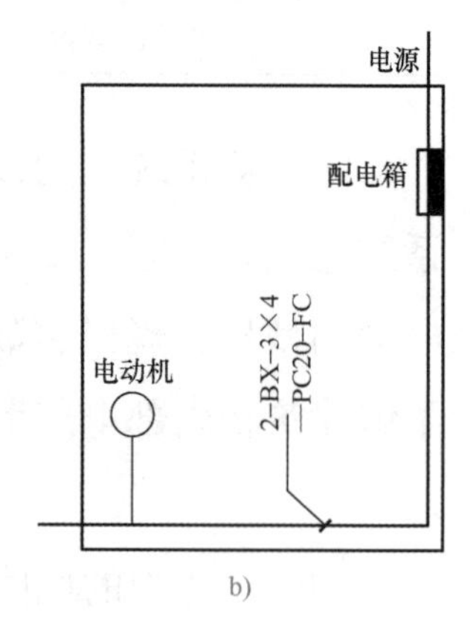

图 4-8　建筑电气线路标注

2）照明电路的表示方法。照明电路如图 4-9 所示，照明接线有两种接线方法：直接接线法和共头接线法。常用照明控制电路的表示示例见表4-6。

① 直接接线法。直接接线法是导线可以从线路上直接引线连接，导线中间允许有接头的接线方法；直接接线法能节省导线，但不便于检测维修，使用范围不是很广。

② 共头接线法。共头接线法是导线只能通过设备的接线端子引线，导线中间不允许有接头的接线方法；共头接线法导线用量较大，可靠性比直接接线法高且检修方便，被广泛采用。

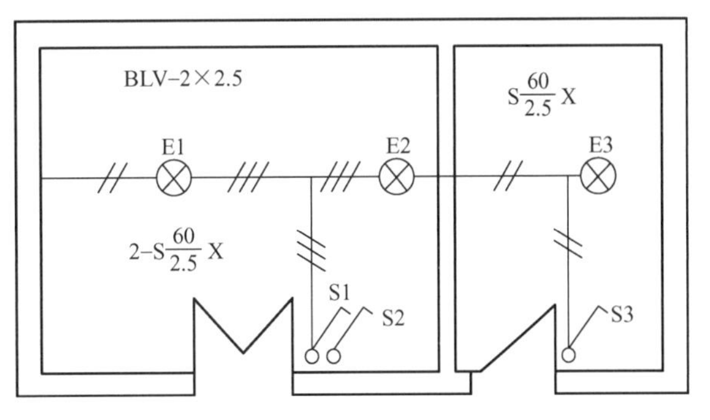

a) 电气照明安装平面布置图

b) 电气照明示意图

图 4-9　电气照明电路图示

3）图上位置的表示方法。

① 定位轴线法。定位轴线法是指以建筑安装平面图上的承重墙、柱、梁等主要承重构件的位置所标出的定位轴线来确定图形符号在图上位置的一种方法，如图4-10所示。

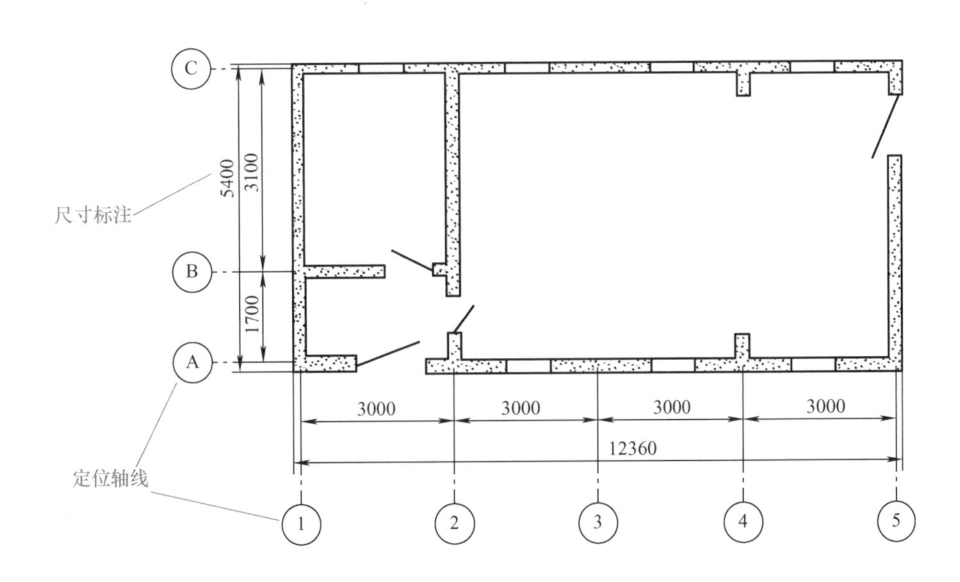

图 4-10　电气安装图的定位

表 4-6 常用照明控制电路表示示例

图类	示例	
	1 只开关控制 1 盏灯电路	2 只双联开关在两处控制 1 盏灯电路
电路图	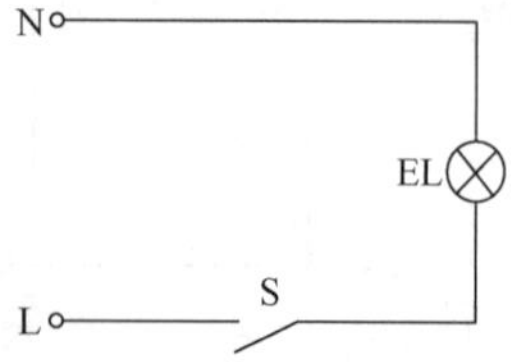 N EL L S	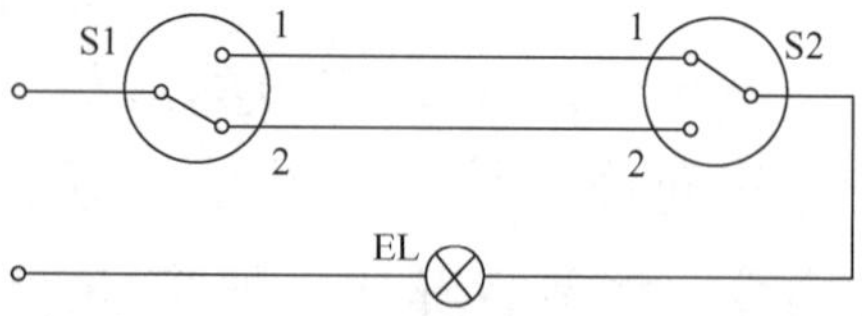 S1 1 2 1 2 S2 EL
平面图	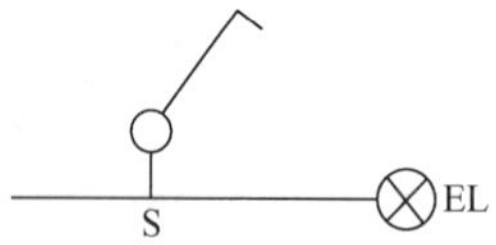 S EL	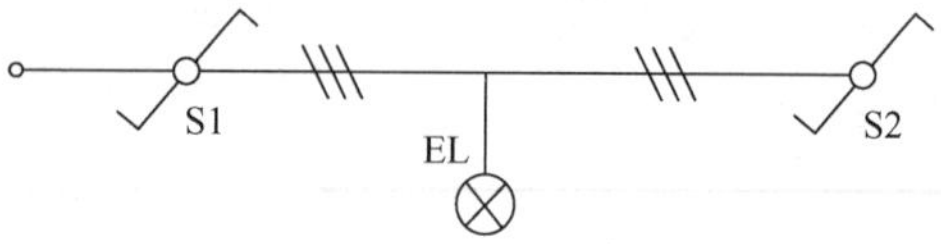 S1 EL S2
示意图	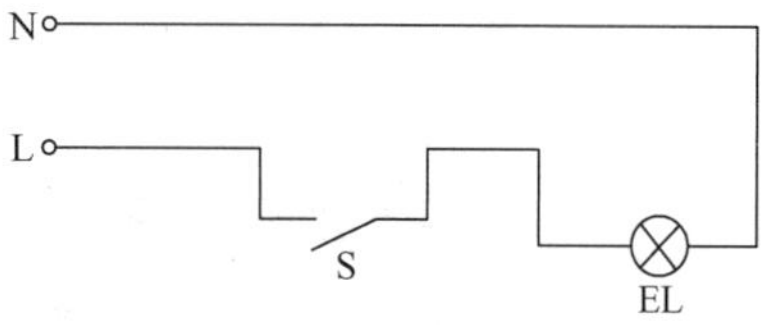 N L S EL	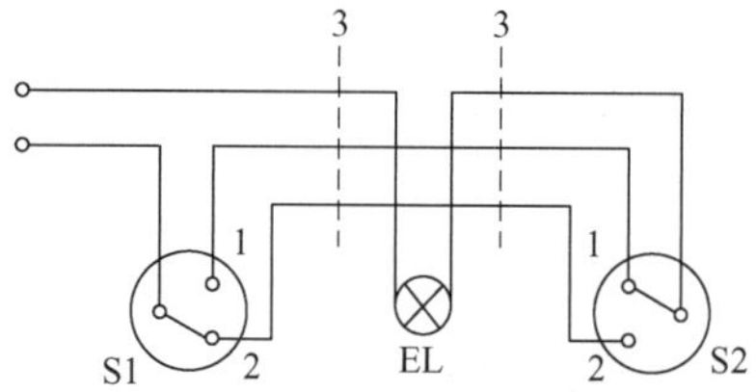 3 3 1 S1 2 EL 1 2 S2

定位轴线的编号原则：

a. 在水平方向，按从左至右的顺序给轴线标注数字编号。

b. 在垂直方向，按从下到上的顺序给轴线标注字母编号。

c. 数字和字母分别用点画线引出。

② 尺寸标注定位法。

a. 尺寸标注定位法是指在图上通过标注尺寸数字以确定符号在图上的位置方法。

b. 建筑安装平面图中，尺寸标注定位法常与定位轴线法结合运用。

4）建筑构件的表示方法。

① 用于表示建筑构件图形的图线不得与电气图线相混淆。

② 用改善对比度的方法突出电气布置，如建筑构件图形用细线画，电气图线和电气图形符号用粗线画等。

5）建筑电气安装平面图分类。建筑电气安装平面图种类很多，主要有电气照明安装平面图和电力安装平面图。

① 电气照明安装平面图。电气照明安装平面图是指用图形符号和文字符号表示建筑物内照明设备和线路平面布置的简图。如图4-11所示，主要用于反映建筑物内各种电气照明设备的安装位置、安装方式以及照明设备的规格、型号和数量等内容，适用于电气照明线路的施工及其安装、维护和管理。

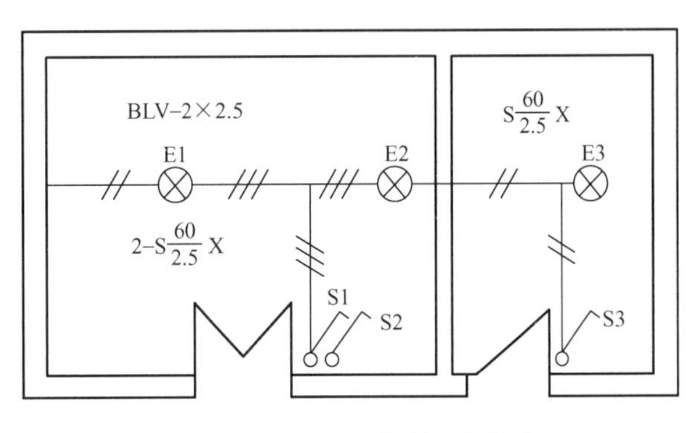

图 4-11　照明安装平面图

常用电气设备标注方式见表4-7，灯具的安装方式和类型代号见表4-8、表4-9。

表 4-7　常用电气设备的标注方式

类别	标注方式	说明	举例
电力和照明设备	$a\frac{b}{c}$	a－设备编号 b－设备型号 c－设备功率（kW）	例如：2 $\frac{Y}{10}$ 表示电动机的编号为2，型号为Y系列笼型感应电动机，额定功率为10kW
照明灯具	$a-b\frac{c\times d\times L}{e}f$	a－灯数 b－型号或编号 c－每盏照明灯具的灯泡数 d－灯泡容量（W） e－灯泡安装高度（m） f－安装方式 L－光源种类	例如：6－F $\frac{100}{4}$P 表示有6盏型号相同的防水、防尘灯（F），每盏灯由1个100W灯管组成，安装高度4m，安装方式为管吊式（P）安装

表 4-8　灯具安装方式代号

安装方式	英文代号	拼音代号	安装方式	英文代号	拼音代号
线吊式	CP		嵌入式	R	R
自在器线吊式	CP	X	台上安装	T	T
固定线吊式	CP1	X1	支架上安装	SP	J
防水线吊式	CP2	X2	壁装式	W	B
吊线器式	CP3	X3	柱上安装	CL	Z
链吊式	Ch	L	顶棚内安装	CR	DR
管吊式	P	G	墙壁内安装	WR	BR
吸顶式（直附式）	S	D	座装	HM	ZH

表 4-9　灯具类型及代号

灯具的类型	代号	灯具的类型	代号
普通吊灯	P	卤钨探照灯	L
壁灯	B	投光灯	T
花灯	H	工厂灯	G
吸顶灯	D	防水、防尘灯	F
柱灯	Z	陶瓷伞罩灯	S

图 4-11 为照明安装平面图，这是两个房间的照明安装图，左侧区域元件有两盏灯 E1、E2 以及两个单极开关 S1、S2。$2-S\frac{60}{2.5}X$ 表示 E1 和 E2 是 2 盏型号相同的陶瓷伞罩灯，每盏灯由 1 个 60W 灯管组成，安装高度 2.5m，安装方式为线吊式（X）；BLV -2×2.5 表明采用 2 根 2.5mm^2 的铝芯聚氯乙烯绝缘线进行布线。右侧区域有一盏灯 E3 和一个单极开关 S3，连接线和左侧区域用线一致。

② 电力安装平面图。电力安装平面图是指用图形符号和文字符号表示建筑物内各种电力设备平面布置的简图。如图 4-12 所示，主要用于反映电力设备的安装位置、规格、型号、数量以及供电线路的敷设路径和方法等内容，适用于电力设备的安装、维护和为管理提供安装信息。

由图 4-12 电力安装平面图可知，这一车间由低压配电柜 XL 供电，其中，$1\frac{Y}{15}$表示编号为 1，额定功率为 15kW，Y 系列笼型感应电动机，电动机连接线型号为 BX -3×6。$2\frac{Y}{10}$表示编号为 2，额定功率为 10kW，Y 系列笼型感应电动机，电动机连接线型号为 BX -3×4；$3\frac{Y}{1.5}$表示编号为 3，额定功率为 1.5kW，Y 系列笼型感应电动机，电动机连接线型号为 BX -3×2.5。

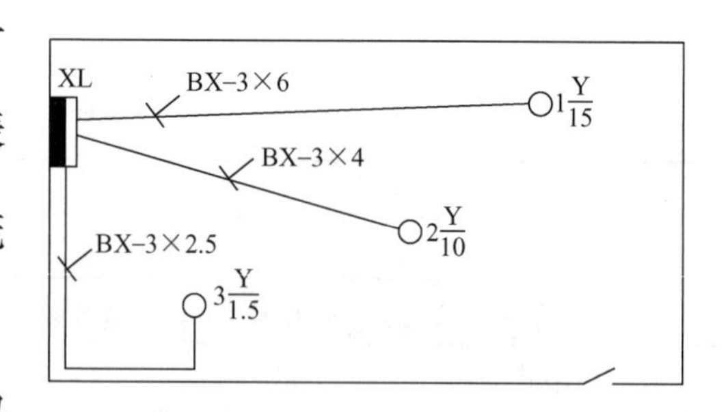

图 4-12　某车间电力安装平面图

3. 电气施工图的识图原则

就电气施工图而言，读图时一般遵循“六先六后”的原则。即先强电后弱电、先系统后平面、先动力后照明、先下层后上层、先室内后室外、先简单后复杂。识读电气施工图时要做到以下几点。

1）注意系统图与系统图的对照，例如：供配电系统图与电力系统图、照明系统图的对照，核对其对应关系；系统图与平面图的对照，电力系统图与电力平面图的对照，照明系统图与照明平面图的对照，核对是否对应。注意系统的组成与平面对应的位置，系统图与平面图线路的敷设方式、线路的型号、规格是否保持一致。

2）注意平面图的水平位置与其空间位置。

3）注意线路的标注，注意电缆的型号规格、导线的根数及线路的敷设方式。

4）注意核对图中标注的比例。

任务实施

同步练习《电气识图与CAD制图工作页》中“样例任务2　某机加工车间配电系统图识图”。独立完成“拓展任务2　实验楼电气安装平面图的识图”。

学习任务五　电气图的制图基础

任务描述

电气图是一种特殊的专业技术图，除了必须遵守《电气技术用文件的编制第1部分：规则》（GB/T 6988.1—2008）、《电气简图用图形符号第1部分：一般要求》（GB/T 4728.1—2018）等标准外，还要严格遵照执行机械制图、建筑制图等方面的有关规定。由于相关标准或规则很多，本任务简单地介绍常用的电气图制图有关规则和标准。

学习目标

1. 了解电气图的布局。
2. 掌握电气图的制图规则。

2 课时。

一、电气图布局方法

电气图的布局应从对图的理解出发，做到布局突出图的本意、结构合理、排列均匀、图面清晰、便于读图。

1. 图线布局

电气图的图线一般用于表示导线、信号通路、连接线等，要求用直线，即横平竖直，尽可能减少交叉和弯折。图线的布局方法有两种。

（1）水平布局　水平布局是将元件和设备按行布置，使其连接线处于水平位置，如图 5-1所示。

（2）垂直布局　垂直布局是将元件和设备按列布置，使其连接线处于竖直位置，如图 5-2所示。

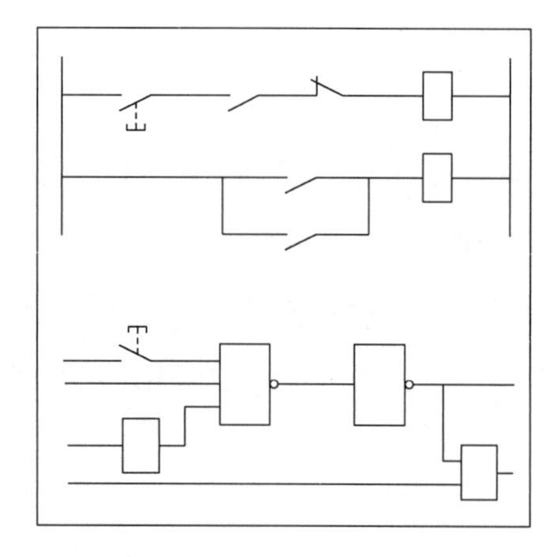

图 5-1　图线水平布局示例

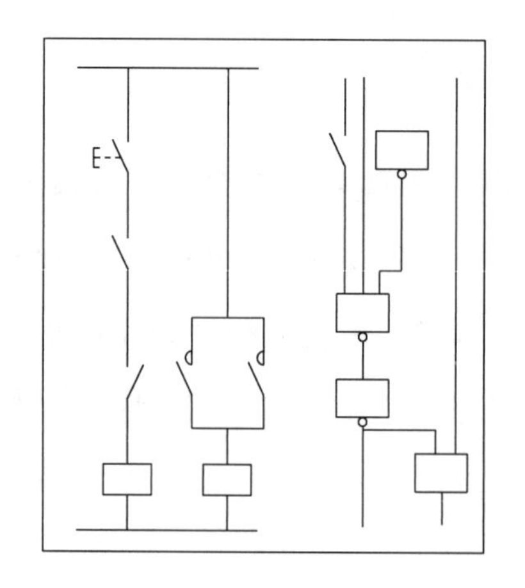

图 5-2　图线垂直布局示例

2. 元件布局

元件在电路中的排列一般按因果关系和动作顺序从左到右、自上而下布置，看图时也要按这一排列规律来。图 5-3 所示是水平布局，从左向右分析，SB1、

FR、KM 都处于常闭状态，KT 线圈才能得电。经延时后，KT 的常开触点闭合，KM 得电。不按这一规律来分析，就不易看懂这个电路图的动作过程。

如果是在接线图或布置图等电气图中，则要按实际元件位置来布局，这样便于看出各元件间的相对位置和导线走向。例如，图 5-4 是某两个单元的接线图，它表示了两个单元的相对位置和导线走向。

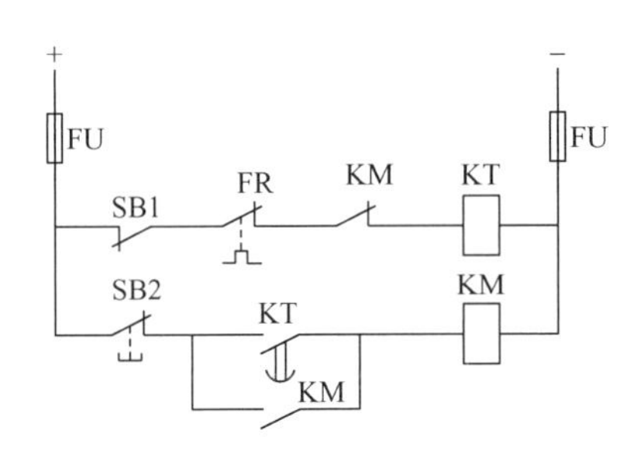

图 5-3 水平布局示例

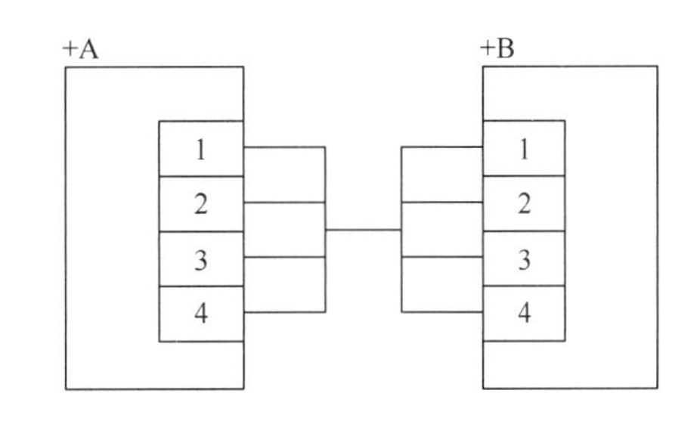

图 5-4 两单元按位置布局示例

二、电气图制图规则

1. 图纸格式及尺寸

电气图的格式与机械图、建筑图基本相同，通常由边框线、图框线、标题栏、会签栏组成，如图 5-5 所示。

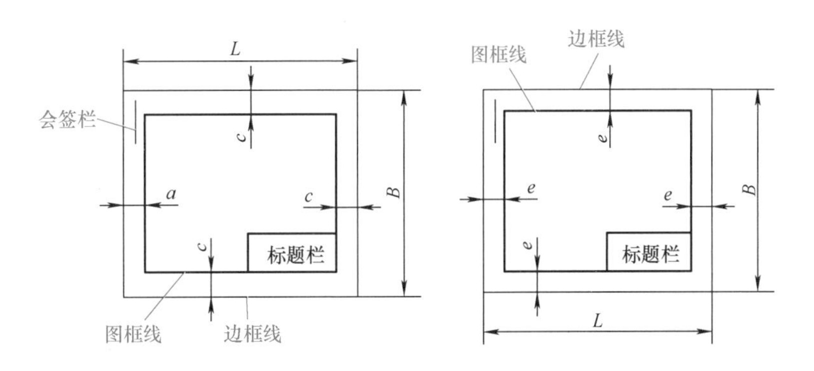

图 5-5 电气图纸格式

图中的标题栏相当于一个设备的铭牌，标示着这张图纸的名称，图号张次，制图者、审核者等有关人员的签名，其一般格式见表 5-1。标题栏通常放在右下角位置，也可放在其他位置，但必须在本张图纸上，而且标题栏的文字方向与看图方向一致。会签栏是留给相关的水、暖、建筑、工艺等专业设计人员会审图纸时签名用的。

表 5-1　标题栏一般格式

××电力勘察设计院				××区域 10kV 开闭及出线电缆工程	施工图
所长		校核		10kV 配电装备电缆联系及屏顶小母线布置图	
主任工程师		设计			
专业组长		CAD 制图			
项目负责人		会签			
日期		比例		图号	B812S-D01-14

由边框线围成的图面称为图纸的幅面。幅面大小共分 5 类，即 A0 ~ A4，其尺寸见表 5-2。根据需要可对 A3、A4 号加长，加长幅面尺寸见表 5-3。

表 5-2　基本幅面尺寸　（单位：mm）

幅面代号	A0	A1	A2	A3	A4
宽×长（$B \times L$）	841×1189	594×841	420×594	297×420	210×297
留装订边边宽（c）	10	10	10	5	5
不留装订边边宽（e）	20	20	10	10	10
装订侧边宽（a）	25				

当表 5-2 和表 5-3 所列幅面系列还不能满足需要时，则可按 GB/T 4728.11—2008 的规定，选用其他加长幅面的图纸。

表 5-3　加长幅面尺寸

代号	尺寸/mm
A3×3	420×891
A3×4	420×1189
A4×3	297×630
A4×4	297×841
A4×5	297×1051

2. 图线、字体及其他

(1) 图线　图中所用的各种线条称为图线。机械制图规定了 8 种基本图线，即粗实线、细实线、波浪线、双折线、虚线、细点画线、粗点画线和双点画线，并分别用代号 A、B、C、D、F、G、J 和 K 表示，见表 5-4。

表 5-4　图线及应用

图线名称	图线	代号	图线宽度/mm	一般应用
粗实线	————	A	b 为 0.5 ~ 2	可见轮廓线、可见过渡线
细实线	————	B	约 b/3	尺寸线和尺寸界线、剖面线、重合剖面轮廓线、引出线、分界线及范围线、弯折线、辅助线、不连续的同一表面的连线、成规律分布的相同要素的连线

（续）

图线名称	图线	代号	图线宽度/mm	一般应用
波浪线	〜〜〜	C	约 b/3	断裂处的边界线、视图与剖视的分线
双折线	—∧∨—∧∨—	D	约 b/3	断裂处的边界线
虚线	- - - - - - - - -	F	约 b/3	不可见轮廓线、不可见过渡线
细点画线	———·———	G	约 b/3	轴线、对称中心线、轨迹线、节圆及节线
粗点画线	———·———	J	b	有特殊要求的线或表面的表示线
双点画线	———··———	K	约 b/3	相邻辅助零件的轮廓线、极限位置的轮廓线、坯料轮廓线或毛坯图中制成品的轮廓线、假想投影轮廓线、试验或工艺用结构（成品上不存在）的轮廓线、中断线

（2）字体　图中的文字是图的重要组成部分，也是读图的重要内容，如汉字、字母和数字。按照 GB/T 14691—1993《技术制图 字体》的规定，汉字采用长仿宋体，字母、数字可用直体、斜体；字体的号数，即字体高度（单位为 mm），分为 20、14、10、7、5、3.5 和 2.5 共 7 种，字体的宽度约等于字体高度的 2/3（数字和字母的笔画宽度约为字体高度的 1/10）。因汉字笔画较多，所以不宜用 2.5 号字。

（3）箭头和指引线　电气图中有两种形式的箭头：开口箭头，如图 5-6a 所示，表示电气连接上能量或信号的流向；实心箭头，如图 5-6b 所示，表示力、运动、可变性方向。

指引线用于指示注释的对象，其末端指向被注释处，并在某一末端加注以下标记，如图 5-7 所示。若指在轮廓线内，用一黑点表示，如图 5-7a 所示；若指在轮廓线上，用一箭头表示，如图 5-7b 所示；若指在电气线路上，用一短线表示，如图 5-7c 所示。

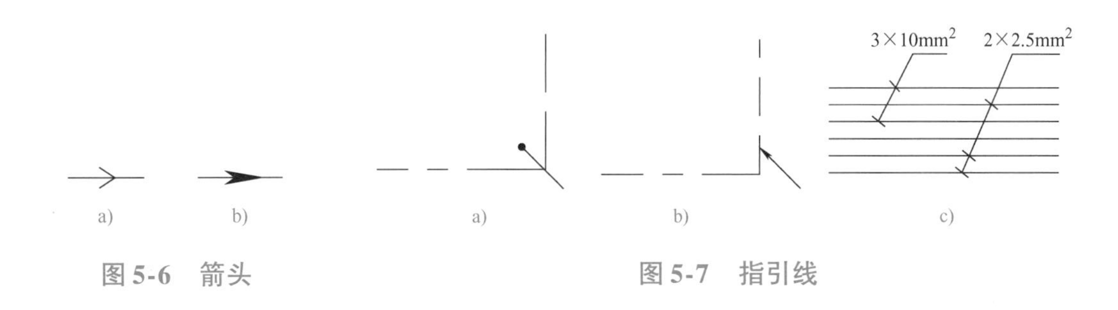

图 5-6　箭头　　图 5-7　指引线

（4）线框　当需要在图上显示其中的一部分所表示的是功能单元、结构单元或项目组时，如电器组、继电器装置等，可以用点画线框表示。为了图面清晰，线框的形状可以是不规则的。例如，在图 5-8 中有两个继电器，每个继电器分别有 3 对触点，用一个线框表示这两个继电器 KM1、KM2 的作用关系会更加清晰，两个继电器具有互锁和自锁功能。

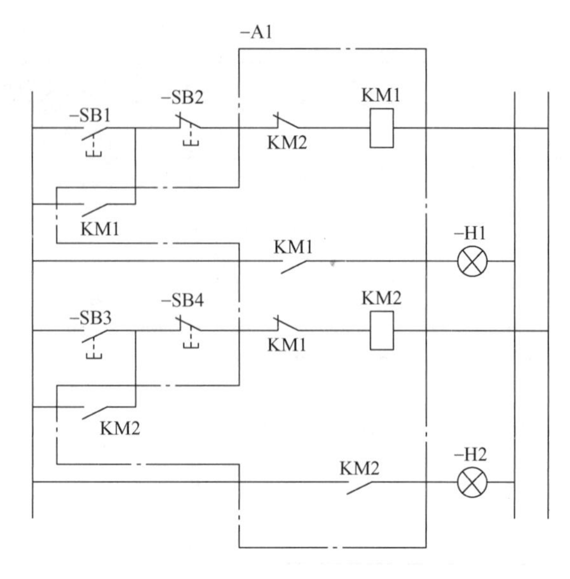

图 5-8　线框示例图

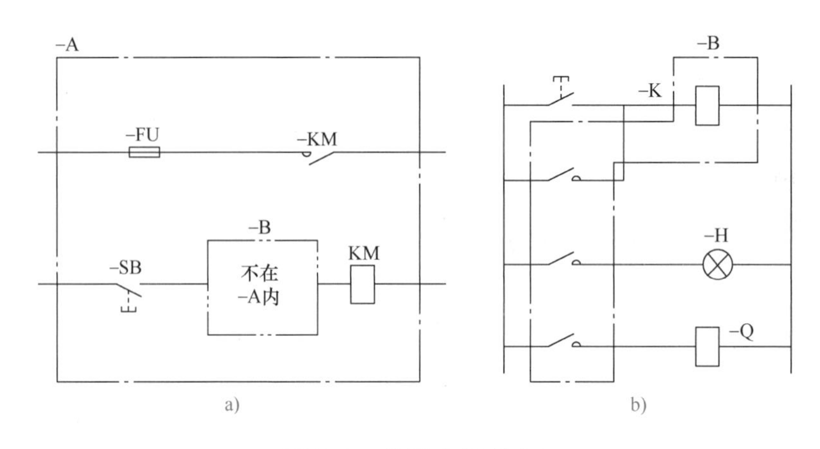

图 5-9　含双点画线框

当用线框表示一个单元时，若在线框内给出了可在其他图纸或文件上查阅更详细资料的标记，则其内的电路等可用简化形式表示或省略。如果在表示一个单元的线框内含有不属于该单元的元件符号，则必须对这些符号加双点画线框并加代号或注解，如图 5-9 所示。

在图 5-9a 的 – A 单元内包含有熔断器 FU、按钮 SB、接触器 KM 和功能单元 – B 等，它们在一个框内。而 – B 单元在功能上与 – A 单元有关，但不装在 – A 单元内，所以用双点画线框，并且加了注释，表明 – B 单元在图 5-9b 中给出了详细资料。在此应注意的是，在采用线框表示时，线框线不应与元件符号相交。

（5）比例　图上所画图形符号的大小与物体实际大小的比值称为比例。大部分的电气线路图都是不按比例绘制的，但位置平面图等则需按比例绘制或部分按比例绘制。这样在平面图上测出两点距离，就可按比例值计算出两者间的实际距离（如线的长度、设备间距等），这对于导线的放线及设备机座、控制设备等的安装都十分方便。电气图采用的比例一般为1∶10、1∶20、1∶50、1∶100、1∶200和1∶500。

（6）尺寸标注　在一些电气图上会标注相关尺寸数据，作为电气工程施工和构件加工的重要依据。

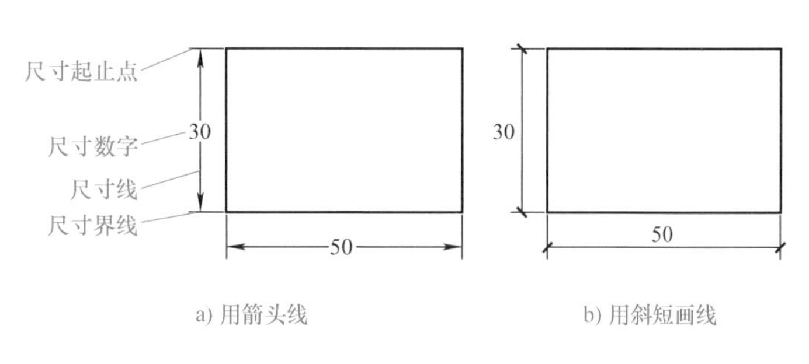

图5-10　尺寸标注示例

如图5-10所示，尺寸由尺寸线、尺寸界线、尺寸起止点（实心箭头或45°斜短画线）、尺寸数字4个要素组成。图纸上的尺寸通常以毫米（mm）为单位，除特殊情况外，图上一般不另标注单位。

（7）建筑电气平面图专用标志　在电力、电气照明平面布置和线路敷设等建筑电气平面图上，往往画有一些专用的标志，以提示建筑物的位置、方向、风向、标高、高程、结构等。这些标志功能与电气设备安装、线路敷设有着密切的关系，了解这些标志的含义，对阅读电气图十分有用。

1）方位。建筑电气平面图一般按“上北下南，左西右东”表示建筑物的方位，但在许多情况下，都是用方位标记表示其朝向。方位标记如图5-11所示，其箭头方向表示正北方向（N）。

2）风向频率标记。风向频率标记是根据这一地区多年统计出的各方向刮风次数的平均百分值，并按一定比例绘制而成的，如图5-12所示。它像一朵玫瑰花，故又称为风向玫瑰图。其中实线表示全年的风向频率，虚线表示夏季（6~8月）的风向频率。由图可见，该地区常年以西北风为主，夏季以西北风和东南风为主。

3）标高。标高分为绝对标高和相对标高。绝对标高又称海拔，在我国是以青岛市外黄海平面作为零点来确定标高尺寸的；相对标高是选定某一参考面或参考点为零点而确定的高度尺寸。建筑电气平面图均采用相对标高，一般以室外某一平面或某层楼平面为零点来确定标高。这一标高又称为安装标高或敷设标高，其符号及标高尺寸示例如图5-13所示。其中图5-13a所示标高用于室内平面图和剖面图，标注的数字表示高出室内平面某一确定的参考点2.5m，图5-13b所示标高用于总平面图上的室外地面，其数字表示高出地面6.1m。

图 5-11　方位标记

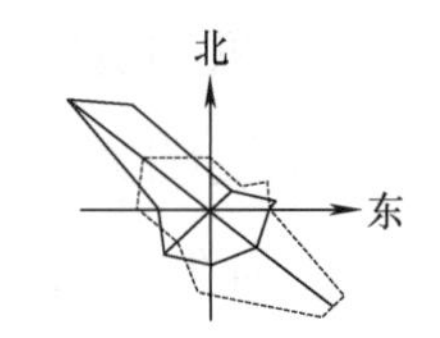

图 5-12　风向频率标记

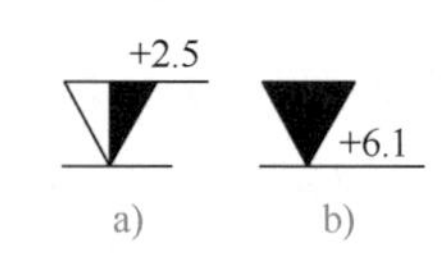

图 5-13　安装标高示例图

4）建筑物定位轴线。定位轴线一般都是根据载重墙、柱、梁等主要载重构件的位置所画的轴线。定位轴线编号的方法是：水平方向，从左到右用数字编号；垂直方向，由下而上用字母（易造成混淆的 I、O、Z 不用）编号，数字和字母分别用点画线引出，如图 5-14所示，其轴线分别为 A、B、C 和 1、2、3、4、5。

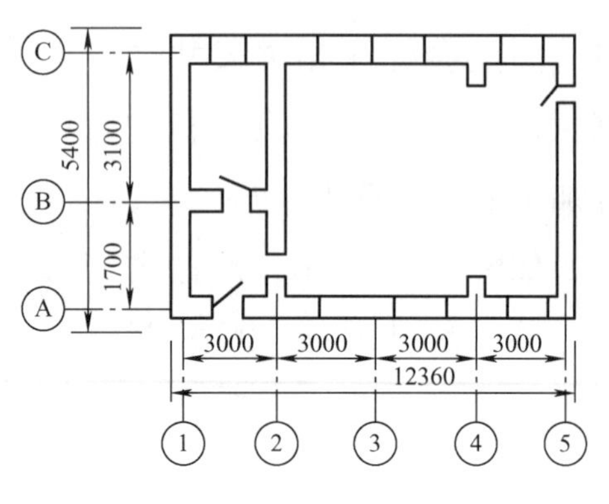

图 5-14　定位轴线标注方法示例

有了定位轴线，就可确定图上所画的设备位置，计算出电气管线长度，便于下料和施工。

（8）注释和详图

1）注释。用图形符号表达不清楚或不便表达的地方，可在图上加注释。注释可采用两种方式：一是直接放在所要说明的对象附近；二是加标记，将注释放在另外的位置或另一页。当图中出现多个注释时，应把这些注释按编号顺序放在图样线框附近。如果是多张图样，一般性注释放在第一张图上，其他注释则放在与其内容相关的图上。注释方法可采用文字、图形、表格等多种形式，其目的就是把设计对象表达清楚。

2）详图。详图实质上是用图形来注释的。其相当于机械制图的剖面图，就是把电气装置中某些零部件和连接点等结构、制作方法及安装工艺要求放大并详细表示出来。至于详图的位置，可放在要详细表示对象的图上，也可放在另一张图上，但必须要用一标志将它们联系起来。标注在总图上的标志称为详图索引标志，标注在详图位置上的标志称为详图标志。例如，11 号图上 1 号详图在 18 号图上，则在 11 号图上的索引标志为“1/18”，在 18 号图上的标注为“1/11”，即采用相对标注法。

任务实施

同步练习《电气识图与 CAD 制图工作页》中“样例任务 2 –某机加工车间配电系统图识图”。独立完成“拓展任务 2 –实验楼电气安装平面图的识图”。

项目二　AutoCAD 2019 绘图基础

项目描述

某建筑要进行电气照明线路安装施工，现将电路图样设计任务派发给设计部门，作为电气设计工作人员，请结合电气照明线路的工作原理，合理、规范的绘制出相关元器件的图形符号，方便后期绘图调用。

通过本项目的学习，可以掌握 AutoCAD 2019 绘图软件的基础应用和简单二维图形编辑指令的用法，学会常见电气元件的绘制方法，培养规范操作、科学思维的工匠素养。

学习任务六　AutoCAD 2019 软件基础应用

任务描述

本次任务将学习 AutoCAD 2019 软件基础应用，学会设置软件的相关绘图参数、配置绘图环境、熟悉图形文件的操作方法等，为后续的图形绘制准备必要的知识。

学习目标

1. 掌握 AutoCAD 2019 安装、启动和退出方法。

2. 掌握 AutoCAD 2019 操作界面布局、图形文件管理、命令输入、绘图环境配置。

3. 掌握 AutoCAD 2019 的图层管理。

4. 掌握 AutoCAD 2019 中常用命令的用法，如“对象捕捉”“栅格”“正交”“极轴追踪”“对象选择”“快速选择”“动态输入”“缩放”“平移”“重画”“重生成”等。

10 课时。

一、电气 CAD 软件简介

电气 CAD 软件即用于电气设计领域的 CAD 软件，可以帮助电气工程师提高电气设计的效率。

计算机辅助设计（Computer Aided Design，CAD）在机械、电子、航空航天、船舶、轻工、纺织和建筑乃至冶金、煤炭、水电等各个行业应用广泛。

目前，较为常用的 CAD 软件主要有 AutoCAD、EPLAN、ProfiCAD、Multisim、Altium Designer、浩辰 CAD 电气、中望 CAD 等。

二、AutoCAD 简介

AutoCAD 是 Autodesk 公司于 1982 年开发的自动计算机辅助设计软件，用于二维绘图、详细绘制、文档设计和基本三维设计，现已经成为国际上广为流行的绘图工具。相对于之前的版本，AutoCAD 2019 的功能更加丰富、实用，新增了参数化绘图功能、光滑网线、子对象选择过滤器、PDF 输出、填充、多引线和 3D 打印等功能。

AutoCAD 具有良好的用户界面，通过交互菜单或命令行方式便可以进行各种操作。它的多文档设计环境，让非计算机专业人员也能很快地学会使用。AutoCAD 具有广泛的适应性，它可以在各种操作系统支持的微型计算机和工作站上运行。

三、AutoCAD 2019 的安装、启动和退出

下面以官网提供的试用版软件为例，介绍软件的安装过程。

1. 工具与软件

一台可正常工作的电脑；Autodesk 官网下载的最新 AutoCAD 2019 软件。

2. 方法与步骤

Autodesk 官网上提供有 AutoCAD 2019 软件的免费试用版，可以直接在其官网上下载。下载完成后，解压，进入解压文件夹，找到 AutoCAD_2019. exe，双击进行安装。

选择目标文件夹，对安装包进行解压，选择解压路径，如图 6-1 所示。

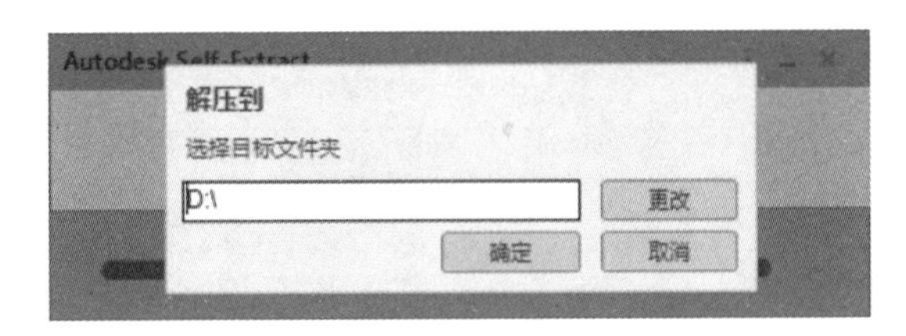

图 6-1　选择解压路径

选择安装语言，这里选择了“中文（简体）”，单击“安装”按钮，如图 6-2 所示。

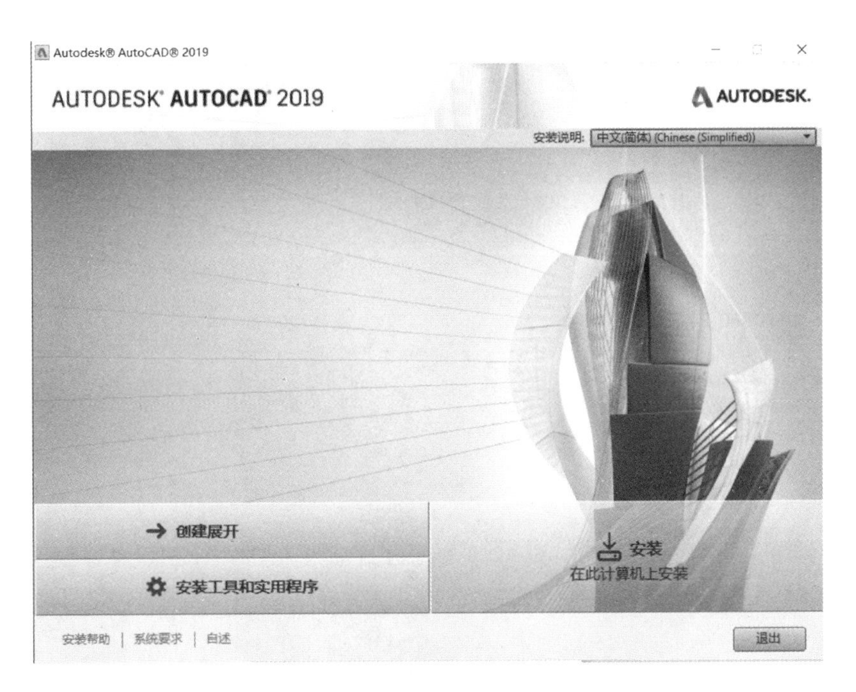

图 6-2　AutoCAD 2019 选择安装语言界面

选中“我接受”，并单击“下一步”按钮，如图 6-3 所示。

选中“AutoCAD 2019”软件，单击“安装”按钮，如图 6-4所示。

这时软件进入了自动安装的过程，稍等几分钟，待安装完成后，单击“完成”按钮，确认重启，桌面上就能看到 AutoCAD 2019 的快捷方式，如图 6-5 所示。

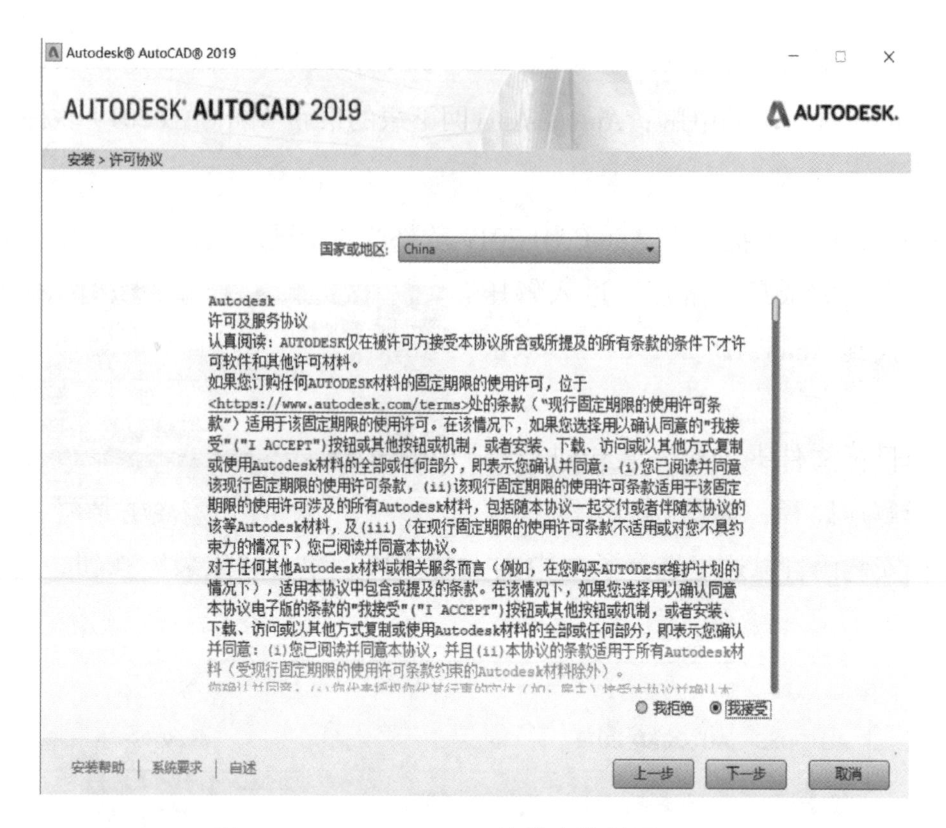

图 6-3　AutoCAD 2019 软件安装界面（一）

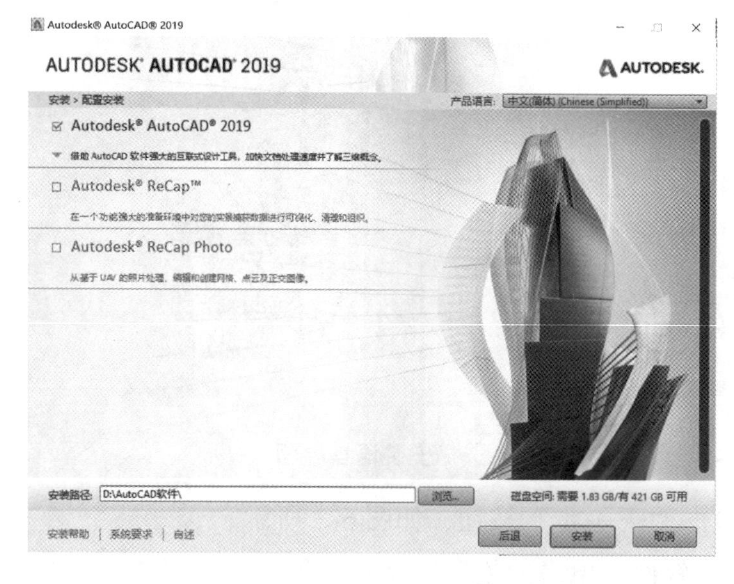

图 6-4　AutoCAD 2019 软件安装界面（二）

图 6-5　AutoCAD 2019 软件桌面快捷方式

双击桌面上的 AutoCAD 2019 的快捷方式，即可进入该软件。如图 6-6 所示为软件启动后的界面。“开始”选项卡默认在启动时显示，这可以轻松访问各种初始操作，包括访问图形样板文件、最近打开的图形和图纸集以及联机和了解选项。在开始页面下方，有“了解”和“创建”两个选项，默认进入“创建”页面。

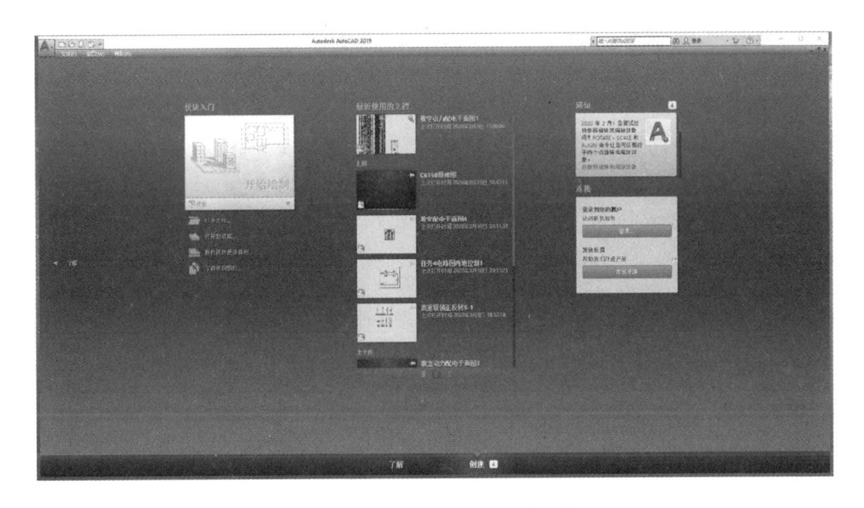

图 6-6　AutoCAD 2019 初始界面

3. “创建”页面

在“创建”页面，如图 6-6 所示。左侧是“快速入门”区域，有以下按钮：

软件介绍

1）“打开文件”按钮：显示“选择文件”对话框。

2）“打开图纸集”按钮：显示“打开图纸集”对话框。

3）“联机获取更多样板”按钮：在可下载时下载更多图形样板文件。

4）“了解样例图形”按钮：访问安装的样例文件。

中间是“最近使用的文档”区域，主要是查看预览最近使用的 CAD 文件，可直接单击进入。

右侧是“通知”区域和“连接”区域。“通知”区域可查看 Autodesk 中心发来的通知。“连接”区域可登录到 Autodesk 账户以访问联机服务，还可以向 Autodesk 中心发送使用反馈。

4. “了解”页面

“了解”页面提供了对学习资源（例如视频、提示和其他可用的相关联机内容或服务）的访问，如图 6-7 所示。每当有新内容更新时，在页面的底部会显示通知标记。

和大多数软件一样，单击右上角的“关闭”按钮，如图 6-8 所示，或者在命令窗口输入“QUIT”或“EXIT”，即可退出 AutoCAD 2019 软件。

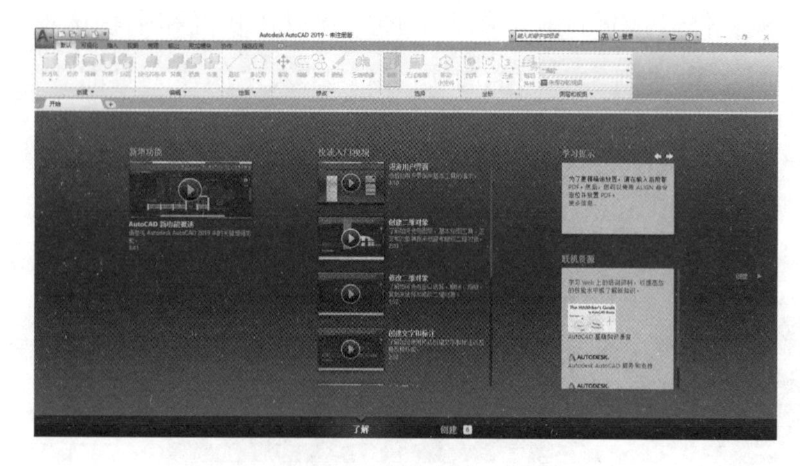

图 6-7 “了解”页面

图 6-8 “关闭”按钮

四、操作界面介绍

单击图 6-6 左上角的“新建”按钮，弹出图 6-9 所示的对话框。在该对话框中选择 acadiso 绘图样板之后进入图 6-10 所示的绘图界面。

小技巧

AutoCAD 2019 常用的模板文件是：acad. dwt 和 acadiso. dwt，分别表示英制和公制。

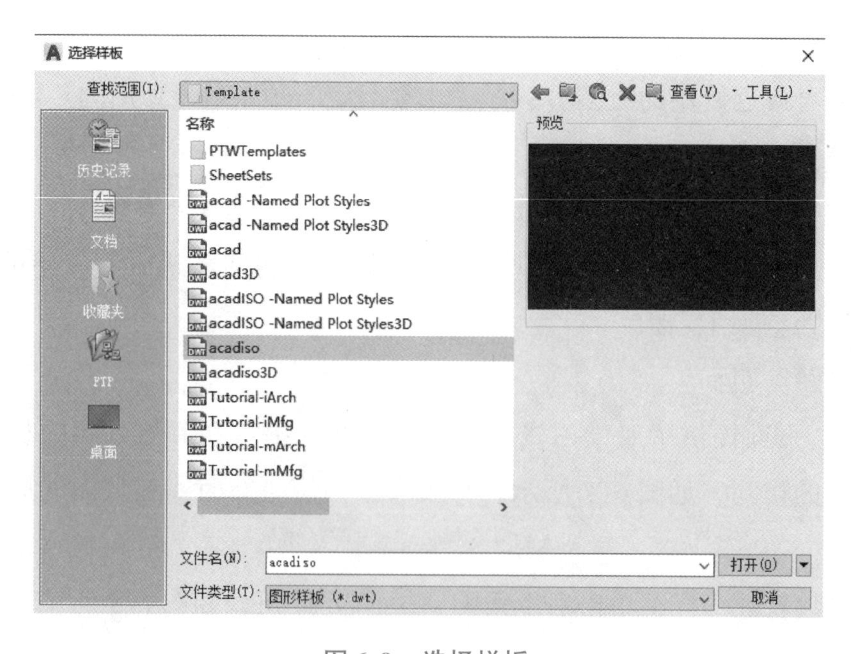

图 6-9 选择样板

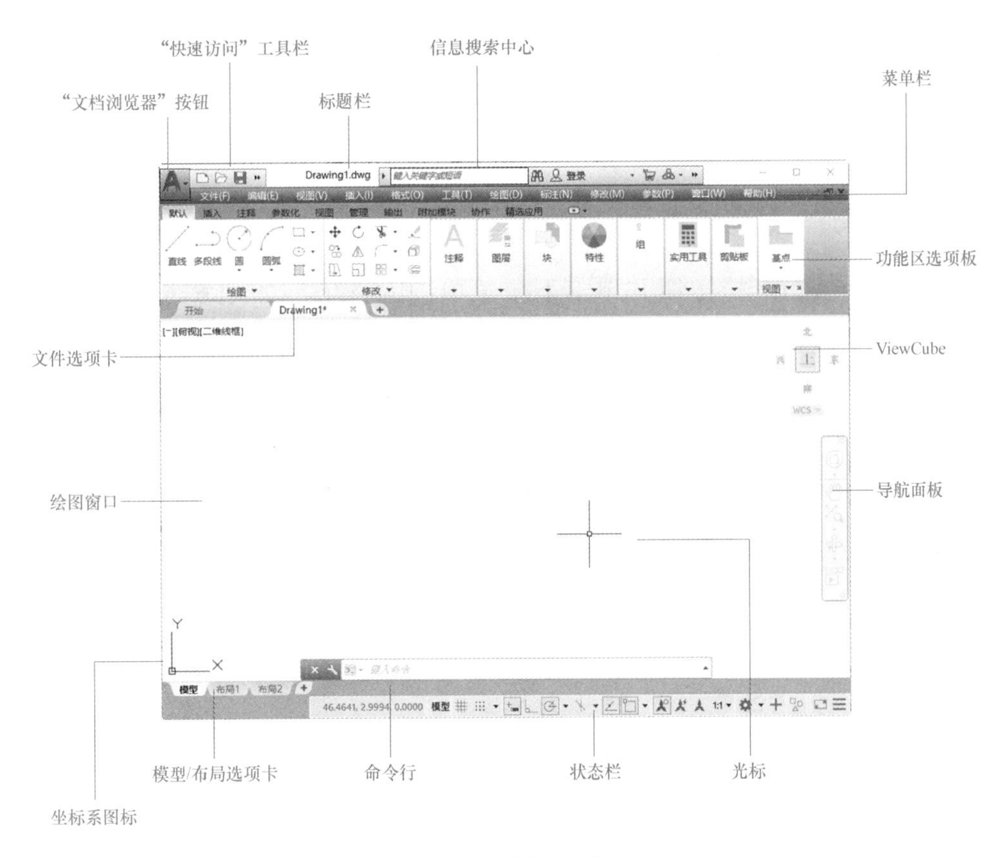

图 6-10　绘图界面

1. 文档浏览器

单击“文档浏览器”按钮，打开“文档浏览器”菜单，如图 6-11 所示。在菜单中可以执行文件的“新建”“打开”“保存”“另存为”“输入”“输出”“发布”“打印”“图形实用工具”“关闭”等操作。也可直接选择右侧出现的“最近使用的文档”的文件名，单击进入文档。

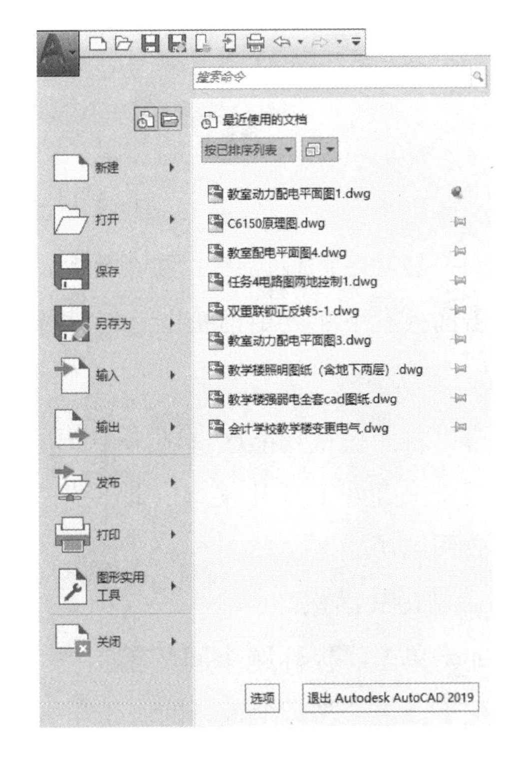

图 6-11　文档浏览器

2. “快速访问”工具栏

“快速访问”工具栏显示经常使用的工具。与大多数程序一样，“快速访问”工具栏会显示用于放弃和重做对工作所做更改的选项，如图 6-12 所示。

图 6-12 “快速访问”工具栏

3. 添加命令和控件

通过单击指示的下拉按钮并单击下拉菜单中的选项，如图 6-13 所示，可轻松将常用工具添加到“快速访问”工具栏。

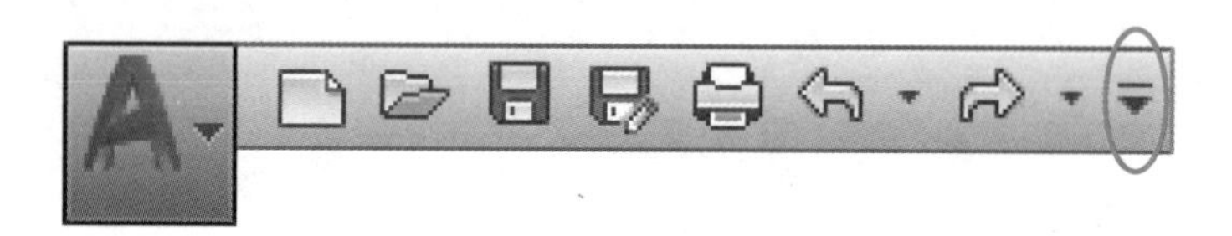

图 6-13 下拉按钮

4. 功能区选项卡和面板

功能区由一系列选项卡组成，这些选项卡被组织到面板，其中包含很多工具栏中可用的工具和控件，如图 6-14 所示。当功能区隐藏时，可依次选择菜单栏中的“工具”→“选项板”→“功能区”命令打开。

图 6-14 选项卡和面板

一些功能区面板提供了对该面板相关的对话框的访问。要显示相关的对话框，请单击面板右下角处由箭头图标 表示的对话框启动器，如图 6-15 所示。

5. 浮动面板

可以将面板从功能区选项卡中拉出，并放到绘图区域中或其他监视器上。浮动面板将一直处于打开状态（即使切换功能区选项卡也将处于打开状态），直到将其放回到功能区，如图 6-16 所示。

6. 滑出式面板

如果单击面板标题中间的箭头 ，面板将展开以显示其他工具和控件。默认情况下，当单击其他面板时，滑出式面板将自动关闭。要使面板保持展开状态，单击滑出式面板左下角的图钉图标，如图 6-17 所示。

图 6-15　对话框启动器

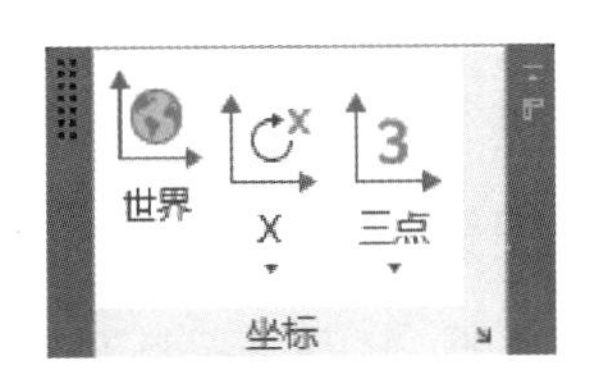

图 6-16　浮动面板

7. 状态栏

状态栏显示光标位置、绘图工具以及会影响绘图环境的工具。状态栏提供对某些最常用绘图工具的快速访问，可以切换设置（例如，夹点、捕捉、极轴追踪和对象捕捉），也可以通过单击某些工具的下拉箭头，来访问它们的其他设置。

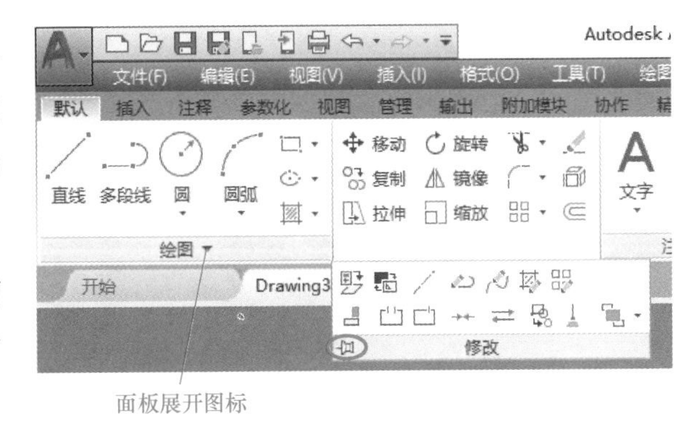

图 6-17　面板展开和固定

小技巧

状态栏在默认情况下不会显示所有工具，可通过状态栏最右侧的按钮，从“自定义”菜单选择要显示的工具。

五、图形文件管理

在 AutoCAD 2019 中，图形文件管理一般包括创建新文件、打开已有的图形文件和保存图形文件等。

1. 创建新文件

创建新图形的方法有很多种：打开“AutoCAD 2019”后，单击“快速入门”→“开始绘制”即可创建新图形，如图 6-18 所示；单击“新建”按钮，弹出“选择样板”对话框，如图 6-19 所示，选择样板后进入图形绘制界面；在命令行中输入“NEW”命令；按快捷键〈Ctrl + N〉。

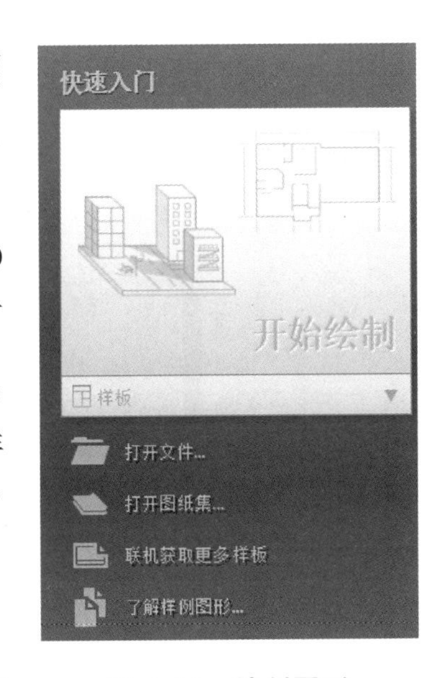

图 6-18　绘制图形

2. 打开文件

在 AutoCAD 2019 中，对于已存在的文件，在

“快速访问”工具栏单击“打开”按钮，系统会弹出“选择文件”对话框，选中文件即可以进行打开文件的操作，如图 6-20所示。也可在命令行中输入“OPEN”命令或按快捷键〈Ctrl + O〉。

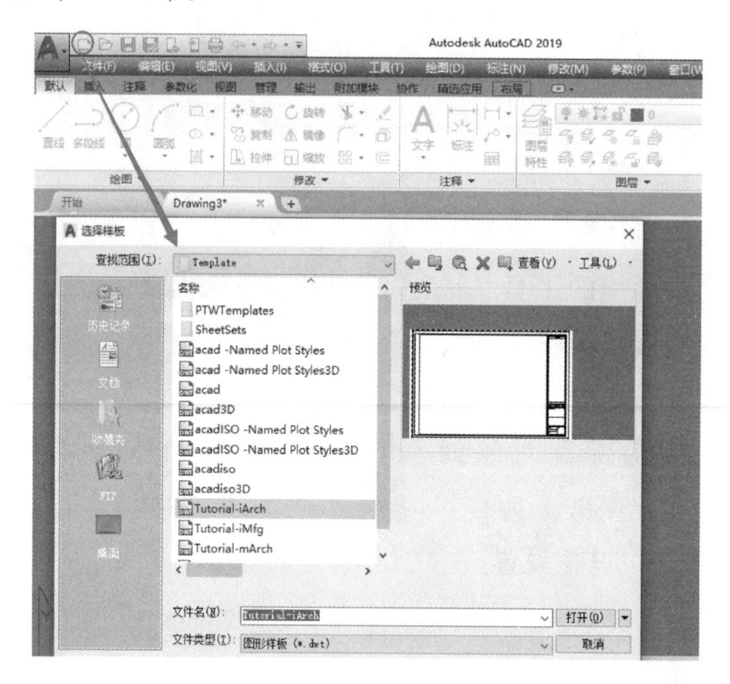

图 6-19 “选择样板”对话框

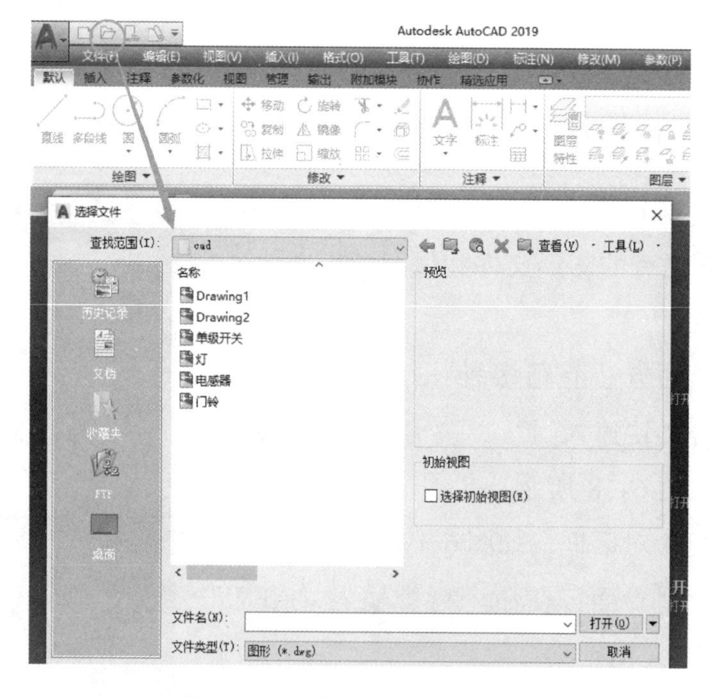

图 6-20 “选择文件”对话框

小技巧

高版本 CAD 可以打开低版本创建的 DWG 文件，但低版本 CAD 无法打开高版本创建的 DWG 文件。

3. 保存

在 AutoCAD 2019 中，可以使用多种方式将所绘图形以文件形式存入磁盘。例如，在快速访问工具栏中单击“保存”按钮，或单击“菜单浏览器”按钮，在弹出的菜单中选择“保存”命令，以当前使用的文件名保存图形；在命令行中输入“SAVE”命令或按快捷键〈Ctrl + S〉；单击“菜单浏览器”按钮，在弹出的菜单中选择“另存为”，选择“图形”命令，将当前图形以新的名称保存；在命令行中输入“SAVE AS”命令或按快捷键〈Ctrl + Shift + S〉。

六、命令输入

命令行使用

1. 键入命令

在 AutoCAD 2019 软件中，如图 6-21 所示，可以通过在“命令”提示文本框中键入完整的命令名称，然后按〈Enter〉键或〈Space〉键来实现相关的功能，按〈Esc〉键可以取消当前输入的命令。需要注意的是，这里的命令字符是不区分大小写的。

在输入命令后，或选择菜单栏中对应命令后，或单击工具栏中对应命令按钮后，会看到显示在命令行中的一系列提示，如图 6-22 所示。

图 6-21 在命令窗口中输入命令字符

2. 重复使用最近使用的命令

重复使用最近使用的命令时，有如下几种操作方式：

1）在命令行中单击并按“向上”或“向下”箭头键来切换输入的命令；

2）单击命令文本框左侧的“近期使用的命令”按钮，来选择要使用的命令，如图 6-23 所示。

3）在命令行中右击并选择“最近使用的命令”。

4）在绘图区域中右击，然后从“最近的输入”列表中选择一个命令。

5）按〈Space〉键或〈Enter〉键，可重复调用上一个命令，无论上一个命令是完成还是撤销。

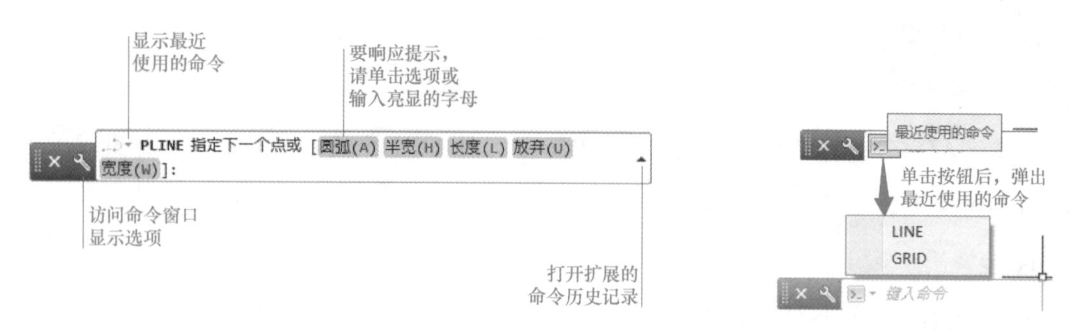

图 6-22　命令行提示　　　图 6-23　单击按钮使用最近使用的命令

七、配置绘图环境

在使用 AutoCAD 2019 绘图前，为了规范绘图，提高绘图效率，用户需要对参数选项、图形单位和图形界限等进行必要的设置。

1. 设置参数选项

单击“文档浏览器”按钮，在弹出的菜单中单击“选项”按钮，打开“选项”对话框。在该对话框中包含“文件”“显示”“打开和保存”“打印和发布”“系统”“用户系统配置”“绘图”“三维建模”“选择集”“配置”等选项卡，如图 6-24 所示。

2. 设置图形单位

在 AutoCAD 2019 中，可以采用 1∶1 的比例因子绘图，因此所有的直线、圆和其他对象都能够以真实大小来绘制。单击“文档浏览器”按钮，在“图形实用工具”选项中选择“单位”，如图 6-25 所示。也可通过菜单栏，依次选择菜单栏中“格式”→“单位”命令打开。在打开的对话框中可以设置绘图时使用的长度单位、角度单位，以及单位的显示格式和精度等参数，如图 6-26所示。

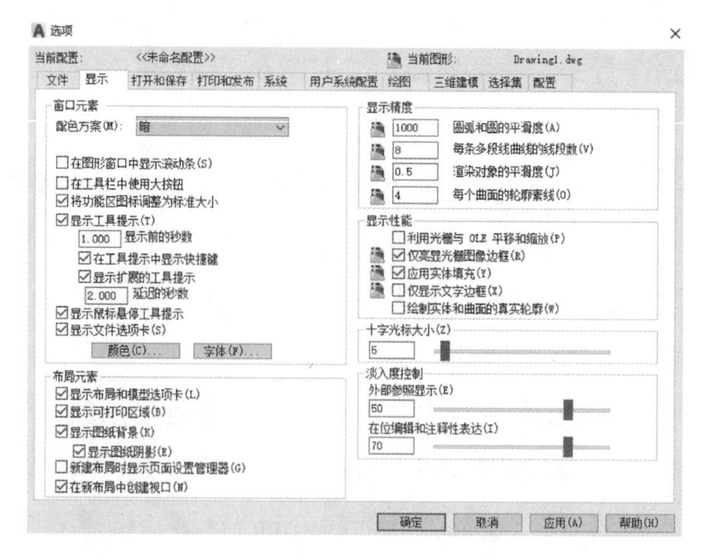

图 6-24　“选项”对话框

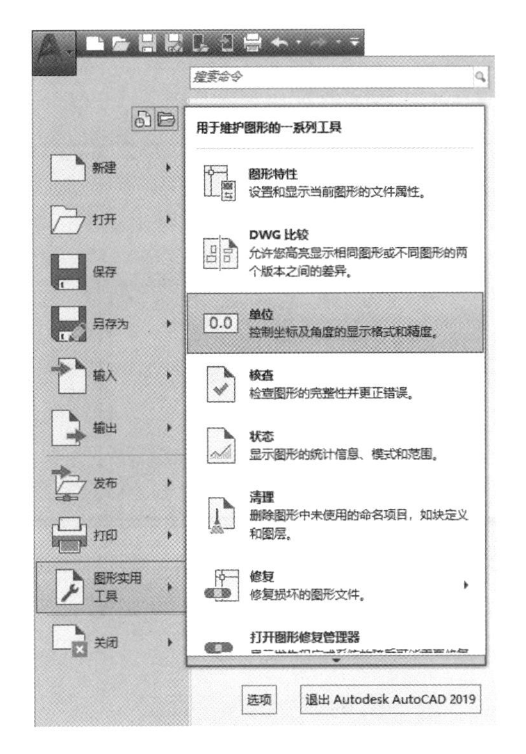

图 6-25　打开图形单位

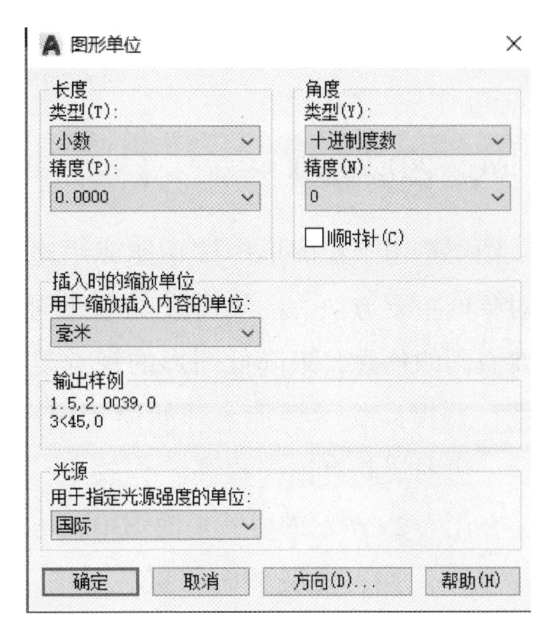

图 6-26　图形单位对话框

3. 设置图形界限

图形界限就是绘图区域，也称为图限。在 AutoCAD 2019 中的菜单栏中依次选择“格式”→“图形界限”命令设置图形界限，如图 6-27 所示，此时须在命令行中根据提示输入要设置图形界限的左下角坐标值和右上角坐标值。或在命令行中键入“LIMITS”命令，直接设置图形界限，如图 6-28 所示。

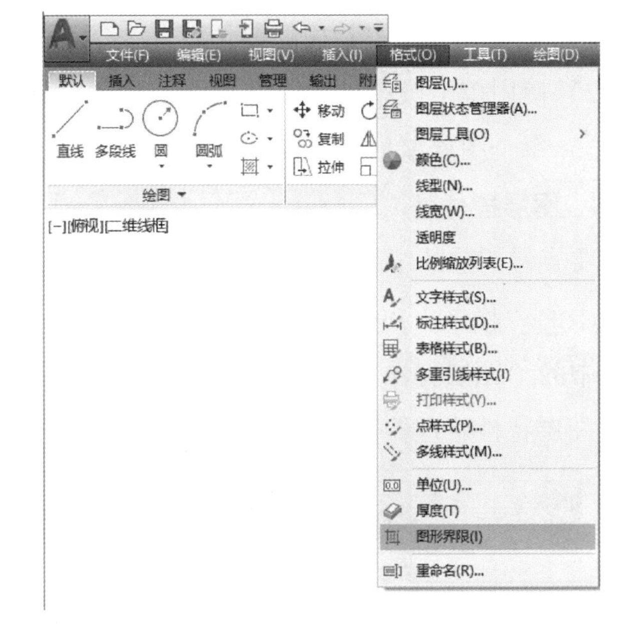

图 6-27　设置图形界限

小技巧

在命令行输入坐标时，由于坐标值中的逗号“,”为英文标点符号，所以需要在英文输入法下输入才有效。

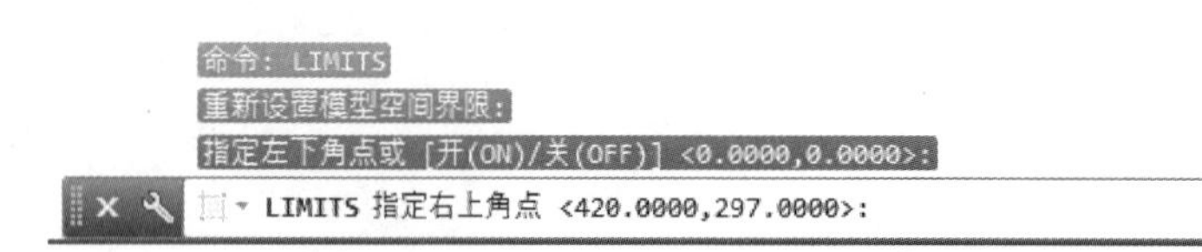

图 6-28　键入命令

八、图层管理

图层是用于在图形中按功能或用途组织对象的主要方法。图层通过隐藏此刻不需要看到的信息，来降低图形的视觉复杂程度，并提高显示性能。开始绘制之前，创建一组图层将有助于提高工作效率。例如，在图 6-29 所示的房屋平面图中，可以创建基础图层、楼层平面图层、门图层、装置图层、电气图层等。

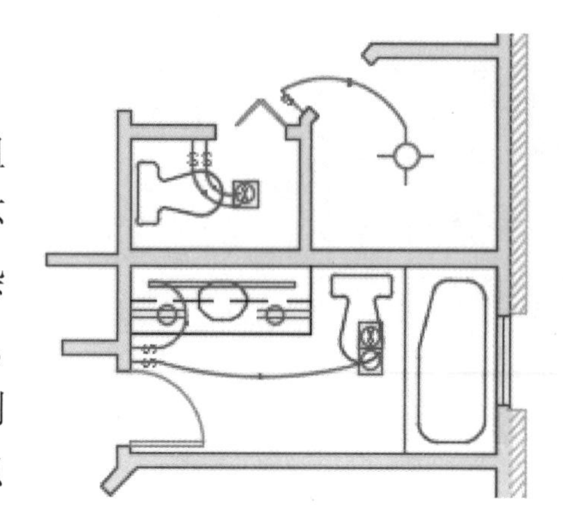

图 6-29　房屋平面图

使用图层，可以实现以下功能：

1）关联对象（按其功能或位置）。

2）使用单个操作显示或隐藏所有相关对象。

3）每个图层单独执行线型、颜色和其他特性标准。

1. 图层控件

要查看图层的组织方式，可以在命令窗口中输入“LAYER”命令，或选择菜单栏中的“格式”→“图层”命令，或单击功能区中“默认”选项卡“图层”面板中的“图层特性”按钮来打开图层特性管理器，如图 6-30 所示。打开后会弹出“图层特性管理器”选项板，如图 6-31 所示。

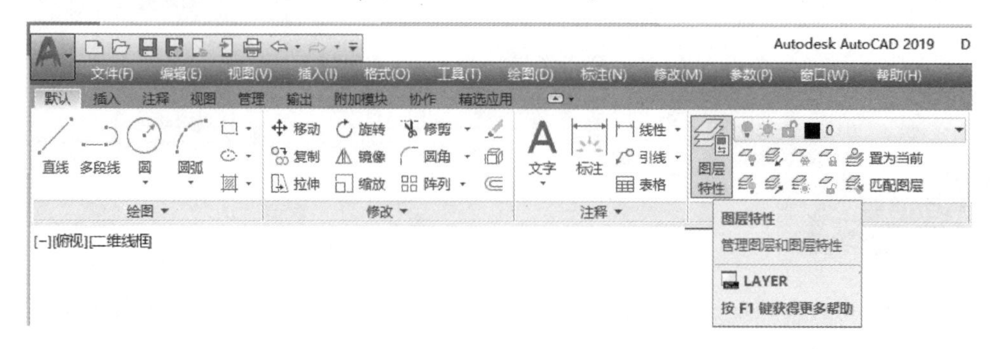

图 6-30　图层特性管理器

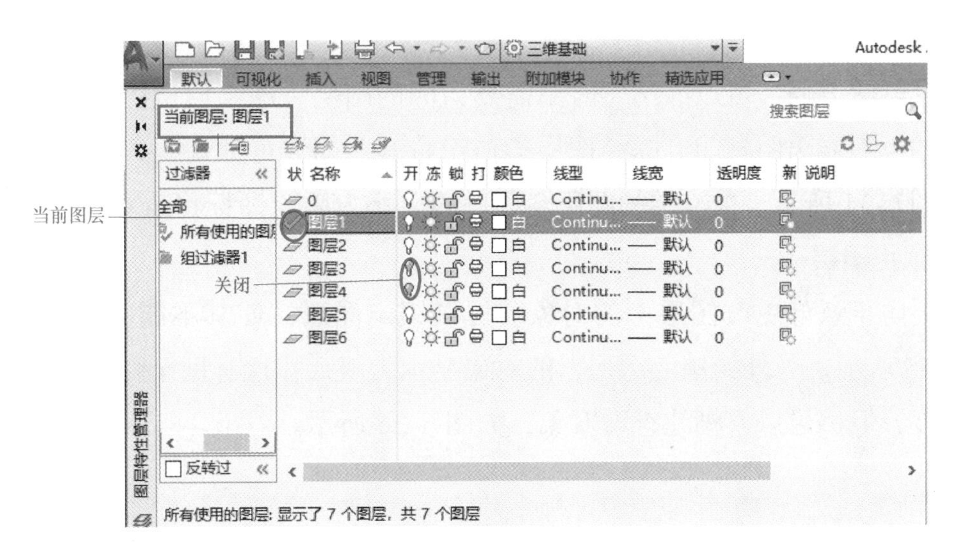

图 6-31　“图层特性管理器”选项板

2. 创建新图层、设置当前图层

要创建新图层，在“图层特性管理器”选项板上，单击新建图层按钮，并输入新图层的名称即可。要将其他图层置为当前图层，请单击图层，然后单击置为当前按钮即可，或者双击图层名称前的状态图标即可更改当前图层状态，如图 6-32 所示。

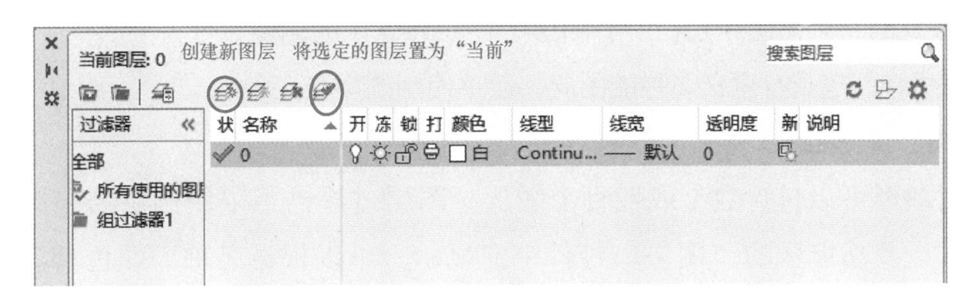

图 6-32　创建新图层、设置当前图层

如图 6-31 所示，图层 1 是当前图层。所有新对象都将自动放置在该图层上。在图层列表中，图层 1 前方的勾选标记确认它是当前图层。

3. 关闭图层

通过控制图层名称后的灯泡图标可以打开或者关闭图层。关闭后该图层上的所有对象将隐藏，不能够被编辑修改。在绘制复杂视图时，可先将不编辑的图层关闭，降低图形的复杂性。如图 6-33 所示，灯泡变暗时代表图层是关闭的。

在图 6-31 中，图层 3 和图层 4 两个图层名称后的灯泡图标都是暗的，代表这两个图层已关闭。

4. 冻结图层

为了绘图方便，可以冻结暂时不需要访问的图层。冻结后该图层中的对象不会显示，也不能出图打印。冻结图层类似于将其关闭，可加快执行绘图编辑的速度。如图 6-34 所示，被冻结的图层名称后的“小太阳”图标将会变成“雪花”。

5. 锁定图层

若要防止意外更改图层上的对象，可以锁定图层，使其不能够被编辑修改，如图 6-35 所示。另外，锁定图层上的对象显示为淡入，这有助于降低图形的视觉复杂程度，但仍可以模糊地查看对象，如图 6-36 所示。

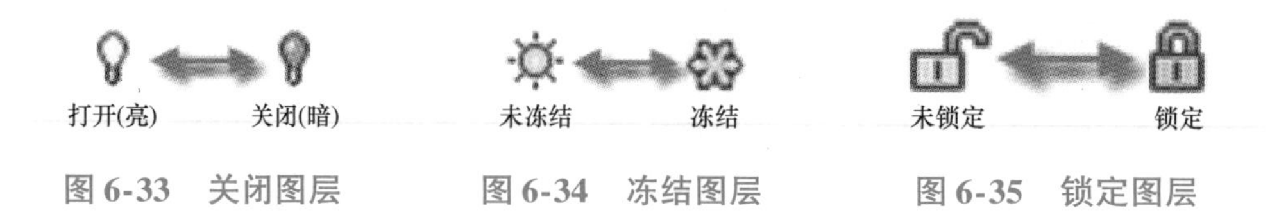

图 6-33　关闭图层　　图 6-34　冻结图层　　图 6-35　锁定图层

6. 设置图层特性

可以设置每个图层的默认特性，包括颜色、线型、线宽和透明度。创建的新对象将使用这些属性，除非替代它们。具体操作可参考《电气识图与 CAD 制图工作页》中样例任务 3。需要注意的是，图层 0 是在所有图形中存在并默认的图层，在绘图时最好创建具有意义名称的图层，而不使用图层 0。

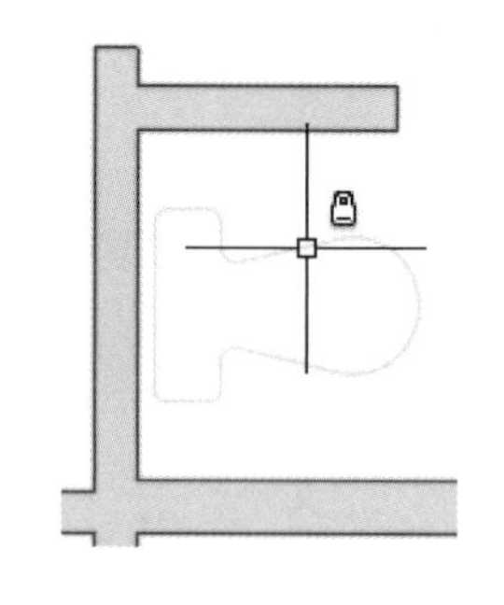

图 6-36　被锁定的图层

7. 图层过滤器

有时图形可以包含数十或数百个图层。图层过滤器可限制图层名在图层特性管理器中以及功能区的“图层”控件中的显示。可以根据名称、颜色和其他特性创建图层过滤器。

九、线型与线宽

1. 基本概念

绘制工程图时经常需要采用不同的线型来绘图。线型可以是虚线、点线、文字和符号形式，也可以是未打断和连续的形式，如图 6-37 所示。

图 6-37　不同的线型

工程图中不同的线型有不同的线宽要求。用 AutoCAD 绘制工程图时，可以将不同线型的图形对象用不同的颜色表示。

2. 线型设置

在命令行中输入“LINETYPE”命令，弹出“线型管理器”对话框，如图6-38所示，可通过其选择绘图所需线型；也可在“默认”选项卡的“特性”面板中的“线型”下拉菜单中选择。

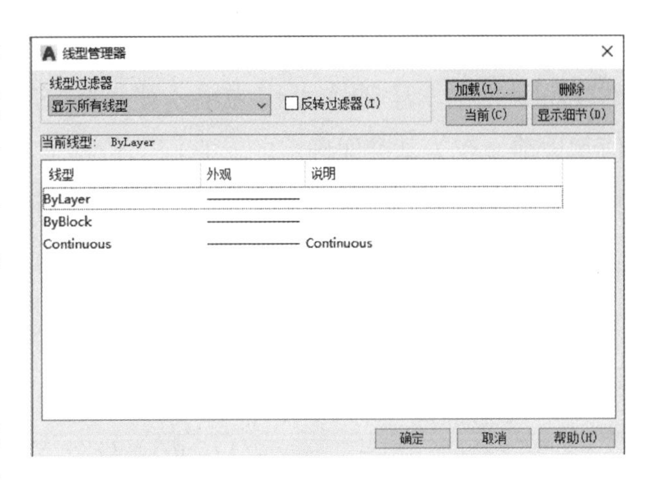

图 6-38　“线型管理器”对话框

如果线型列表框中没有列出需要的线型，则应从线型库加载它。单击“线型管理器”对话框中的“加载”按钮，系统弹出“加载或重载线型”对话框，如图6-39所示，从中可选择要加载的线型并加载。

3. 线宽设置

在命令行中输入“LWEIGHT”命令，或通过选择菜单栏中的“格式”→“线宽”命令，弹出“线宽设置”对话框，根据对话框中的内容选择相应的线宽，如图6-40所示。也可在“默认”选项卡的“特性”面板中的“线宽”下拉菜单中选择相应的线宽。

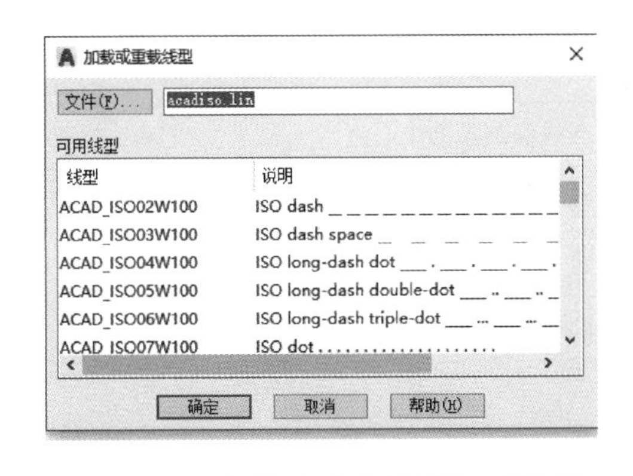

图 6-39　“加载或重载线型”对话框

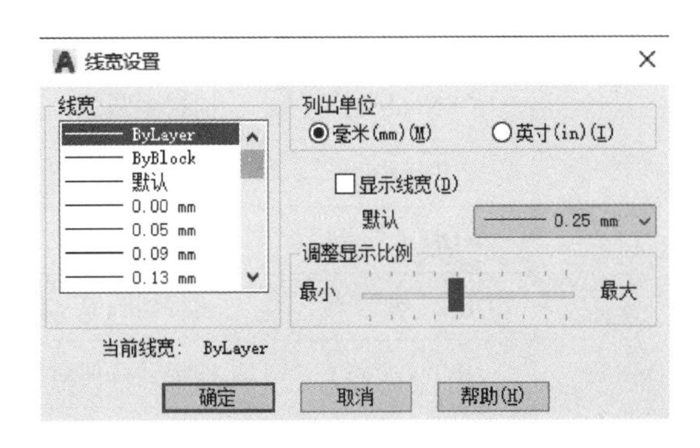

图 6-40　“线宽设置”对话框

十、坐标

在使用AutoCAD绘图时，常用绝对直角坐标和相对直角坐标。

1. 绝对直角坐标

绝对直角坐标是以原点为基点定位所有的点。输入点的（X，Y，Z）坐标，来定义点的位置。在二维图形中，Z 坐标可省略。

2. 相对直角坐标

绝对坐标、相对坐标

相对直角坐标是某点（A）相对于另一特定点（B）的位置，相对坐标是把前一个输入点作为输入坐标值的参考点，输入点的坐标值是以前一点为基准而确定的，它们的位移增量为△X、△Y、△Z。其格式为：@△X、△Y、△Z，“@”字符表示输入一个相对坐标值。如“@10，20”是指该点相对于当前点沿 X 方向偏移 10，沿 Y 方向偏移 20。

十一、绘图辅助工具

1. “对象捕捉”（OSNAP）命令

“对象捕捉”功能是 AutoCAD 2019 软件必不可少的工具之一。通过“对象捕捉”功能，能够快速定位图形的中点、垂点、端点、圆心、切点及象限点等。具体调用方法见表 6-1。

表 6-1 “对象捕捉”调用方法

调用方法		说明
状态栏		单击状态栏右下角“对象捕捉”按钮
快捷键		〈F3〉，仅限于打开与关闭功能
“OSNAP”命令行	END（端点）	捕捉到几何对象的最近端点或角点
	MID（中点）	捕捉到几何对象的中点
	CEN（圆心）	捕捉到圆弧、圆、椭圆或椭圆弧的中心点
	几何中心	捕捉到任意闭合多段线和样条曲线的质心
	NOD（节点）	捕捉到点对象、标注定义点或标注文字原点
	QUA（象限点）	捕捉到圆弧、圆、椭圆或椭圆弧的象限点
	INT（交点）	捕捉到几何对象的交点
	EXT（延伸）	当光标经过对象的端点时，显示临时延长线或圆弧，以便用户在延长线或圆弧上指定点
	INS（插入点）	捕捉到对象（如属性、块或文字）的插入点
	PER（垂点）	捕捉到垂直于所选几何对象的点
	TAN（切点）	捕捉到圆弧、圆、椭圆、椭圆弧、多段线圆弧或样条曲线的切点
	NEA（最近点）	捕捉到对象（如圆弧、圆、椭圆、椭圆弧、直线、点、多段线、射线、样条曲线或构造线）的最近点

（续）

调用方法		说明
“OSNAP”命令行	外观交点	捕捉在三维空间中不相交但在当前视图中看起来可能相交的两个对象的视觉交点
	PAR（平行）	可以通过悬停光标来约束新直线段、多段线、射线或构造线以使其与标识的现有线性对象平行
	无	关闭对象捕捉模式

单击在“对象捕捉”按钮右侧的下拉箭头，会出现“对象捕捉”菜单，如图 6-41 所示。该菜单提供了多种捕捉模式，可直接选择。单击菜单下方“对象捕捉设置”按钮，弹出“草图设置”对话框，选中“对象捕捉”选项卡，如图 6-42 所示。将鼠标移动到捕捉选项附近，将会弹出对该捕捉模式的解释文本。勾选捕捉模式前的方框，即可启用该种形式的捕捉。

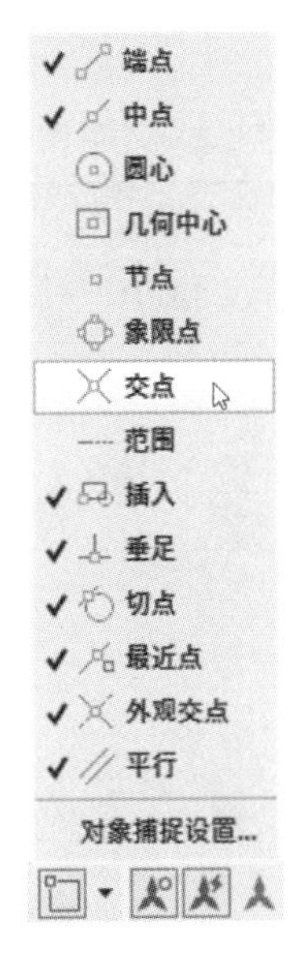

图 6-41　“对象捕捉”菜单

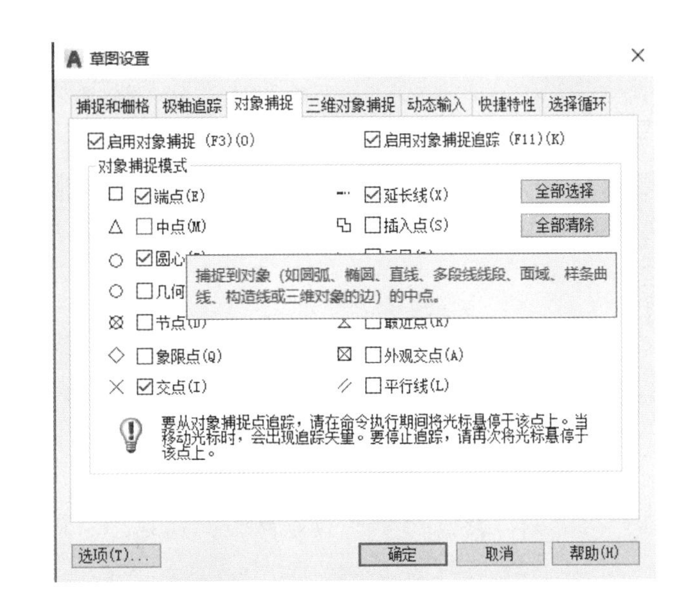

图 6-42　“对象捕捉”选项卡

使用“对象捕捉”功能时，光标将捕捉到对象上最靠近光标中心的指定点。默认情况下，将光标移到对象上的捕捉位置上方时，将显示标记和工具提示。

2. “栅格”（GRID）命令

可以应用栅格显示工具使绘图区显示网格，类似于坐标纸，具体调用方法见表 6-2。

表 6-2 “栅格”调用方法

调用方法		说明
状态栏		单击状态栏右下角“栅格 # ”按钮
快捷键		〈F7〉，仅限于打开与关闭功能
“GRID”命令行	栅格间距（X）	设定栅格间距的值。在值后面输入 X 可将栅格间距设定为按捕捉间距增加的指定值
	打开	打开使用当前间距的栅格
	关闭	关闭栅格
	捕捉	将栅格间距设置为由“SNAP”命令指定的捕捉间距
	主栅格线	指定主栅格线相对于次栅格线的频率
	自适应	控制放大或缩小时栅格线的密度
	图形界限	显示超出“LIMITS”命令指定区域的栅格
	跟随	更改栅格平面以跟随动态“UCS”的“XY”平面
	纵横向间距	沿 X 和 Y 方向更改栅格间距，可具有不同的值 在输入值之后输入 X 将栅格间距定义为捕捉间距的倍数，而不是以图形单位定义栅格间距 当前捕捉样式为“等轴测”时，“宽高比”选项不可用

表 6-2 中的参数也可以通过单击状态栏中“栅格”按钮，右击选择“网格设置”后，在弹出的如图 6-43 所示的对话框中进行调整。

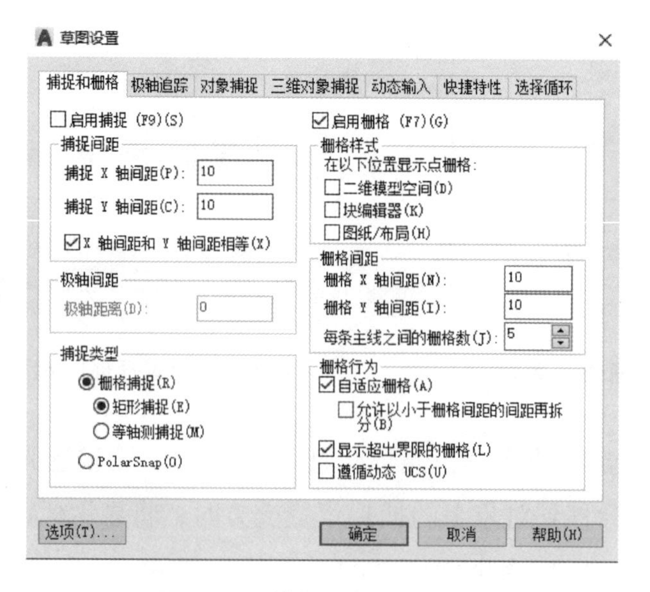

图 6-43　捕捉和栅格选项卡

栅格在绘图区中只起到辅助绘图的作用，不会被打印输出。若要灵活使用栅格来辅助绘图还需启用捕捉功能，单击状态栏右下角“捕捉 ”按钮即可启用捕捉功能，当栅格和捕捉功能同时启动后，此时若将十字光标在绘图区中移动，会发现光标是按一定的间距在移动。

3. “正交”“极轴追踪”命令

（1）“正交”　此功能可以很方便地捕捉到水平或垂直方向上的点，约束光标在水平方向或垂直方向移动。具体使用方法见表6-3。

表 6-3　正交

调用方法		说明
状态栏		单击状态栏右下角“正交限制 ”按钮
快捷键		〈F8〉，仅限于打开与关闭功能
“ORTHO”命令行	打开“ON”	打开功能
	关闭“OFF”	关闭功能

当使用正交模式时，绘制直线或移动对象时只能沿着水平或垂直方向移动，不能向其他方向移动。

（2）“极轴追踪”　此功能是指按照指定的极轴角度或角度的倍数对齐要指定点的路径。可以使用极轴追踪沿着常用的极轴角度增量进行追踪，也可以指定其他角度。具体使用方法见表6-4。

表 6-4　极轴追踪

调用方法	说明
状态栏	单击状态栏右下角“极轴追踪 ”按钮
快捷键	〈F10〉，仅限于打开与关闭功能

“极轴追踪”必须与“对象捕捉”功能一起使用。单击“极轴追踪”按钮右侧下拉箭头，会出现“极轴追踪”菜单，如图6-44所示，该菜单提供了多种捕捉模式，可直接选择。

单击菜单下方“正在追踪设置”按钮，弹出“草图设置”对话框，选中“极轴追踪”选项卡，如图6-45所示。单击“增量角”下拉按钮，可看到备选增量角角度，单击“确定”按钮，完成极轴追踪设置。

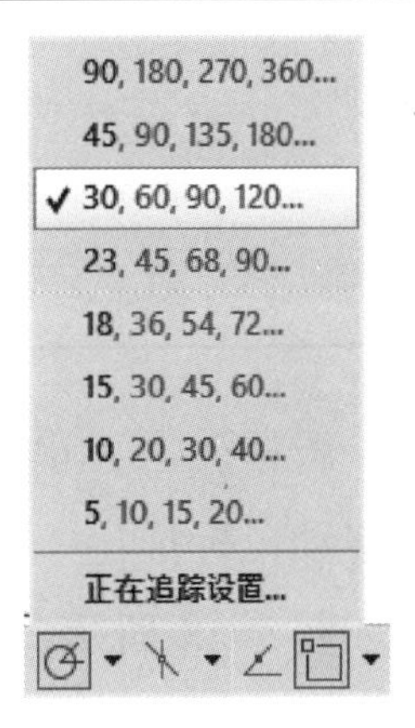

图 6-44　“极轴追踪”菜单

如图 6-46 所示，在绘制 30°角时，打开“极轴追踪”和“对象捕捉”功能，当绘制角的一边时，会自动追踪 30°角并显示角度。

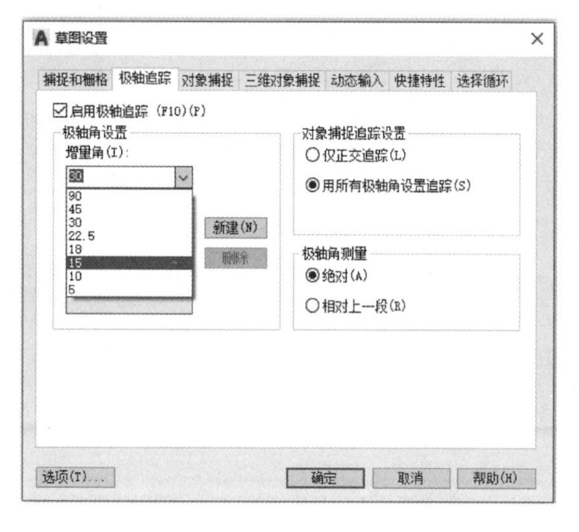

图 6-45 “极轴追踪”选项卡

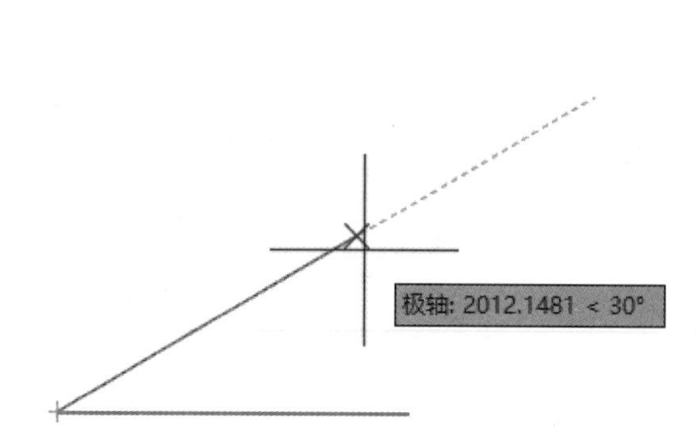

图 6-46 使用“极轴追踪”绘制 30°角

4. 对象选择功能

（1）“SELECT”命令　在使用 AutoCAD 2019 的过程中，经常需要选取对象，使用“SELECT”命令时，可单独使用，也可在执行其他命令时自动调用。具体调用方法见表 6-5。

表 6-5 “SELECT”命令

调用方法		说明
“SELECT”命令行	选择对象	选择单击的对象
	窗口	选择矩形（由两点定义）中的所有对象。从左到右指定对角点创建窗口选择
	窗交	选择区域（由两点确定）内部或与之相交的所有对象。窗交显示的方框为虚线或高亮度方框，这与窗口选择框不同
	框选	选择矩形（由两点确定）内部或与之相交的所有对象。如果矩形的点是从右至左指定的，则框选与窗交等效。否则，框选与窗交等效
	全部	选择模型空间或当前布局中除冻结图层或锁定图层上的对象之外的所有对象

一般情况下，单击即可选中图中的对象，如图 6-47 所示；按住鼠标左键不放，移动鼠标拖出一个矩形窗口，然后再释放鼠标左键，可以选择多个连续的对象，如图 6-48 所示。

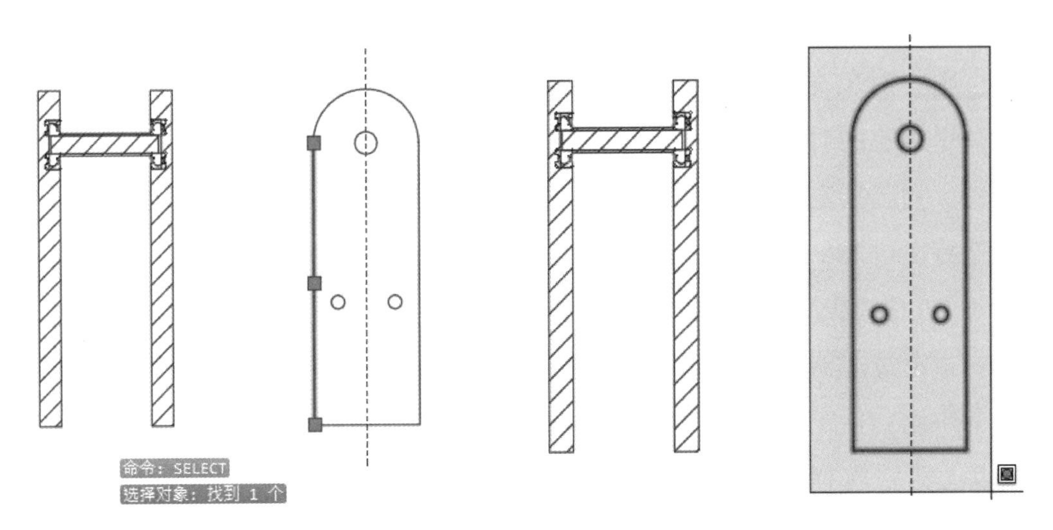

图 6-47　选择单个对象　　　　图 6-48　选择多个连续的对象

在选择对象的过程中，默认是添加模式。但有时，错误地选中了不该选择的对象。通过按住〈Shift〉键并再次选择对象，可以从当前选择集中将其删除。按〈Esc〉键取消选择所有对象。

（2）“快速选择”（QSELECT）命令　“快速选择”命令可以帮助用户选择具有某些共同属性的对象，通常使用在要选择对象数量较多且分布复杂的图形中。具体调用方法见表 6-6。

表 6-6　“快速选择”命令

调用方法	说明
菜单栏	“工具”→“快速选择”
快捷菜单	空白处右击→“快速选择 ”
命令行	“QSELECT”

执行“快速选择”命令时会打开“快速选择”对话框，如图 6-49 所示，在对话框中用户可以指定选择过滤标准，从而快速创建选择集。

该对话框中选项功能介绍如下。

应用到：将过滤条件应用到整个图形或当前选择集（如果存在）。如果选择了“附加到当前选择集”，过滤条件将应用到整个图形。

选择对象：临时关闭“快速选择”对话框，允许用户选择要对其应用过滤条件的对象。

对象类型：指定要包含在过滤条件中的对象类型。如果过滤条件正应用于整个图形，则“对象类型”列表包含全部的对象类型，包括自定义。否则，该列表只包含选定对象的对象类型。

特性：列出指定对象类型的可用特性。选择其中一个来用作选择过滤器。如果不想按特性过滤，那么在“运算符”字段中选择“全部选择”。

运算符：控制过滤的范围。使用“全部选择”选项将忽略所有特性过滤器。

值：指定过滤器的特性值。

如何应用：指定是将符合给定过滤条件的对象包括在新选择集内或是排除在新选择集之外。选择“包括在新选择集中”将创建其中只包含符合过滤条件的对象的新选择集。选择“排除在新选择集之外”将创建其中只包含不符合过滤条件的对象的新选择集。

附加到当前选择集：指定是由“QSELECT”命令创建的选择集替换还是附加到当前选择集。

实例操作：通过“快速选择”命令，选中图 6-50 中的“HIDDEN”线型。

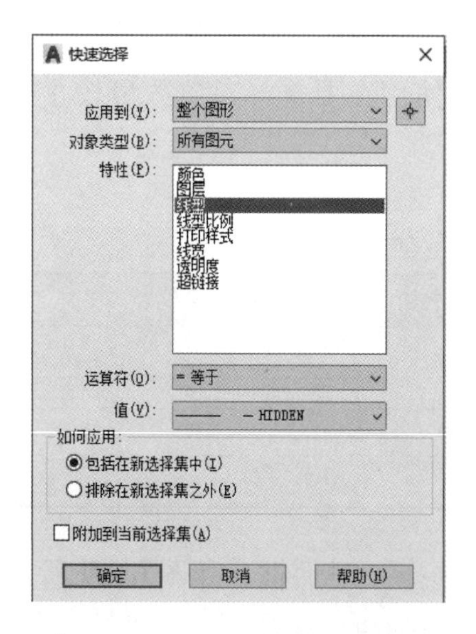

图 6-49 “快速选择”对话框

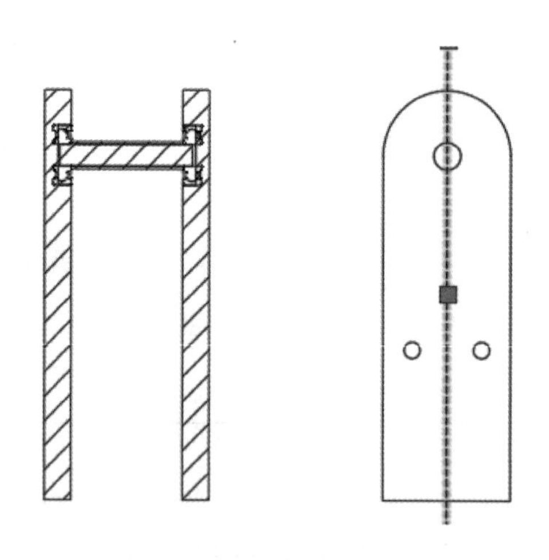

图 6-50 快速选择对象

步骤分解：

1）在命令行输入“QSELECT”，按下〈Enter〉键，弹出图 6-49 所示的对话框。

2）在“特性”中选择“线型”，运算符中选择“ = 等于”，值选项中选中“HIDDEN”。单击“确定”按钮，即完成。

5. 动态输入功能

动态输入功能在绘图区域中的光标附近提供输入窗口，以协助用户在绘图时直接输入绘制对象的各种参数。具体调用方法见表 6-7。

表 6-7　动态输入

调用方法	说明
状态栏	单击状态栏右下角“动态输入 ”按钮
快捷键	〈F12〉，仅限于打开与关闭功能

通过单击任务栏最右侧的“自定义”按钮，如图 6-51 所示，在弹出的菜单中，选择“动态输入”后，如图 6-52 所示，动态输入即可显示在状态栏上。动态输入打开和关闭状态分别如图 6-53 和图 6-54 所示。

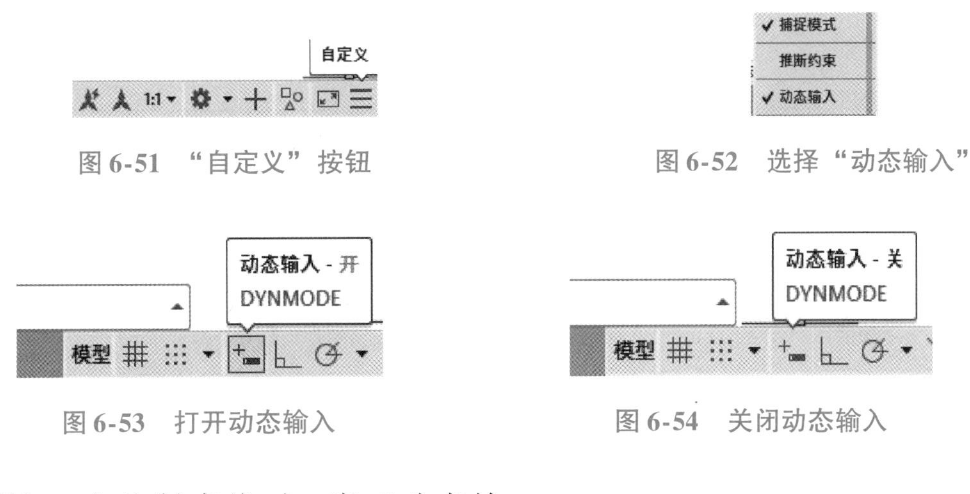

图 6-51　“自定义”按钮

图 6-52　选择“动态输入”

图 6-53　打开动态输入

图 6-54　关闭动态输入

例如，在绘制直线时，当“动态输入”处于打开状态时，在光标的附近将显示相应的提示，如图 6-55 所示。关闭后，则没有提示。

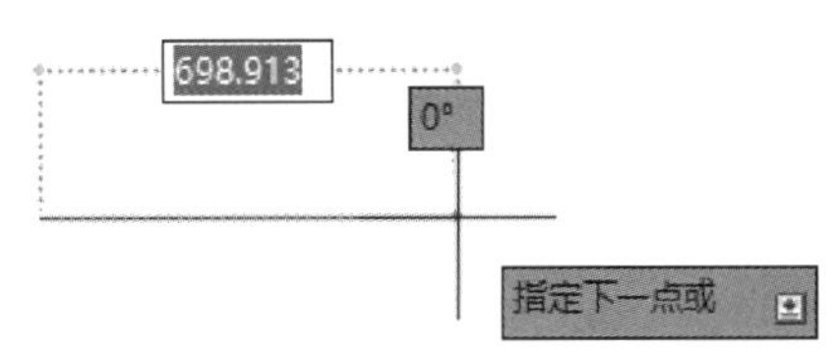

图 6-55　光标的附近将显示相应的提示

在“草图设置”对话框“动态输入”选项卡中，可选择控制“指针输入”“标注输入”“动态提示”以及“绘图工具提示外观”，如图 6-56 所示。

6. “缩放”“平移”“重画”“重生成”命令

（1）“缩放”（ZOOM）命令　可以通过放大和缩小操作更改视图的比例，类似于使用相机进行缩放。使用缩放不会更改图形中对象的绝对大小，它仅更改视图的比例。具体调用方法见表6-8。

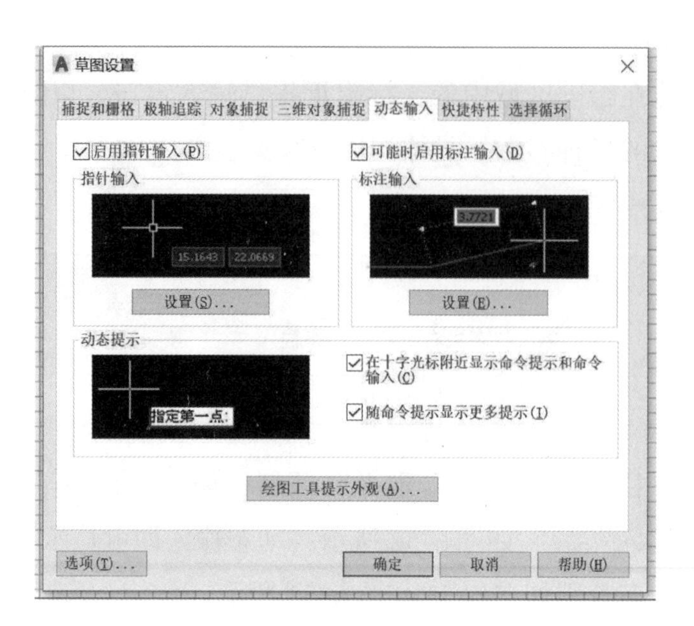

图 6-56 “草图设置”选项卡

表 6-8 缩放

调用方法		说明
菜单栏		“视图”→“缩放”→“实时”
导航栏		右侧导航面板中“实时缩放”按钮
功能区		“视图”选项卡→“导航”面板→按钮
快捷菜单		空白处单击鼠标右键→“缩放”
“ZOOM”命令行	全部	缩放以显示所有可见对象和视觉辅助工具
	中心	缩放以显示由中心点和比例值/高度所定义的视图
	动态	使用矩形视图框进行平移和缩放
	范围	缩放以显示所有对象的最大范围
	上一个	缩放显示上一个视图。最多可恢复此前的 10 个视图
	比例	使用比例因子缩放视图以更改其比例
	窗口	缩放显示矩形窗口指定的区域
	对象	缩放以便尽可能大地显示一个或多个选定的对象并使其位于视图的中心
	实时	交互缩放以更改视图的比例。光标将变为带有加号（+）和减号（-）的放大镜

实例操作：使用缩放功能将图形实时缩放，如图 6-57 所示。

步骤分解：

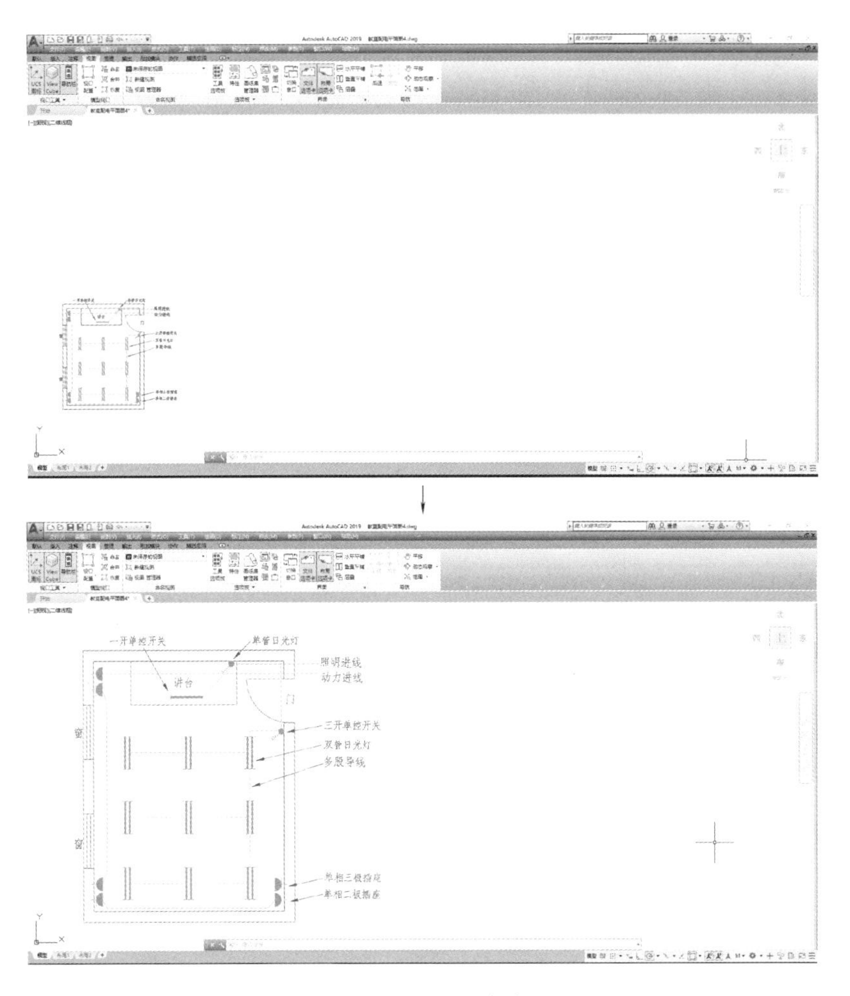

图 6-57　“缩放”命令效果

1）在命令行输入“ZOOM”。

2）根据命令行提示输入“S”，使用比例因子缩放视图。

3）根据命令行提示输入比例因子“2”，即可自动显示出放大 2 倍后的图形。

（2）“平移”（PAN）命令　“平移”命令是指沿着屏幕方向平移视图。通过指定用于确定距离和方向的两个点来改变视图。具体使用方法见表 6-9。

表 6-9　平移

调用方法	说明
菜单栏	“视图”→“平移”→“实时”
导航栏	右侧导航面板中“实时平移”按钮
功能区	“视图”选项卡→“导航”面板→按钮
命令行	“PAN”
快捷菜单	空白处单击鼠标右键→“平移”

使用“平移”命令时，光标变为手形，然后按下鼠标左键不放松，移动手形光标即完成平移。还可以按下鼠标滚轮或鼠标中键，然后拖动光标进行平移。

(3) “重画” (REDRAWALL) 命令和“重生成” (REGEN) 命令　在绘图时某些操作完成后，绘制效果不能立即显示出来，或者在屏幕上留下绘图的痕迹，这时就需要使用“重画”命令或“重生成”命令。

“重画”命令只刷新绘图界面的显示，生成图形的速度较快。具体调用方法见表 6-10。

表 6-10　重画

调用方法	说明
菜单栏	“视图”→“重画”
命令行	“REDRAWALL”或“RA”

“重生成”命令不仅重新计算当前视图中所有对象的坐标，还重新生成整个图形及图形数据库的索引，以获得最优的显示和对象选择性能。该命令生成图形的速度较慢。具体调用方法见表 6-11。

表 6-11　重生成

调用方法	说明
菜单栏	“视图”→“重生成”
命令行	“REGEN”或“RE”

7. 帮助功能

在 AutoCAD 2019 软件中提供了帮助功能，通过帮助功能可以很方便地获取相关信息。通过选择菜单栏中的“帮助”→“帮助”命令，如图 6-58 所示，即可打开帮助主页。在帮助主页上可通过左侧的菜单树浏览内容，如图 6-59 所示。

图 6-58　帮助菜单

图 6-59　帮助主页

在绘图过程中需要使用帮助时，可将鼠标放置到需要帮助的指令图标上，同时按下〈F1〉键，即可弹出该指令的帮助内容。

小技巧

AutoCAD 2019 帮助功能默认需在连接互联网时才有效，否则需下载脱机帮助文档才能应用。帮助功能中有大量的绘图举例，可通过帮助功能进行自学。

任务实施

同步练习《电气识图与 CAD 制图工作页》中“样例任务 3　‘户外 10kV 变电站断面图’的图层设置”。独立完成“拓展任务 3　‘Floor Plan Sample’图样的图层设置”。

学习任务七　简单电气图形的绘制

任务描述

电气元件是构成电路最基本的单元，对电气元件图形符号的绘制是电气制图的基础。本次任务是学习 AutoCAD 2019 软件常用的二维绘图命令，通过学习可以完成简单平面图形的绘制，达到对命令的灵活运用，为后续复杂图形的绘制编辑打下基础。

学习目标

1. 掌握 AutoCAD 2019 中常用绘图命令的用法，如：“直线”“射线”“构造线”“圆”“圆弧”“椭圆”“圆环”“矩形”“多边形”“单点”“多点”“定距等分”“定数等分”“多线段”“多线”“样条曲线”“图案填充”“修订云线”等。

2. 能够绘制“手动开关图形符号”“灯图形符号”“电铃图形符号”等基础图形。

建议课时

12 课时。

知识链接

一、直线类图形的绘制

直线类图形是所有图形的基础图形，在 AutoCAD 2019 中常用的直线类命令有“直线”“射线”“构造线”。

1. “直线”（LINE）命令

AutoCAD 2019 的直线是指两点确定的一条线段。具体调用方法见表 7-1。

表 7-1　直线

调用方法		说明
菜单栏		“绘图”→“直线”
功能区		“默认”选项卡→“绘图”面板→按钮 ╱
“LINE”命令行	指定第一个点	设置直线段的起点
	指定下一个点	指定直线段的端点
	闭合	连接第一个和最后一个线段
	放弃	删除直线序列中最近创建的线段。若要放弃之前绘制的线段，也可以单击快速访问工具栏上的“撤销”按钮来取消绘制

绘制直线时可以同时创建一系列连续的直线段，每条线段都是可以单独进行

编辑的直线对象。绘制直线段的方法有多种，例如使用绝对坐标绘制直线，使用相对坐标绘制直线，按照特定长度或角度绘制直线等。

实例操作：使用坐标绘制直线，如图 7-1 所示。

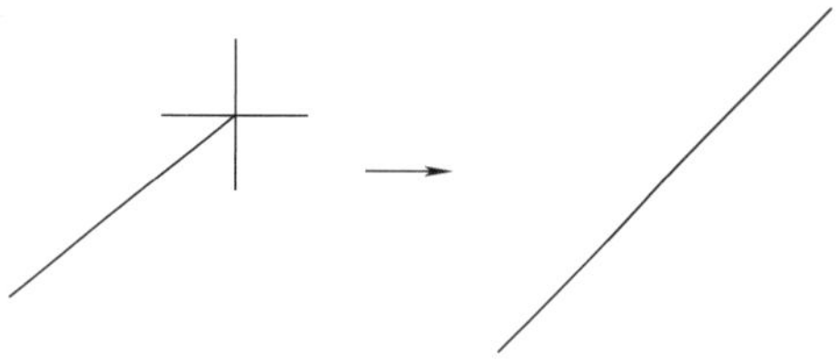

图 7-1　绘制直线

步骤如下：

1）在命令行输入“LINE”。

2）根据提示，指定第一个点，依次键入 X 值、逗号、Y 值，如（0，0），以键入第一个点的坐标值，之后按〈Space〉键或〈Enter〉键。

3）根据提示，指定第二个点，依次键入第二个点的坐标值（200，200），最后按下〈Space〉键或〈Enter〉键，完成绘制。

直线、构造线、射线

2. “构造线”（XLINE）命令

构造线就是无穷长的直线，用于模拟手工制图中的辅助作图线，一般用特殊的线性显示，在出图时可不做输出。具体调用方法见表 7-2。

表 7-2　构造线

调用方法		说明
菜单栏		“绘图”→“构造线”
功能区		“默认”选项卡→“绘图”面板→按钮
“XLINE”命令行	点	用无限长直线所通过的两点定义构造线的位置
	水平	创建一条通过选定点的水平参照线
	垂直	创建一条通过选定点的垂直参照线
	角度	以指定的角度创建一条参照线
	构造线角度	指定放置直线的角度
	参照	指定与选定参照线之间的夹角。此角度从参照线开始按逆时针方向测量
	二等分	创建一条参照线，它经过选定的角顶点，并且将选定的两条线之间的夹角平分
	偏移	创建平行于另一个对象的参照线
	偏移距离	指定构造线偏离选定对象的距离
	通过	创建从一条直线偏移并通过指定点的构造线

实例操作：通过指定点创建构造线，如图 7-2 所示。

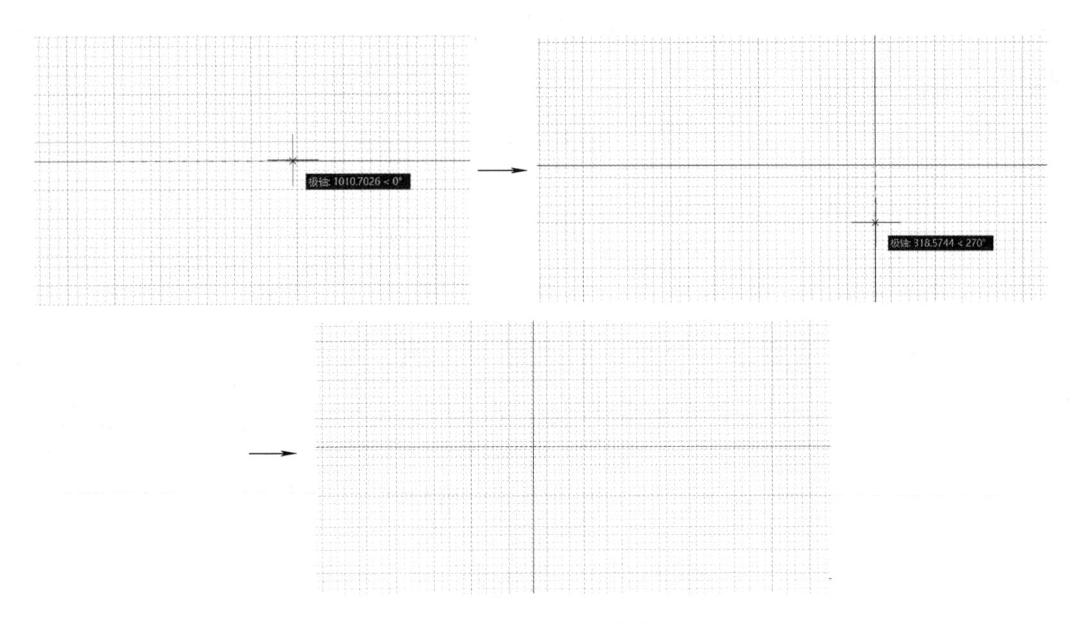

图 7-2　绘制构造线

步骤分解：

1）在命令行输入“XLINE”。

2）指定一个点以定义构造线的根，单击鼠标左键确定。

3）在水平方向指定第二个点，单击鼠标左键确定，即完成水平方向构造线的绘制。

4）同样方法绘制垂直方向第二条构造线。

3. “射线”（RAY）命令

该命令可以创建始于一点并无限延伸的线性对象，可用作创建其他对象的参照，具体调用方法见表 7-3。

表 7-3　射线

调用方法		说明
菜单栏		“绘图”→“射线”
功能区		“默认”选项卡→“绘图”面板→按钮
“RAY”命令行	起点	指定射线起点
	通过点	指定射线通过点

实例操作：创建射线，如图 7-3 所示。

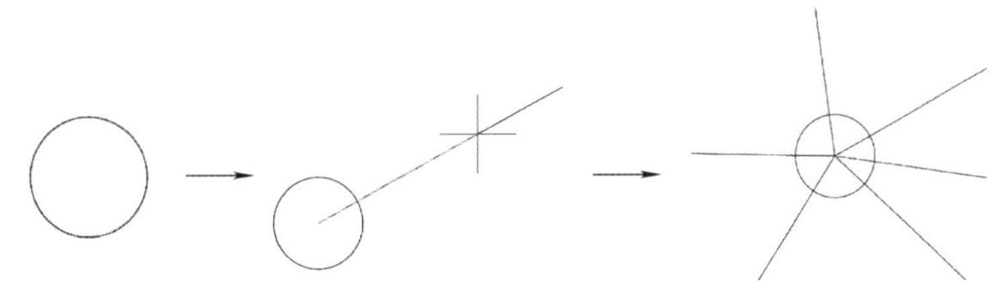

图 7-3　绘制射线

步骤分解：

1）在命令行输入“RAY”。

2）指定射线的起点，单击鼠标左键确定。

3）拖动鼠标指定射线要经过的点，单击鼠标左键确定。

4）同样方法绘制多条射线。

二、圆类图形的绘制

圆类图形是所有图形的基础图形，在 AutoCAD 2019 中常用的圆类命令有“圆”“圆弧”“椭圆”“椭圆弧”“圆环”。

1. “圆”（CIRCLE）命令

圆是图形中最基本的封闭曲线，可以使用多种方法创建圆，可以指定圆心、半径、直径、圆周上的点和其他对象上的点的不同组合。具体调用方法见表 7-4。

圆

表 7-4　圆

调用方法		说明
菜单栏		“绘图”→“圆”
功能区		“默认”选项卡→“绘图”面板→按钮
“CIRCLE”命令行	圆心	基于圆心和半径或直径值创建圆
	半径	输入值或指定点
	直径	输入值或指定第二个点
	三点（3P）	基于圆周上的三个点创建圆
	相切，相切，相切	创建相切于三个对象的圆
	两点（2P）	基于直径上的两个端点创建圆
	相切，相切，半径	基于指定半径和两个相切对象创建圆

在绘制圆时，可以单击“绘图”面板中“圆”的下拉菜单，选择不同绘制圆的方法，如图 7-4 所示。也可通过命令行选择。

实例操作：基于圆心和半径值创建圆，如图 7-5 所示。

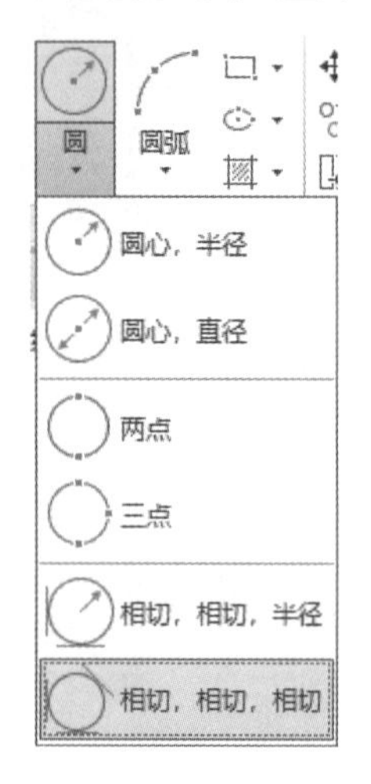

图 7-4 “圆”下拉菜单

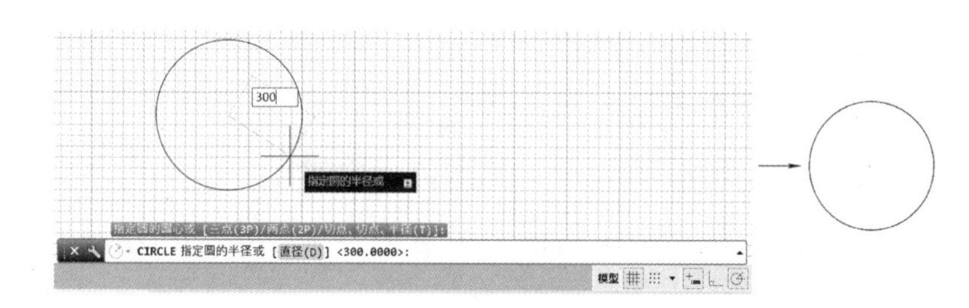

图 7-5 绘制圆

步骤分解：

1）在命令行输入“CIRCLE”。

2）移动光标指定圆心的位置。

3）根据命令行提示，输入圆的半径值为 300。

4）按〈Enter〉键即完成圆的绘制。

2. “圆弧”（ARC）命令

圆弧是圆的一部分，在绘图中经常使用圆弧进行圆润造型的绘制。要绘制圆弧，可以采用指定圆心、端点、起点、半径、角度、弦长和方向值的各种组合形式。默认情况下，以逆时针方向绘制圆弧。具体调用方法见表 7-5。

表 7-5 圆弧

调用方法		说明
菜单栏		“绘图”→“圆弧”
功能区		“默认”选项卡→“绘图”面板→按钮
“ARC”命令行	起点	使用圆弧周线上的三个指定点绘制圆弧。第一个点为起点
	第二点	指定第二个点，它是圆弧周线上的一个点
	端点	指定圆弧上的最后一个点
	圆心	从指定圆弧所在圆的圆心开始
	角度	使用圆心，从起点按指定包含角逆时针绘制圆弧。如果角度为负，将顺时针绘制圆弧

（续）

调用方法		说明
“ARC”命令行	弦长	基于起点和端点之间的直线距离绘制劣弧或优弧
	方向	绘制圆弧在起点处与指定方向相切
	半径	从起点向端点逆时针绘制一条劣弧。如果半径为负，将绘制一条优弧

在绘制圆弧时，可以单击“绘图”面板中“圆弧”的下拉菜单，选择不同绘制圆弧的方法，如图 7-6 所示。也可通过命令行选择。

实例操作：通过指定三个点绘制圆弧，如图 7-7 所示。

步骤分解：

1）单击“圆弧”下拉菜单选择“三点”。

2）移动光标指定圆弧的起点。

3）移动光标指定圆弧的第二个点。

4）移动光标指定圆弧的端点，完成圆弧绘制。

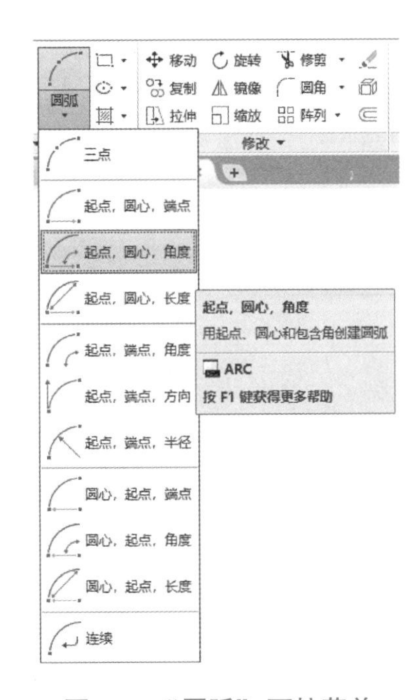

图 7-6　“圆弧”下拉菜单

小技巧

绘制圆弧时，圆弧的曲率是按照逆时针方向的，在指定圆弧端点和半径模式时，需注意端点的指定顺序，否则可能导致圆弧形状与预期相反。

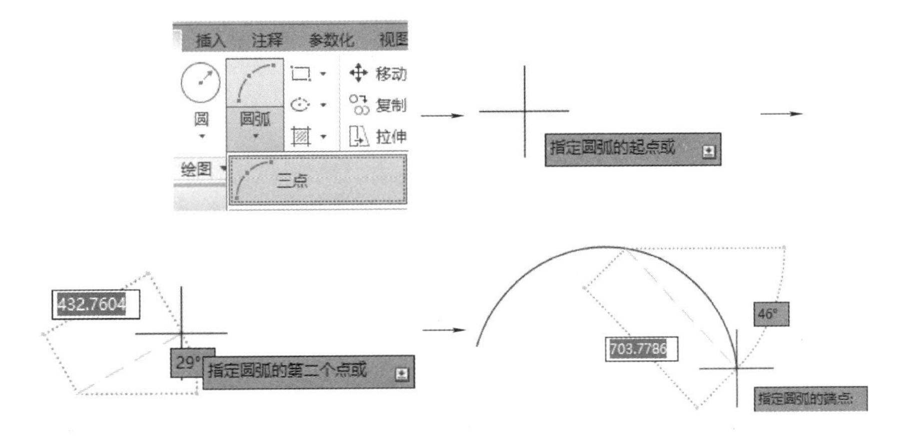

图 7-7　“三点”绘制圆弧

3. “椭圆”与“椭圆弧”(ELLIPSE)命令

AutoCAD 可以方便地创建椭圆或椭圆弧。当绘制椭圆时，其造型由定义其长度和宽度的两个轴决定：主（长）轴和次（短）轴，如图 7-8 所示。具体调用方法见表 7-6。

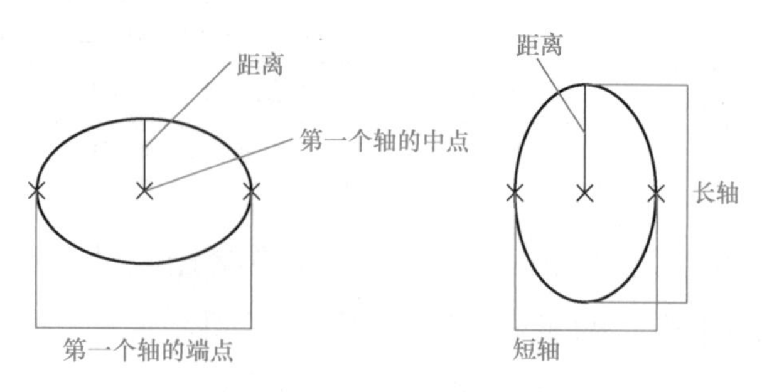

图 7-8　椭圆绘制说明

表 7-6　椭圆或椭圆弧

调用方法		说明
菜单栏		“绘图”→“椭圆”
功能区		“默认”选项卡→“绘图”面板→按钮
“ELLIPSE”命令行	轴端点	根据两个端点定义椭圆的第一条轴
	另一条半轴长度	使用从第一条轴的中点到第二条轴的端点的距离定义第二条轴
	旋转	通过绕第一条轴旋转来创建椭圆
	圆弧	创建一段椭圆弧
	起点角度	定义椭圆弧的第一端点
	端点参数	用参数化矢量方程式定义椭圆弧的端点角度
	角度	定义椭圆弧的端点角度
	夹角	定义从起点角度开始的夹角
	中心点	使用中心点、第一个轴的端点和第二个轴的长度来创建椭圆
	旋转	通过绕第一条轴旋转圆来创建椭圆

在绘制椭圆或椭圆弧时，可以单击“绘图”面板中“椭圆”按钮右侧的下拉菜单，选择不同绘制椭圆的方法，如图 7-9 所示。也可通过命令行选择。

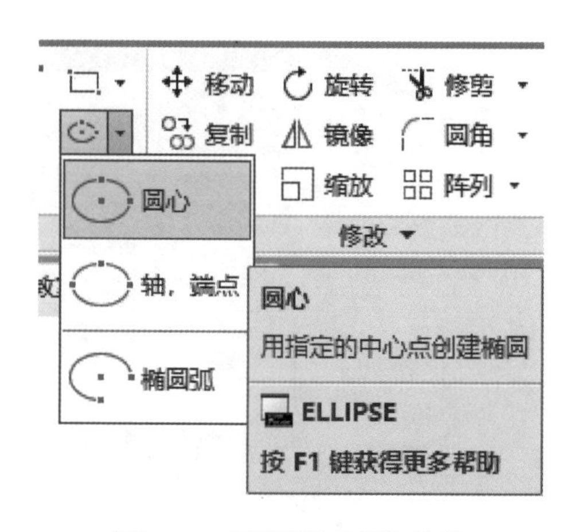

图 7-9　“椭圆”下拉菜单

实例操作：绘制椭圆，如图 7-10 所示。

步骤分解：

1）在命令行输入“ELLIPSE”。

2）分别指定椭圆的轴端点和轴的

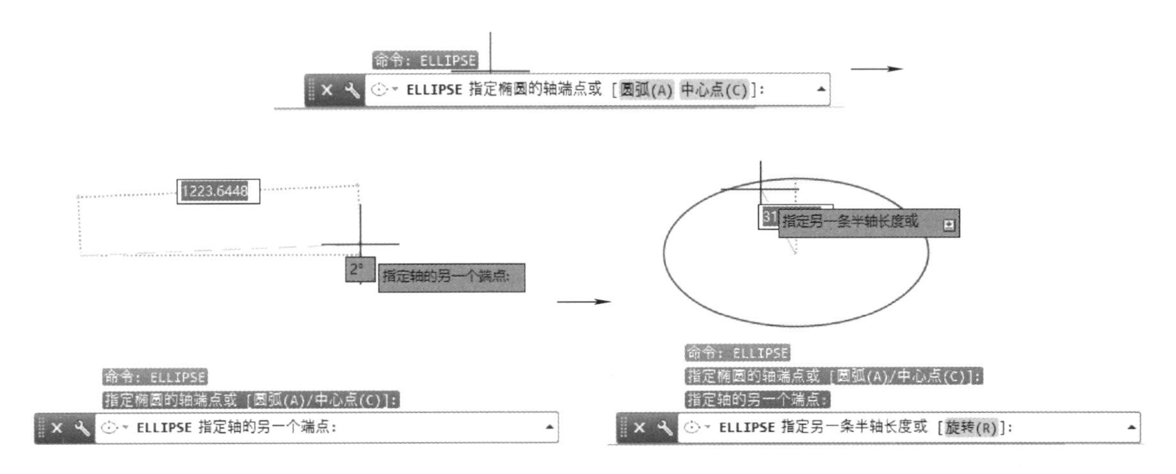

图 7-10　绘制椭圆

另一个端点。

3）指定椭圆的另一条半轴长度。

4）单击鼠标左键确定，即完成椭圆绘制。

椭圆、椭圆弧

实例操作：绘制椭圆弧，如图 7-11 所示。

步骤分解：

1）单击“绘图”面板下拉菜单的“椭圆弧”按钮 椭圆弧。

2）根据命令行提示，分别指定椭圆弧第一条轴的上、下两个端点。

3）指定距离以定义第二条轴的半长。

4）分别指定椭圆弧的起点角度和端点角度完成绘制。

注意：椭圆弧从起点到端点按逆时针方向绘制。

4. “圆环”（DONUT）命令

圆环是填充环或实体填充圆，即带有宽度的实际闭合多段线。圆环由两条圆弧多段线组成，这两条圆弧多段线首尾相接而形成圆环。多段线的宽度由指定的内直径和外直径决定如图 7-12 所示。具体调用方法见表 7-7。

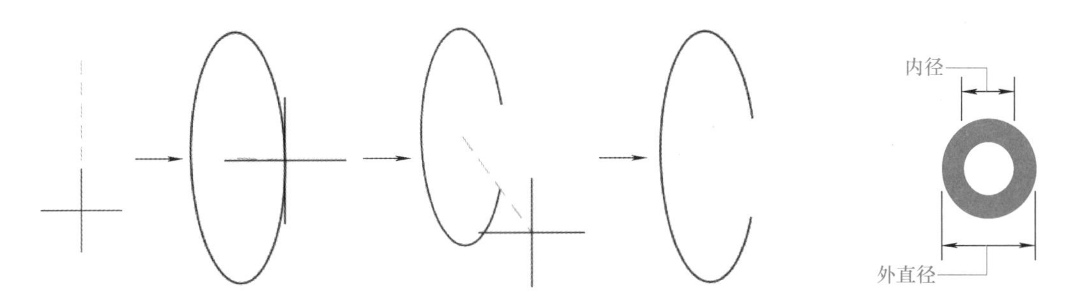

图 7-11　绘制椭圆弧　　图 7-12　圆环的内径和外径

表 7-7　圆环

调用方法		说明
菜单栏		“绘图”→“圆环”
功能区		“默认”选项卡→“绘图”面板→按钮
“DONUT”命令行	内径	指定圆环的内径，如图 7-12 所示
	外径	指定圆环的外径，如图 7-12 所示
	圆环的中心点	基于其中心点指定圆环的位置

实例操作： 绘制一个圆环，如图 7-13 所示。

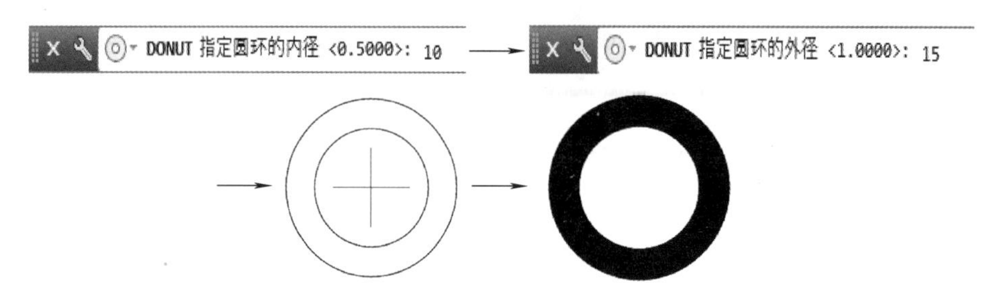

图 7-13　绘制圆环

步骤分解：

1）输入“DONUT”命令。

2）根据提示，在命令行中分别指定内直径为“10”和外直径为“15”。

3）拖动鼠标指定圆环的圆心。

4）单击鼠标左键确定，即完成绘制，可拖动鼠标放置多个同样的圆环。

小技巧

绘制圆环时，若内、外径不等，则画出填充圆环；若内、外径相等，则画出普通圆；若内径为零，则画出实心填充圆；用命令“FILL”可控制绘制的圆环是否填充。

三、矩形和多边形的绘制

1.“矩形”（RECTANG）命令

矩形是封闭直线图形，在制图中经常作为基础图形。“矩形”命令可以用指定的矩形参数创建矩形，常用参数有多段线（长度、宽度、旋转角度）和角点类型（圆角、倒角或直角）。具体调用方法见表 7-8。

表 7-8　矩形

调用方法		说明
菜单栏		“绘图”→“矩形”
功能区		“默认”选项卡→“绘图”面板→按钮
“RECTANG”命令行	第一个角点	指定矩形的一个角点
	另一个角点	使用指定的角点作为对角点创建矩形
	面积	使用面积与长度或宽度创建矩形
	标注	使用长和宽创建矩形
	旋转	按指定的旋转角度创建矩形
	倒角	设定矩形的倒角距离
	标高	指定矩形的标高
	圆角	指定矩形的圆角半径
	厚度	指定矩形的厚度
	宽度	为要绘制的矩形指定多段线的宽度

实例操作：通过指定对角点来绘制矩形，如图 7-14 所示。

图 7-14　绘制矩形

步骤分解：

1）输入“RECTANG”命令。

2）拖动鼠标指定矩形第一个角点，单击鼠标左键确定。

3）拖动鼠标指定矩形第二个对角点，单击鼠标左键确定。

4）完成矩形的绘制。

2. “多边形”（POLYGON）命令

正多边形是由三条或以上长度相等的线段首尾相连组成的闭合图形。在 AutoCAD 2019 中可以使用“多边形”命令很方便地绘制出 3～1024 边的正多边形。具体调用方法见表7-9。

表 7-9　多边形

调用方法		说明
菜单栏		“绘图”→“多边形”
功能区		“默认”选项卡→“绘图”面板→按钮
“POLYGON”命令行	边数	指定多边形的边数(3～1024)
	多边形的中心点	指定多边形的中心点的位置以及新对象是内接还是外切
	内接于圆	指定外接圆的半径，正多边形的所有顶点都在此圆周上
	外切于圆	指定从正多边形圆心到各边中点的距离
	边	通过指定第一条边的端点来定义正多边形

绘制正多边形时先输入边数，然后指定正多边形的中心，再选择是内接于圆（如图 7-15所示），或外切于圆（如图 7-16 所示）。最后再指定圆的半径，即完成正多边形的绘制。

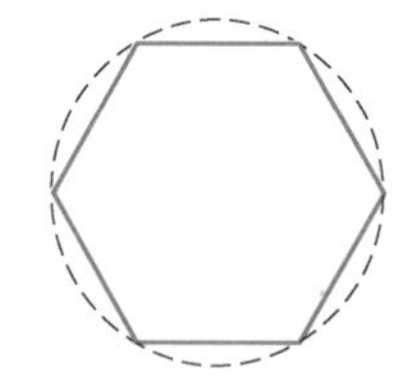

图 7-15　绘制内接于圆的正多边形

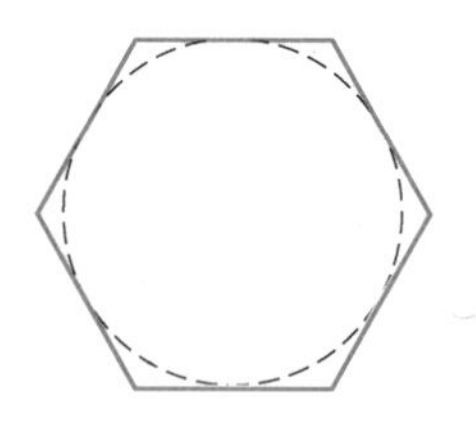

图 7-16　绘制外切于圆的正多边形

实例操作：创建正八边形，如图 7-17 所示。

步骤分解：

1）在命令行中输入“POLYGON”命令。

2）在屏幕上拖动鼠标指定多边形的中心点。

3）在命令行中输入“C”，选择“外切于圆”。

4）在命令行中输入指定圆的半径值，按〈Enter〉键后完成绘制。

四、点的绘制

点是各种图形中最基本的图形单元，为了使用各种各样的点，在 AutoCAD 2019 中可以设置点的样式和应用，单点和多点是点常用的两种类型。

1. “单点”（POINT）命令

单点是在绘图区一次仅绘制一个点，具体调用方法见表 7-10。

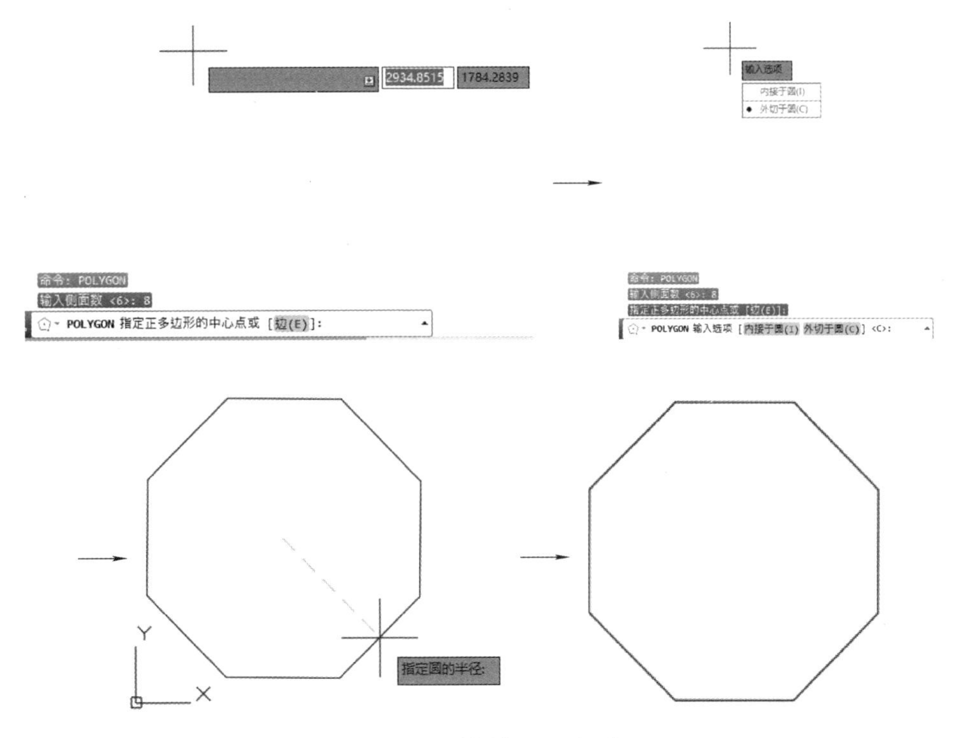

图 7-17　绘制正八边形

表 7-10　单点

调用方法	说明
菜单栏	“绘图”→“点”→“单点”
命令行	“POINT”

绘制单点时，调用命令后，直接用鼠标在屏幕上指定点即可。

实例操作：在屏幕上绘制一个点，如图 7-18 所示。

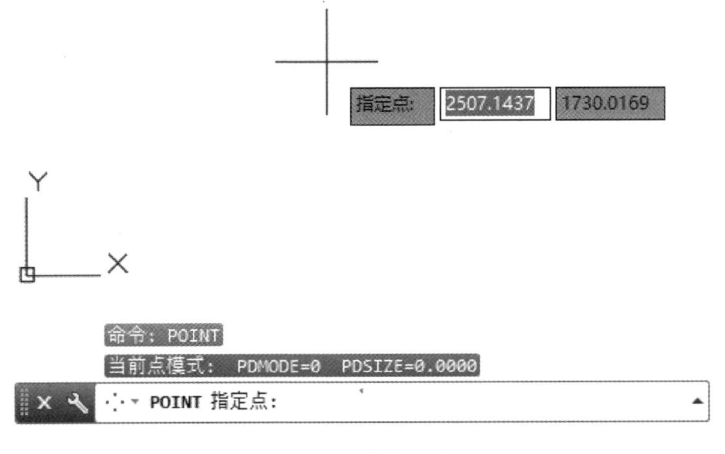

图 7-18　绘制一个点

步骤分解：

1）在命令行输入“POINT”。

2）在屏幕上拖动鼠标指定点的位置，单击鼠标左键，即完成点的绘制。

2. “多点”命令

“多点”命令可以在绘图区连续绘制多个点。具体调用方法见表 7-11。

表 7-11　多点

调用方法	说明
菜单栏	“绘图”→“点”→“多点”
功能区	“默认”选项卡→“绘图”面板→按钮 ⁛

绘制多点时，调用命令后，直接用鼠标在屏幕上指定多个点即可。

3. “点样式”（PTYPE）命令

在 AutoCAD 2019 中绘制点时，绘制的点系统默认为一个小点。可以使用“点样式”命令对点的样式进行修改，具体调用方法见表 7-12。

表 7-12　点样式

调用方法	说明
菜单栏	“格式”→“点样式”
功能区	“默认”选项卡→“实用工具”面板→按钮 点样式...
命令行	“PTYPE”

当使用“点样式”命令后会弹出“点样式”对话框，如图 7-19 所示，在该对话框中可直观地对点样式进行设置，设置完成后单击“确定”按钮即可完成。

对话框各选项含义如下：

点显示图像：指定用于显示点对象的图像。

点大小：设定点的显示大小。点的显示大小可以相对于屏幕设定点的大小，也可以用绝对单位设定点的大小。

相对于屏幕设定大小：按屏幕尺寸的百分比设定点的显示大小。当进行缩放时，点的显示大小并不改变。

按绝对单位设定大小：按“点大小”下指定的实际单位设定点显示的大小。

进行缩放时，显示的点大小随之改变。

4. **“定距等分”（MEASURE）命令**

定距等分用于沿对象的长度或周长按测定间隔创建点对象或块，如图 7-20所示。具体调用方法见表 7-13。

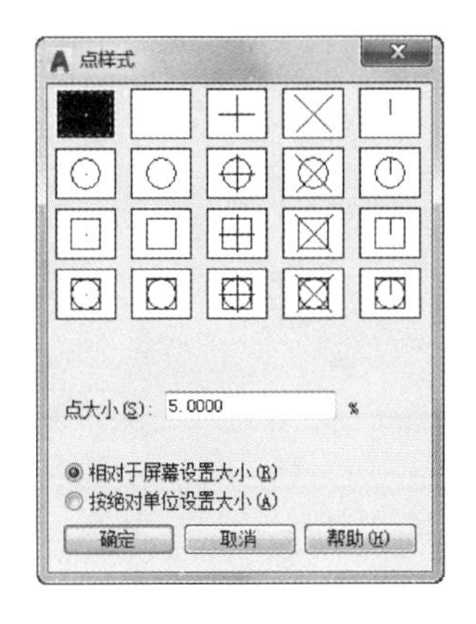

图 7-19　“点样式”对话框

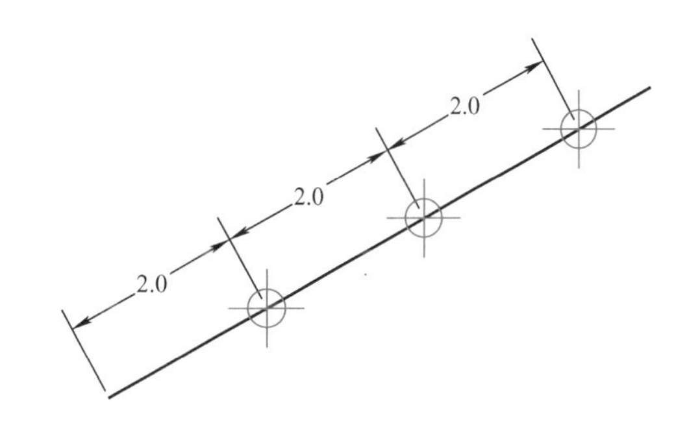

图 7-20　定距等分

表 7-13　定距等分

调用方法		说明
菜单栏		“绘图”→“点”→“定距等分”
功能区		“默认”选项卡→“绘图”面板→按钮
“MEASURE”命令行	要测量的对象	选择要沿其添加点对象或块的参照对象
	线段长度	沿选定对象按指定间隔放置点对象，从最靠近用于选择对象的点的端点处开始放置。闭合多段线的定距等分从它们的初始顶点（绘制的第一个点）处开始。圆的定距等分从设定为当前捕捉旋转角的自圆心的角度开始。如果捕捉旋转角为零，则从圆心右侧的圆周点开始定距等分圆
	块	沿选定对象按指定间隔放置块
	对齐块和对象	选择是：块将围绕其插入点旋转，这样其水平线就会与测量的对象对齐并相切绘制。选择否：始终使用 0 旋转角度插入块

使用定距等分时，先选择需要等分的对象，然后指定等分的距离，可以直接输入距离数值，也可用鼠标直接选取距离，按〈Enter〉键确定，即完成定距等分。

实例操作：定距等分线段，如图 7-21 所示。

步骤分解：

1）输入“MEASURE”命令。

2）用鼠标选择线段。

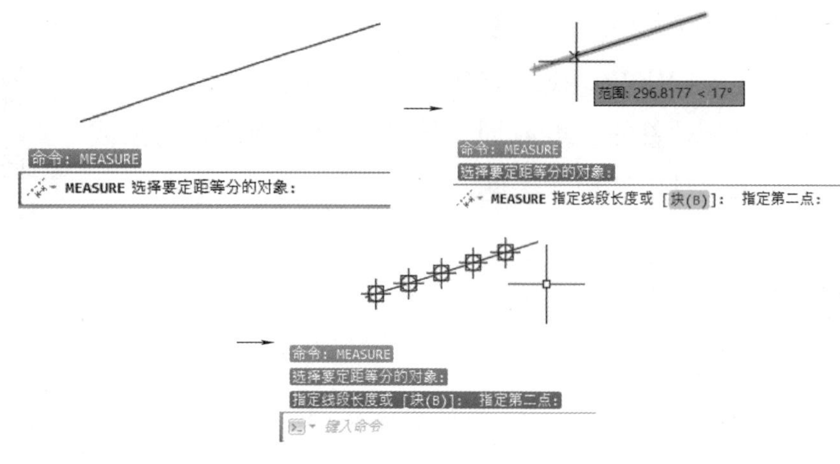

图 7-21　定距等分线段

3）指定线段第一点和第二点，以确定等分基准。

4）按〈Enter〉键确定，完成绘制。

5. “定数等分”（DIVIDE）命令

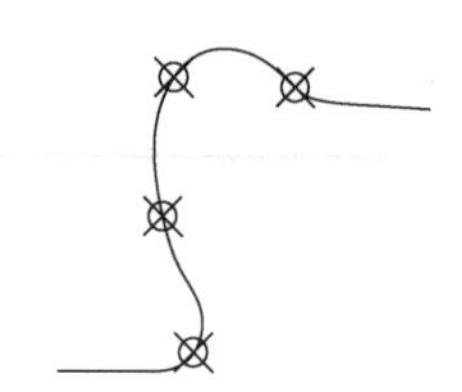

图 7-22　定数等分（等分为五段）

定数等分是创建沿对象的长度或周长等间隔排列的点对象或块，如图 7-22 所示。具体调用方法见表 7-14。

表 7-14　定数等分

调用方法		说明
菜单栏		“绘图”→“点”→“定数等分”
功能区		“默认”选项卡→“绘图”面板→按钮
“DIVIDE”命令行	选择要定数等分的对象	指定单个几何对象，例如直线、多段线、圆弧、圆、椭圆或样条曲线
	线段数目	等分对象需要等分的线段数目
	块	沿选定对象等间距放置指定的块

使用定数等分时，先选择需要等分的对象，然后直接输入需要等分的数值，按〈Enter〉键确定，即完成绘制。

实例操作：定数等分圆，如图 7-23 所示。

步骤分解：

1）输入“DIVIDE”命令。

2）单击选择圆作为等分对象。

3）根据命令行提示，输入定数等分数目“6”。

4）按〈Enter〉键，即完成定数等分。

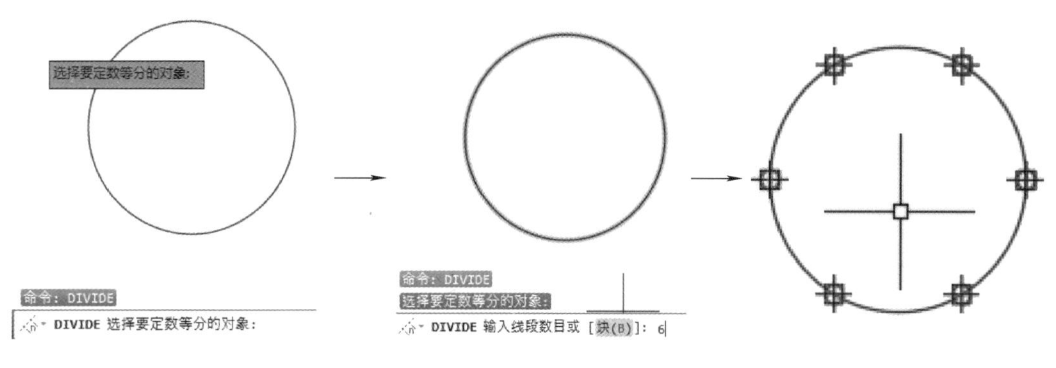

图 7-23　定数等分操作

五、多段线的绘制

多段线是作为单个对象创建的相互连接的序列直线段。“多段线”命令可以创建直线段、圆弧段或两者的组合线段。

1. “多段线”（PLINE）命令

使用“多段线”命令可以方便地生成由直线或曲线首尾相连形成的复合线实体。具体调用方法见表 7-15。

表 7-15　多段线

调用方法		说明
菜单栏		“绘图”→“多线段”
功能区		“默认”选项卡→“绘图”面板→按钮
“PLINE”命令行	指定起点	设置多段线的起点
	指定下一个点	如果指定第二个点，则可以创建直线段。如果输入 a（代表圆弧），则可以创建圆弧段
	闭合	连接第一条和最后一条线段，以创建闭合的多段线
	半宽	指定从宽线段的中心到一条边的宽度
	宽度	指定下一线段的宽度
	放弃	删除最近添加的线段
	圆弧	开始创建与上一个线段相切的圆弧段
	长度	按照与上一线段相同的角度方向创建指定长度的线段。如果上一线段是圆弧，将创建与该圆弧段相切的新直线段
	圆弧端点	完成圆弧段。圆弧段与多段线的上一段相切
	角度	指定圆弧段的从起点开始的包含角
	中心	基于其圆心指定圆弧段

（续）

调用方法		说明
“PLINE”命令行	方向	指定圆弧段的切线
	直线	从图形圆弧段切换到图形直线段
	半径	指定圆弧段的半径
	第二点	指定三点圆弧的第二点和端点

使用多段线命令时，直接用鼠标确定多段线的起点，然后拖动鼠标确定余下点即可，最后按〈Enter〉键确定，即完成绘制。默认是绘制直线多段线，也可更改为圆弧多段线。绘制出的多段线为一个整体。若要以上次绘制的多段线的端点为起点绘制一条多段线，请再次启动该命令，然后在出现“指定起点”提示后按〈Enter〉键确认。

实例操作：绘制包含直线段的多段线，如图 7-24 所示。

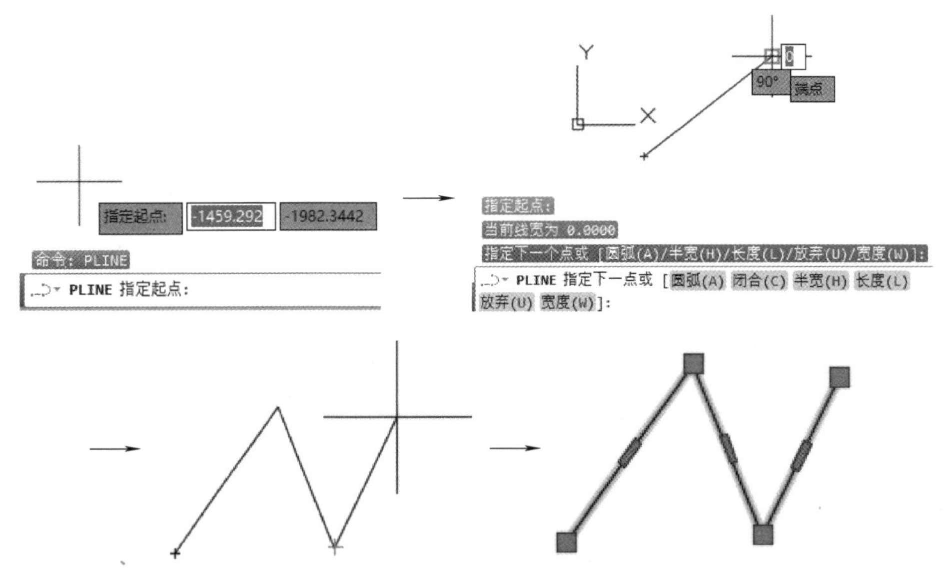

图 7-24　绘制多段线

步骤分解：

1）在命令行输入“PLINE”。

2）指定多段线的起点。

3）指定第一条线段的端点，根据需要继续指定线段端点。

4）按〈Enter〉键结束。输入“C”可使多段线闭合。

2. 修改多段线

可以使用多种方法更改多段线的形状和外观。当选择多段线后，通过鼠标选择端点，进行移动、添加或删除，对原多段线进行修改，还可将其在圆弧和直线段之间转换。

实例操作：对原多段线进行修改，如图 7-25 所示。

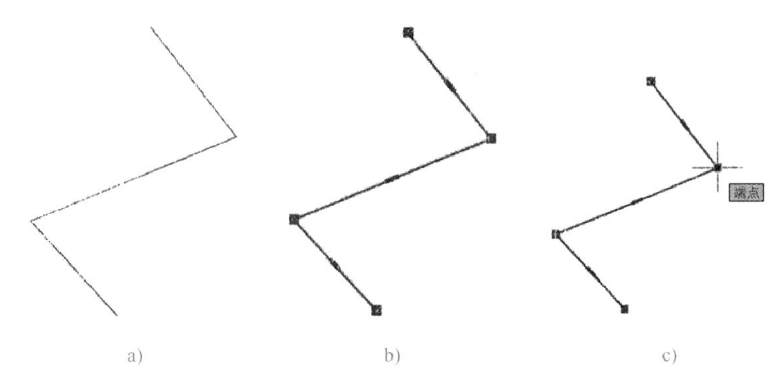

图 7-25　修改多线段

还可以将多段线转换为对多段线进行拟合，如图 7-26 所示。

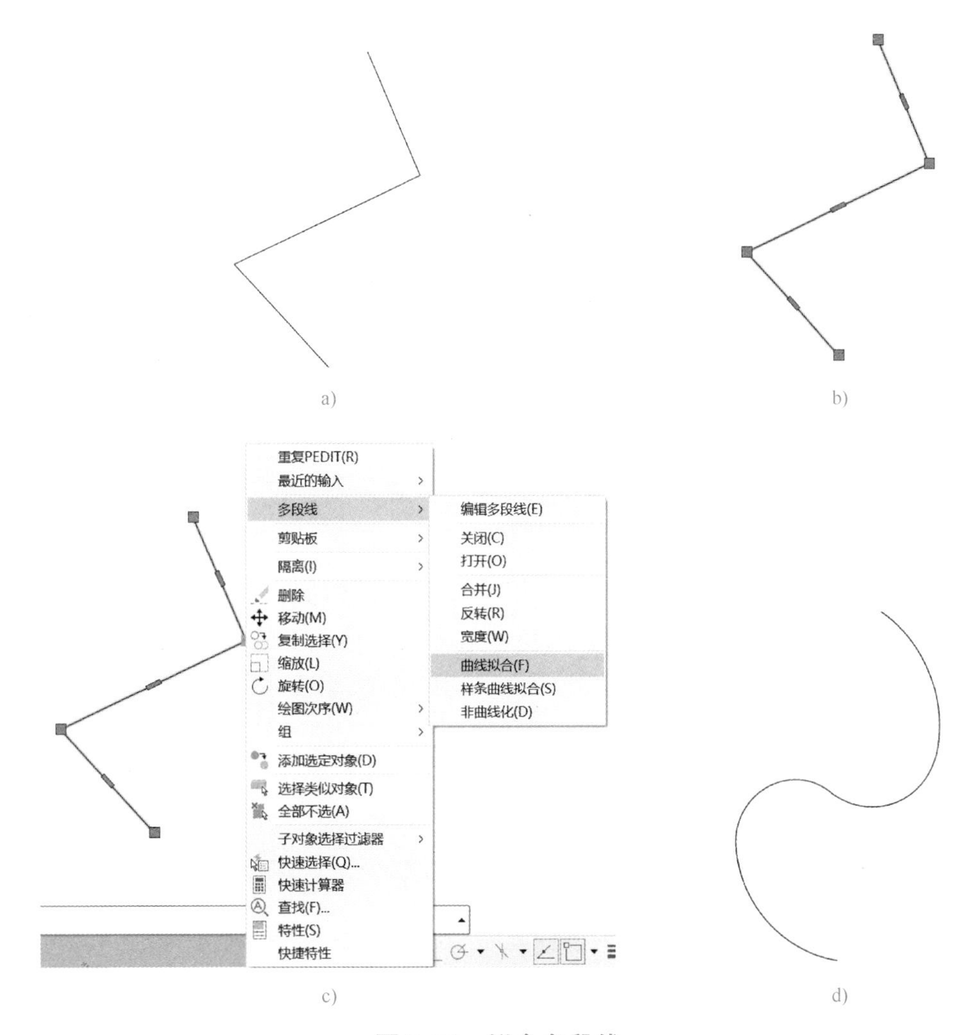

图 7-26　拟合多段线

六、多线的绘制

多线是由多条平行线组成的组合图形，这些平行线称为元素，其组合范围为 1 ~16 条平行线。构成多线的元素可以是直线，也可以是圆弧。

1. “多线”（MLINE）命令

使用“多线”命令可以方便地生成由直线或圆弧构成的多线。具体调用方法见表 7-16。

表 7-16　多线

调用方法		说明
菜单栏		“绘图”→“多线”
“MLINE”命令行	起点	指定多线的下一个顶点
	下一点	用当前多线样式绘制到指定点的多线线段，然后继续提示输入点
	放弃	放弃多线上的上一个顶点
	闭合	通过将最后一条线段与第一条线段相接来闭合多线
	对正	确定如何在指定的点之间绘制多线
	上	在光标下方绘制多线，在指定点处将会出现具有最大正偏移值的直线
	无	将光标作为原点绘制多线，“MLSTYLE”命令中“元素特性”的偏移 0.0 将在指定点处
	下	在光标上方绘制多线，在指定点处将出现具有最大负偏移值的直线
	比例	控制多线的全局宽度
	样式	指定多线的样式
	样式名	指定已加载的样式名或创建的多线库（MLN）文件中已定义的样式名

使用“多线”命令绘制时与“直线”命令绘制相似，直接用鼠标确定多段线的起点，然后拖动鼠标确定余下点即可，最后按〈Enter〉键确定，即完成绘制。可在绘制时选择不同的多线样式。

实例操作：使用多线绘制图形，如图 7-27 所示。

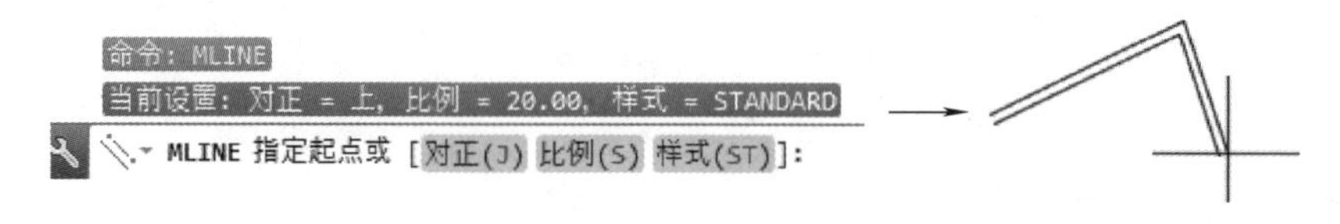

图 7-27　绘制多线

步骤分解：

1）输入“MLINE”命令，根据命令行提示，可输入“ST”设置多线样式。

2）拖动鼠标指定多线起点和下一点。

3）重复上一步，直到按〈Enter〉键结束命令。若要闭合多线，在命令行中输入字母“C”即可。

2. “多线样式”（MLSTYLE）命令

多线样式控制元素的数目和每个元素的特性。具体调用方法见表 7-17。

表 7-17　多线样式

调用方法	说明
菜单栏	“格式”→“多线样式”
命令行	“MLSTYLE”

使用“多线样式”命令时，弹出“多线样式”对话框，如图 7-28 所示。

对话框各选项含义如下。

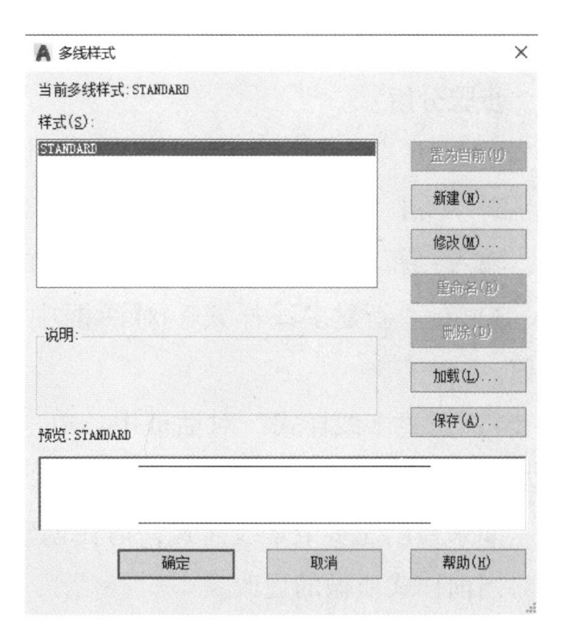

图 7-28　“多线样式”对话框

当前多线样式：显示当前多线样式的名称，该样式将在后续创建的多线中用到。

样式：显示已加载到图形中的多线样式列表。

说明：显示选定多线样式的说明。

预览：显示选定多线样式的名称和图像。

置为当前：设置即将创建的多线的当前多线样式。

新建：显示“创建新的多线样式”对话框，从中可以创建新的多线样式。

修改：显示“修改多线样式”对话框，从中可以修改选定的多线样式。

重命名：重命名当前选定的多线样式。不能重命名“STANDARD”多线样式。

删除：从“样式”列表中删除当前选定的多线样式。

加载：显示“加载多线样式”对话框，可以从指定的“MLN”文件中加载多线样式。

保存：将多线样式保存或复制到多线库（MLN）文件。

实例操作：创建新的多线样式，如图 7-29 所示。

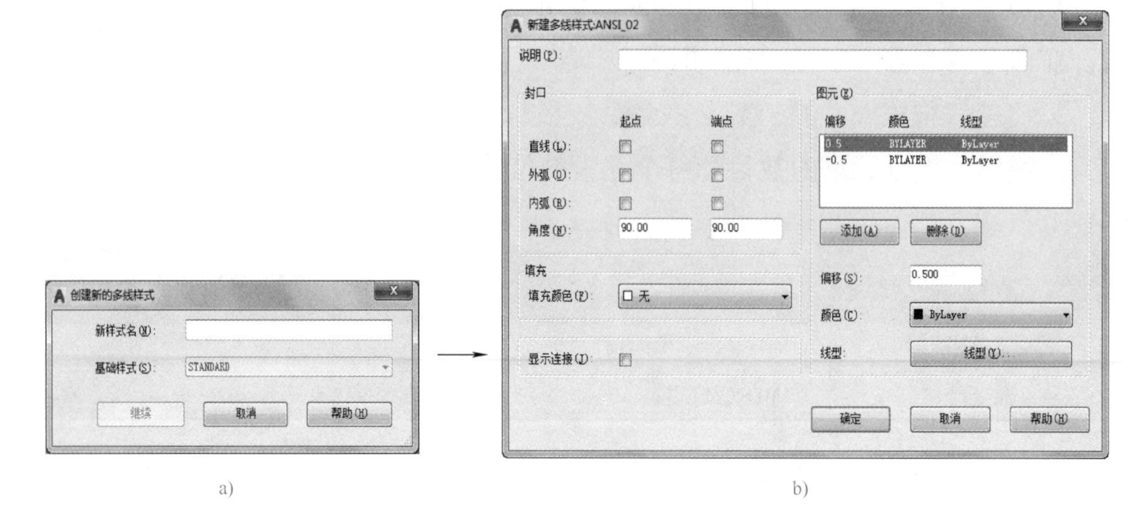

a) b)

图 7-29　新建多线样式

步骤分解：

1）在命令行输入“MLSTYLE”命令后，弹出如图 7-28 所示的对话框。

2）单击“新建”按钮，在“创建新的多线样式”对话框中，如图 7-29a 所示，输入“新样式名”并选择开始绘制的“基础样式”，单击“继续”按钮。

3）在“新建多线样式”对话框中，选择多线样式的参数并单击“确定”按钮。

4）在“多线样式”对话框中，单击“保存”按钮，将多线样式保存到文件（默认文件为“acad. mln”）。可以将多个多线样式保存到同一个文件中。

如果要创建多个多线样式，请在创建新样式之前保存当前样式，否则，将丢失对当前样式所做的更改。

七、样条曲线的绘制与修改

样条曲线是经过或接近影响曲线形状的一系列点的平滑曲线，其能够自由编辑和修改，控制曲线与点的拟合度。

1. “样条曲线”（SPLINE）命令

使用“样条曲线”命令可以创建不同形状的曲线。默认情况下，样条曲线是一系列 3 阶（也称为“三次”）多项式的过渡曲线段。具体调用方法见表 7-18。

表 7-18　样条曲线

调用方法		说明
菜单栏		“绘图”→“样条曲线”
功能区		“默认”选项卡→“绘图”面板→按钮或
“SPLINE”命令行	第一点	指定样条曲线的第一个点，或者是第一个拟合点，或者是第一个控制点，具体取决于当前所用的方法
	下一点	创建其他样条曲线段，直到按〈Enter〉键为止
	放弃	删除最后一个指定点
	闭合	通过定义与第一个点重合的最后一个点，闭合样条曲线
	拟合	通过指定样条曲线必须经过的拟合点来创建 3 阶（三次）样条曲线
	控制点（CV）	通过指定控制点来创建样条曲线

可以使用控制点方法或拟合点方法创建或编辑样条曲线。如图 7-30 所示，左侧的样条曲线将沿着控制多边形显示控制顶点，而右侧的样条曲线显示拟合点。

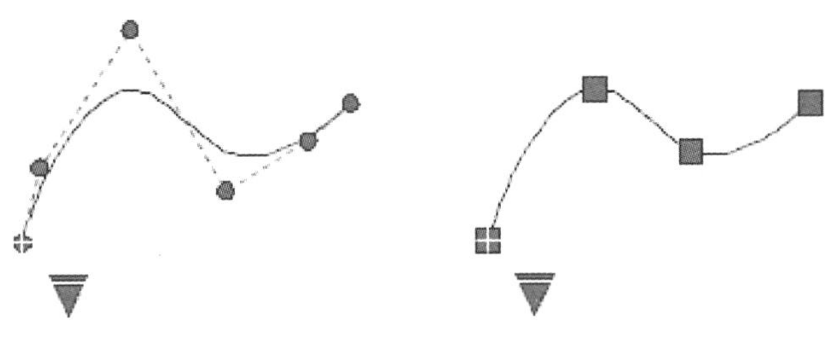

图 7-30　控制顶点和拟合点

实例操作：绘制样条曲线，如图 7-31 所示。

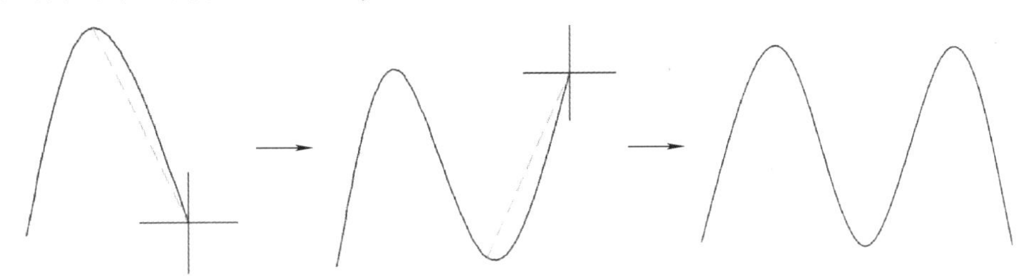

图 7-31　绘制样条曲线

步骤分解：

1）在命令行输入“SPLINE”调用命令。

2）默认绘制方式是上次绘制样条曲线方式，也可根据命令行提示输入“M”选择更改绘制方式。

3）拖动鼠标指定样条曲线的第一个点；依次指定第二个点和其他各点，创建其他样条曲线段。

4）按〈Enter〉键结束。

样条曲线

2. “编辑样条曲线”（SPLINEDIT）命令

使用“编辑样条曲线”命令可以将已绘制好的样条曲线进行参数修改或将样条拟合多段线转换为样条曲线。具体调用方法见表 7-19。

表 7-19　编辑样条曲线

调用方法		说明
菜单栏		“修改”→“对象”→“样条曲线”
功能区		“默认”选项卡→“修改”面板→按钮
快捷菜单		选中要编辑的样条曲线，单击鼠标右键，选中“样条曲线”下拉菜单
“SPLINEDIT”命令行	选择样条曲线	指定要修改的样条曲线
	闭合/打开	显示闭合/打开选项，具体取决于选定的样条曲线是开放还是闭合的。开放的样条曲线有两个端点，而闭合的样条曲线则形成一个环
	合并	将选定的样条曲线与其他样条曲线、直线、多段线和圆弧在重合端点处合并，以形成一个较大的样条曲线
	拟合数据	编辑近似数据
	转换为多段线	将样条曲线转换为多段线
	反转	反转样条曲线的方向

八、图案填充与编辑

图案填充功能可以很方便地对图案进行填充绘制，可以选择不同的填充样式，也可对已填充图案进行编辑。

图 7-32　对工字钢图形进行填充

1. “图案填充”（HATCH）命令

可以使用图案、纯色或渐变色来填充现有对象或封闭区域，也可以创建新的图案填充对象。图 7-32 所示为使用图案填充的工字钢图形。具体调用方法见表 7-20。

表 7-20　图案填充

调用方法	说明
菜单栏	“绘图”→“图案填充”
功能区	“默认”选项卡→“绘图”面板→按钮

（续）

调用方法		说明
“HATCH”命令行	拾取内部点	指定内部点时，可以随时在绘图区域中单击鼠标右键以显示包含多个选项的快捷菜单
	选择对象	根据构成封闭区域的选定对象确定边界
	删除边界	删除在当前活动的“HATCH”命令执行期间添加的填充图案
	添加边界	可以再次添加填充图案
	放弃	删除使用当前活动的“HATCH”命令插入的最后一个填充图案
	设置	可以在其中更改设置

在使用“图案填充”命令时会出现“图案填充创建”选项卡，如图 7-33 所示，通过该对话框，可以很方便地对图案填充进行设置。

图 7-33　“图案填充创建”选项卡

“图案填充创建”选项卡中各项含义如下。

“边界”面板：包含“拾取点”按钮和“选择”按钮，指定基于选定对象或对象的填充边界。

“图案”面板：显示所有预定义和自定义图案的预览图像。可在“图案”选项卡上图案库的底部查找自定义图案。

“特性”面板：可对“图案填充类型”“图案填充颜色”“背景色”“图案填充透明度”“图案填充角度”“填充图案比例”“图案填充图层替代”“相对图纸空间”“ISO 笔宽”等进行设置。

“原点”面板：控制填充图案生成的起始位置。

“选项”面板：控制几个常用的图案填充或填充选项。

“关闭”面板：退出“HATCH”并关闭“上下文”选项卡。

实例操作：使用图案填充进行绘制，如图 7-34 所示。

步骤分解：

1）在命令行输入“HATCH”。

2）选定如图 7-34a 所示的内部点。

3）选定如图 7-34b 所示的图案填充边界，被选中的边线以虚

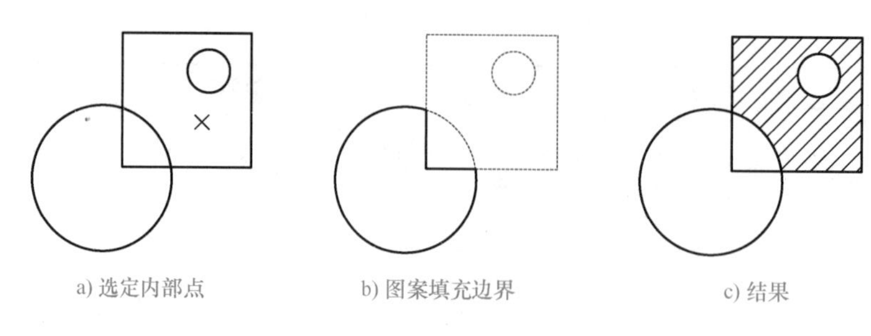

a) 选定内部点　　b) 图案填充边界　　c) 结果

图 7-34　图案填充绘制

线形式显示。

4）按〈Enter〉键结束，完成图案填充。

2. “编辑图案填充”（HATCHEDIT）命令

当需要修改图案填充时，可以采用“编辑图案填充”命令进行修改编辑。该命令可以同时对多个图案填充进行编辑。具体调用方法见表 7-21。

表 7-21　编辑图案填充

调用方法	说明
菜单栏	“修改”→“对象”→“图案填充”
功能区	“默认”选项卡→“修改”面板→按钮
快捷键	选中要编辑的图案填充对象并双击
命令行	“HATCHEDIT”

当使用“图案填充编辑”命令时，根据命令行提示先选择已经图案填充的对象，会出现“图案填充编辑”对话框，如图 7-35 所示，在该对话框中可以很方便直观地对已经图案填充的对象进行修改编辑。

图 7-35　“图案填充编辑”对话框

九、修订云线

修订云线是由连续圆弧组成的多段线，用来构成云线形状的对象，它们用于提醒用户注意图形的某些部分。在查看或用红线圈阅读图形时，可以使用修订云线功能亮显标记以提高工作效率，如图 7-36 所示。修订云线有矩形、多边形和徒手画三种形式。具体调用方法见表7-22。

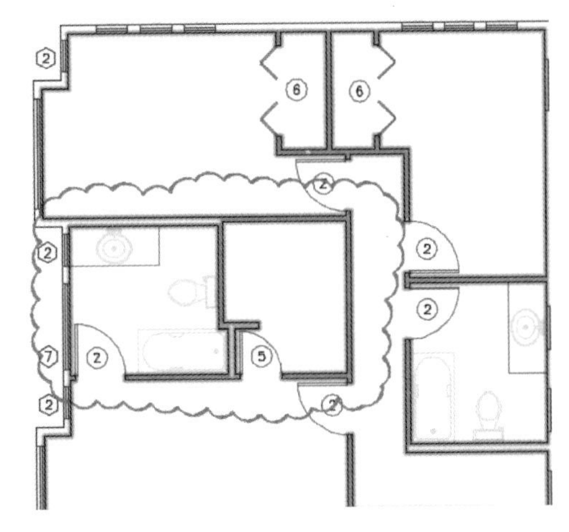

图 7-36　修订云线实例

实例操作：创建矩形修订云线，如图 7-37 所示。

步骤分解：

1）在命令行输入“REVCLOUD”调用命令。

表 7-22　修订云线

调用方法		说明
菜单栏		“绘图”→“修订云线”
功能区		“绘图”选项卡→按钮 ▾
“REVCLOUD”命令行	第一个角点	指定矩形修订云线的一个角点
	对角点	指定矩形修订云线的对角点
	反转方向	反转修订云线上连续圆弧的方向
	起点	设置多边形修订云线的起点
	下一点	指定下一点以定义多边形形状的修订云线
	第一点	指定徒手画修订云线的第一个点
	弧长	默认的弧长最小值和最大值为 0.5000。所设置的最大弧长不能超过最小弧长的 3 倍
	对象	指定要转换为修订云线的对象
	矩形	使用指定的点作为对角点创建矩形修订云线
	多边形	创建非矩形修订云线（由作为修订云线顶点的三个点或更多点定义）
	徒手画	绘制徒手画修订云线
	样式	指定修订云线的样式
	普通	使用默认字体创建修订云线
	手绘	像使用画笔绘图一样创建修订云线
	修改	从现有修订云线添加或删除侧边
	选择多段线	指定要修改的修订云线

2）根据命令行提示输入“R”，选定矩形修订云线。

3）拖动鼠标指定修订云线第一个角点和另一个角点。

4）按〈Enter〉键结束命令。

实例操作：创建多边形修订云线，如图 7-38 所示。

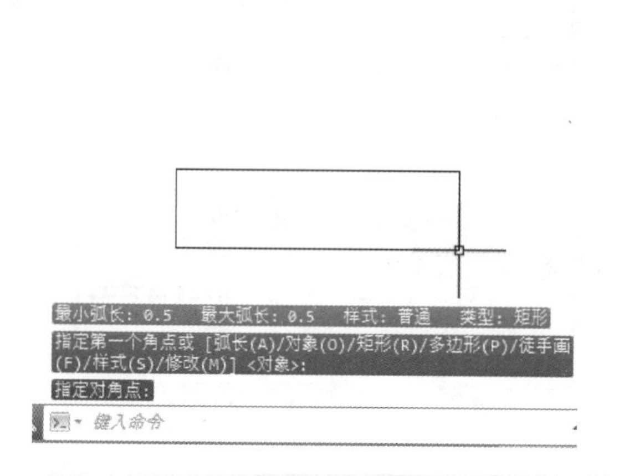

图 7-37　创建矩形修订云线

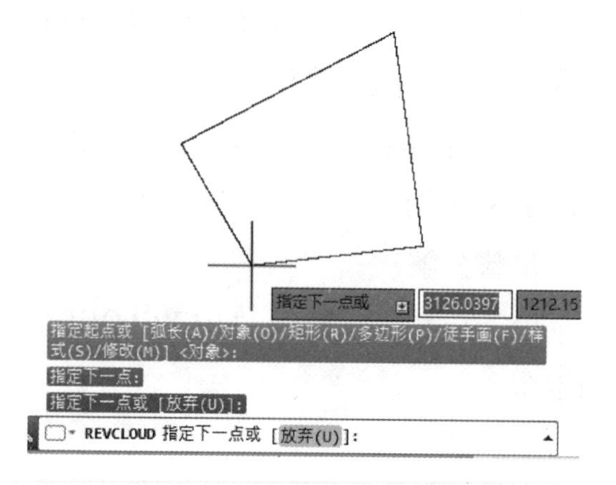

图 7-38　创建多边形修订云线

步骤分解：

1）在命令行输入“REVCLOUD”调用命令。

2）根据命令行提示输入“P”，选定多边形修订云线。

3）拖动鼠标指定修订云线起点，指定修订云线的下一点。

4）拖动鼠标确定其余点，直到按〈Enter〉键结束命令。

修订云线

实例操作：创建徒手画修订云线，如图 7-39 所示。

步骤分解：

1）在命令行输入“REVCLOUD”调用命令。

2）根据命令行提示输入“F”，选定徒手画修订云线。

3）拖动鼠标引导光标徒手画云线，直到按〈Enter〉键结束命令。要闭合修订云线，请返回到它的起点。要反转圆弧的方向，请在命令提示下输入“yes”，然后按〈Enter〉键。

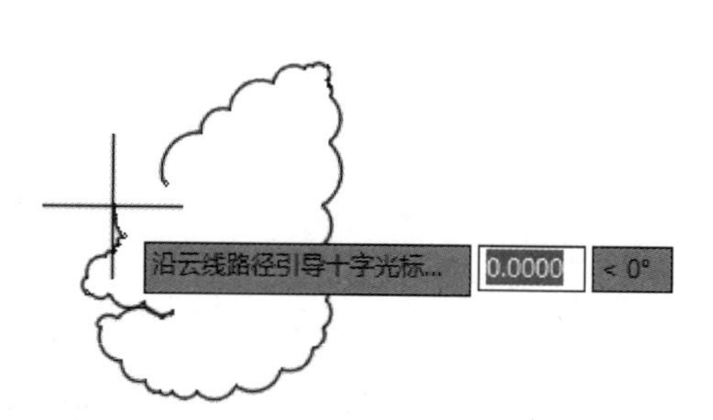

图 7-39　创建徒手画修订云线

任务实施

同步练习《电气识图与 CAD 制图工作页》中“样例任务 4 –手动开关图形符号的绘制”“样例任务 5 –灯图形符号的绘制”“样例任务 6 –电铃图形符号的绘制”。独立完成“拓展任务 4 –常见电气符号的绘制”。

项目三 常用电气图的绘制与编辑

项目描述

某新建工厂要进行供配电电路安装施工和工厂用电气设备安装调试施工，现将电路图准备任务派发给设计部门，作为电气设计工作人员，请结合电气原理，制图步骤，合理、规范的绘制出相关电路图。

通过本项目任务的学习，可以掌握 AutoCAD 2019 软件中高级图形编辑命令的用法，学会供配电电路图和电气控制原理图的绘制方法，进一步掌握 AutoCAD 2019 软件的应用，培养探究规律、勇于突破的工匠素养。

学习任务八 供配电电路图的绘制

任务描述

供配电电路是国民生产中最基础和最重要的电路之一，绘制高压输电电路图和低压配电电路图都是电气专业人员的基本功。本任务是学习 AutoCAD 2019 中常用的图形编辑命令，并绘制经典的两地控制一盏灯电路原理图、35kV 变电站主电路图、教室配电平面示意图等。

学习目标

1. 掌握 AutoCAD 2019 中常用编辑命令："移动""旋转""对齐""复制""镜像""偏移""阵列""拉伸""缩放""删除""修剪""延伸""拉长""打断""打断于点""分解""合并""圆角""倒角"等的用法。

2. 掌握 AutoCAD 2019 中图幅的绘制方法。
3. 掌握常见照明电路图的绘制方法。
4. 掌握供配电电路图的绘制方法。

建议课时

14 课时。

知识链接

一、改变图形的位置

改变图形的位置是指按照要求改变当前图形对象在绘图中的绝对位置。

1. “移动”（MOVE）命令

“移动”命令作用是在指定方向上按指定距离移动对象。通过使用坐标、栅格捕捉、对象捕捉和其他工具可以精确移动对象。具体调用方法见表 8-1。

“移动”命令

表 8-1　移动

调用方法		说明
菜单栏		“修改”→“移动”
功能区		“默认”选项卡→“修改”面板→按钮
“MOVE”命令行	选择对象	指定要移动的对象
	基点	指定移动的起点
	第二点	结合基点来指定一个矢量，以指明选定对象要移动的距离和方向。如果按，〈Enter〉键以接受将第一个点用作位移值，则第一个点将被认为是相对（X，Y）位移。例如，如果将基点指定为（2，3），然后在下一个提示下按〈Enter〉键，则对象将从当前位置沿 X 方向移动 2 个单位，沿 Y 方向移动 3 个单位
	位移	指定相对距离和方向。指定的两点定义一个矢量，指示复制对象的放置离原位置有多远以及以哪个方向放置

执行“移动”命令后，选取需要移动的对象，指定起点（基点），然后拖动鼠标指定第二点即可完成移动操作。

实例操作：将圆平移到直线上，如图 8-1 所示。

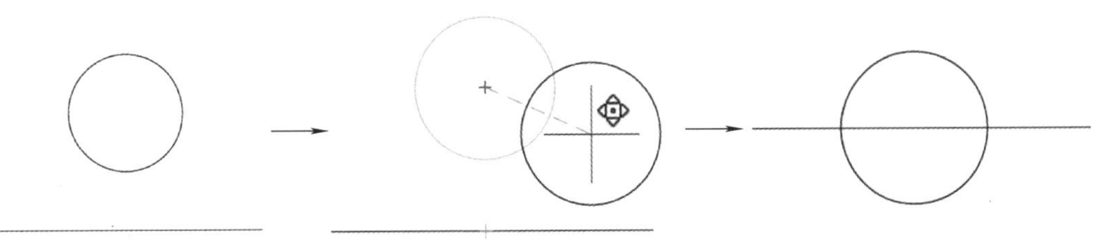

图 8-1　“移动”命令效果

步骤分解：

1）在命令行输入“MOVE”，出现选择对象图标。

2）使用窗交区或使用拾取图标，选中圆后确定。

3）根据命令行提示指定“基点”，选中圆心为平移基点。

4）向下拖动，将基点放置到直线上，即完成平移。

2. “旋转”（ROTATE）命令

“旋转”命令

“旋转”命令作用是绕基点旋转对象，可以围绕基点将选定的对象旋转到一个绝对的角度。具体调用方法见表 8-2。

表 8-2　旋转

调用方法		说明
菜单栏		“修改”→“旋转”
功能区		“默认”选项卡→“修改”面板→按钮
“ROTATE”命令行	选择对象	使用对象选择方法并在完成选择后按〈Enter〉键
	指定基点	指定旋转的基点
	指定旋转角度	输入角度
	复制	创建要旋转的选定对象的副本
	参照	将对象从指定的角度旋转到新的绝对角度。旋转视口对象时，视口的边框仍然保持与绘图区域的边界平行

执行“旋转”命令后，选取需要旋转的对象，指定基点，然后拖动鼠标指定旋转角度或输入旋转角度，即可完成旋转操作。

实例操作：将直线旋转，如图 8-2 所示。

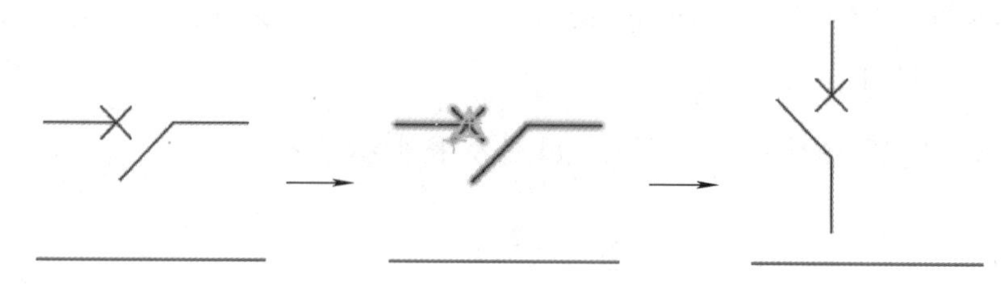

图 8-2 “旋转”命令效果

步骤分解：

1）在命令行输入“ROTATE”，出现选择对象图标。

2）使用窗交区或使用拾取图标，选中整个图形后确定。

3）根据命令行提示指定“基点”，选中“中心点”为旋转基点。

4）根据提示输入旋转角度“-90°”，按〈Enter〉键确定，即完成旋转。

3. “对齐”（ALIGN）命令

“对齐”命令作用是在二维和三维空间中将对象与其他对象对齐。可以指定一对、两对或三对源点和定义点以移动、旋转或倾斜选定的对象，从而将它们与其他对象上的点对齐。具体调用方法见表 8-3。

“对齐”命令

表 8-3 对齐

调用方法		说明
菜单栏		“修改”→“对齐”
功能区		“默认”选项卡→“修改”面板→按钮
“ALIGN”命令行	选择对象	选择要对齐的对象，并按〈Enter〉键 按提示要求完成输入源和目标点的设置
	第一个源点，第一个目标点	当只选择一对源点和目标点时，选定对象将在二维或三维空间从源点移动到目标点
	第一个和第二个源点以及目标点	当选择两对点时，可以移动、旋转和缩放选定对象，以便与其他对象对齐
	第一、第二和第三个源点以及目标点	当选择三对点时，选定对象可在三维空间移动和旋转，使之与其他对象对齐

执行“对齐”命令后，选取需要对齐的对象，然后依次选择对齐的“源点”和对应的“目标点”，再确定是否缩放对象，即可完成对齐操作。

实例操作：将长方形与半圆对齐，如图 8-3 所示。

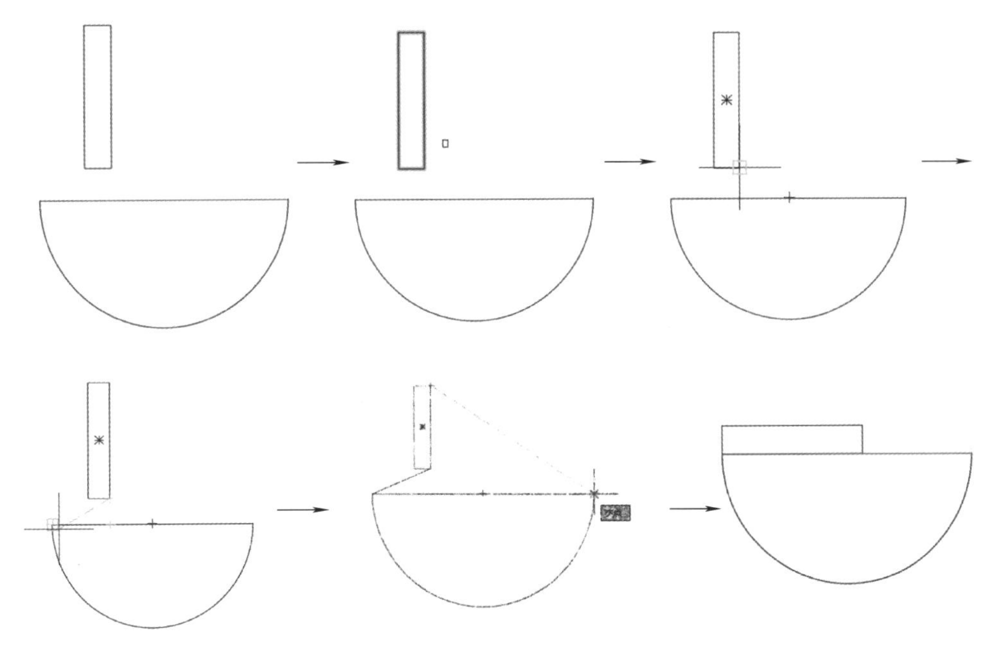

图 8-3 “对齐”命令效果

步骤分解：

1）在命令行输入“ALIGN”，出现选择对象图标。

2）使用窗交区或使用拾取图标，选中长方形后确定。

3）根据命令行提示“指定第一个源点”，选中长方形右下角点；根据命令行提示“指定第一个目标点”，选中半圆左上角点。

4）用同样的方法选取长方形左上角点为第二个源点，选取半圆右上角为第二个目标点。

5）根据命令行提示“是否基于对齐点缩放对象”，选择“否”，按〈Enter〉键确认，即完成对齐。

二、图形的复制

图形的复制功能可以很方便地将已经绘制好的对象进行多重复制，极大节省了绘图工作量。

1. “复制”（COPY）命令

“复制”命令作用是在指定方向上按指定距离复制对象，默认是多重复制。具体使用方法见表 8-4。

“复制”命令

表 8-4　复制

调用方法		说明
菜单栏		“修改”→“复制”
功能区		“默认”选项卡→“修改”面板→按钮
“COPY”命令行	位移	使用坐标指定相对距离和方向 指定的两点定义一个矢量，指示复制对象的放置离原位置有多远以及以哪个方向放置 如果在“指定第二个点”提示下按〈Enter〉键，则第一个点将被认为是相对（X，Y）位移。例如，如果指定基点为（2，3）并在下一个提示下按〈Enter〉键，对象将被复制到距其当前位置沿 X 方向上 2 个单位，沿 Y 方向上 3 个单位的位置
	模式	控制命令是否自动重复（COPYMODE 系统变量）
	单一	创建选定对象的单个副本，并结束命令
	多个	替代“单个”模式设置。在命令执行期间，将“COPY”命令设定为自动重复
	阵列	指定在线性阵列中排列的副本数量
	要在阵列中排列的项目数	指定阵列中的项目数，包括原始选择集
	第二点	确定阵列相对于基点的距离和方向。默认情况下，阵列中的第一个副本将放置在指定的位移处。其余的副本使用相同的增量位移放置在超出该点的线性阵列中
	调整	在阵列中指定的位移放置最终副本。其他副本则布满原始选择集和最终副本之间的线性阵列
		重新定义阵列以使用指定的位移作为最后一个副本而不是第一个副本的位置，在原始选择集和最终副本之间布满其他副本

执行“复制”命令后，选取需要复制的对象，指定基点，然后拖动鼠标指定复制放置位置，即可完成操作。

实例操作：通过复制功能绘制电感图标，如图 8-4 所示。

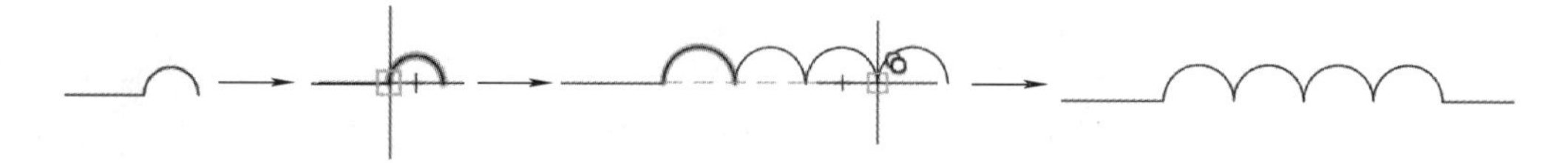

图 8-4　“复制”命令效果

步骤分解：

1）在命令行输入“COPY”，出现选择对象图标。

2）使用窗交方法或使用拾取图标，选中图中半圆弧后确定。

3）根据命令行提示“指定基点”，选中半圆弧左端点为复制基点。

4）根据命令行提示输入“M”将复制模式设置为多个，按〈Enter〉键确定。移动鼠标，将新出现的半圆弧放置到上一个圆弧的右端点，单击确认，即完成一个半圆弧的复制，可继续单击复制，最后按〈Enter〉键退出操作。将两端补上直线，即完成电感图标绘制。

2. “镜像”（MIRROR）命令

“镜像”命令作用是创建选定对象的镜像副本，可以创建表示半个图形的对象，选择这些对象并沿指定的线进行镜像以创建另一半图形。具体调用方法见表8-5。

“镜像”命令

表8-5　镜像

调用方法		说明
菜单栏		“修改”→“镜像”
功能区		“默认”选项卡→“修改”面板→按钮
“MIRROR”命令行	选择对象	使用一种对象选择方法来选择要镜像的对象。按〈Enter〉键完成
	指定镜像线的第一个点和第二个点	指定的两个点将成为直线的两个端点，选定对象相对于这条直线被镜像。对于三维空间中的镜像，这条直线定义了与用户坐标系（UCS）的XY平面垂直并包含镜像线的镜像平面
	删除源对象	确定镜像操作后，是删除还是保留原始对象

执行“镜像”命令后，选取需要镜像的对象，指定镜像线的第一个点，然后再指定镜像线的第二个点，拖动鼠标指定时，可观察到镜像的结果。镜像结束时可选择是否删除源对象。

实例操作：将五边形镜像，如图8-5所示。

步骤分解：

1）在命令行输入“MIRROR”，出现选择对象图标。

2）使用窗交区或使用拾取图标，选中五边形后确定。

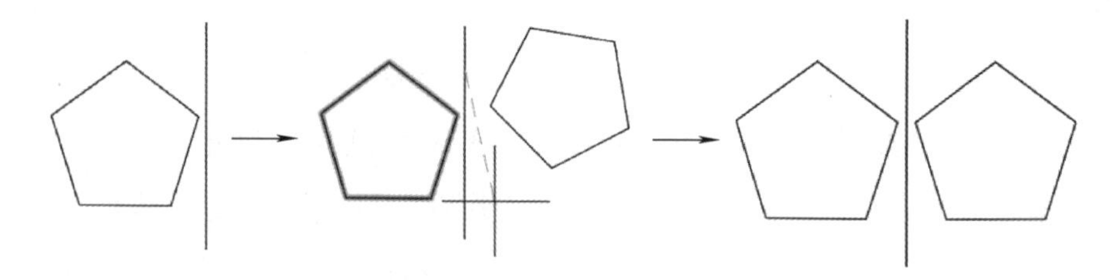

图 8-5 “镜像”命令效果

3）根据命令行提示“指定镜像线的第一点”，选中直线上部一点为第一个点。

4）根据命令行提示“指定镜像线的第二点”，选中直线下部一点为第二个点。

5）根据命令行提示“要删除源对象吗”，选择“否”，即完成镜像。

小技巧

镜像命令对于创建对称图形非常方便，可大大减少绘制量。在默认情况下对文字镜像时，文字在镜像后所得图形中不会反转或倒置，文字的对齐对正方式不变。若要反转文字，可将“MIRRTEXT”系统变量值设置为 1，默认值为 0。

3. “偏移”（OFFSET）命令

“偏移”命令作用是创建同心圆、平行线和平行曲线。“偏移”命令可以在指定距离或通过一个点偏移对象。偏移对象后，可以使用修剪和延伸来创建包含多条平行线和曲线的图形。具体调用方法见表 8-6。

“偏移”命令

表 8-6 偏移

调用方法		说明
菜单栏		“修改”→“偏移”
功能区		“默认”选项卡→“修改”面板→按钮
“OFFSET”命令行	偏移距离	在距现有对象指定的距离处创建对象
	退出	退出“OFFSET”命令
	多个	输入“多个”偏移模式，这将使用当前偏移距离重复进行偏移操作

（续）

调用方法		说明
“OFFSET”命令行	放弃	恢复前一个偏移
	通过	创建通过指定点的对象
	删除	偏移源对象后将其删除
	图层	确定将偏移对象创建在当前图层上还是源对象所在的图层上

执行“偏移”命令后，输入要偏移的距离，选取需要偏移的对象，用鼠标指定偏移的方向，然后拖动鼠标确定，即可完成操作。同时可选择“多个”，可使用当前偏移距离重复进行偏移操作。

实例操作：绘制偏移弧线，如图 8-6 所示。

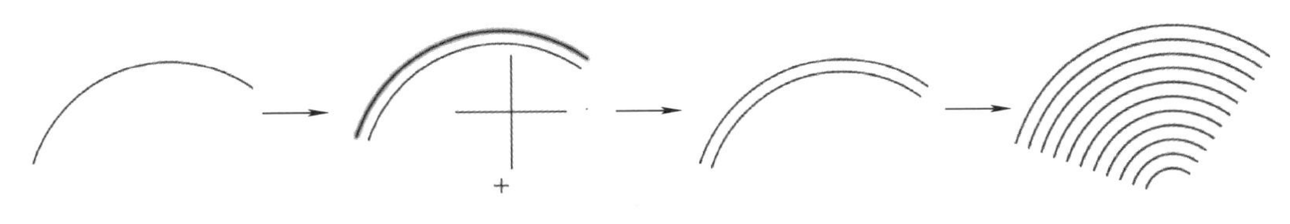

图 8-6　“偏移”命令效果

步骤分解：

1）在命令行输入“OFFSET”，命令行提示“指定偏移距离”，输入“15”，按〈Enter〉键确定。

2）根据提示“选择要偏移的对象”，使用窗交区或使用拾取图标，选中圆弧图形后确定。

3）根据命令行提示，输入“M”，偏移多个圆弧。

4）根据命令行提示，输入“指定要偏移的那一侧上的点”，拖动鼠标到圆弧内侧，单击鼠标左键确认，即出现偏移后的新圆弧。

5）多次单击鼠标左键确认可出现多个偏移后新圆弧，即完成偏移。

4. “阵列”（ARRAY）命令

阵列是指将对象多次复制，并将复制结果按照一定规律排列。在AutoCAD 2019中提供 3 种阵列形式：矩形阵列、路径阵列、极轴阵列。具体调用方法见表 8-7。

表 8-7　阵列

调用方法		说明
菜单栏		“修改”→“阵列”
功能区		“默认”选项卡→“修改”面板→按钮 或 或
“ARRAY”命令行	选择对象	选择一个或多个用作阵列基础的对象
	阵列类型	指定创建矩形、极轴或路径阵列
	矩形	创建选定对象的副本的行和列阵列
	极轴	通过围绕指定的圆心复制选定对象来创建阵列

使用“阵列”命令时可根据命令行提示选取不同的阵列类型，也可直接在选项卡中选择阵列类型，或者直接在命令行输入各阵列的命令。

（1）“矩形阵列”（ARRAYRECT）命令　该命令作用是将对象副本分布到行、列和标高的任意组合，包含一个已替换的项目的二维矩形阵列。

执行“矩形阵列”命令后，选取需要阵列的对象，会在菜单上方出现“矩形阵列创建”选项卡，如图 8-7 所示，在该选项卡中可输入需要的阵列“列数”“行数”等信息，即可观察到阵列结果，单击关闭阵列即可生成。

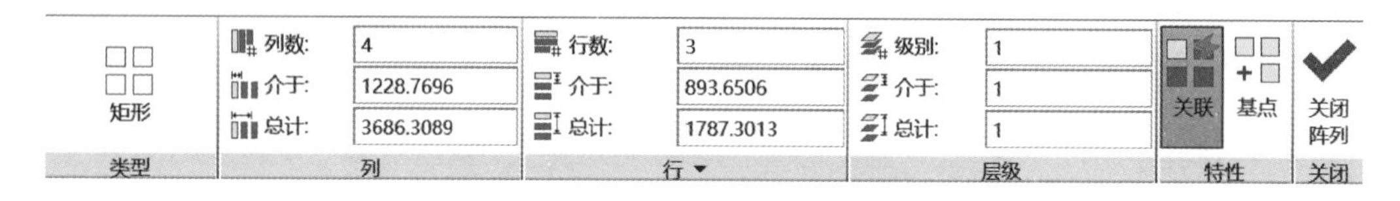

图 8-7　“矩形阵列创建”选项卡

实例操作：将圆形进行矩形阵列编辑，如图 8-8 所示。

步骤分解：

1）在命令行输入“ARRAYRECT”，根据提示选择阵列对象，选择圆形。

2）在弹出的“矩形阵列创建”选项卡上，将列数设为 5，行数设为 3。

3）可预览阵列效果，单击“关闭阵列”按钮后即完成编辑。

（2）“极轴阵列”（ARRAYPOLAR）命令　该命令作用是围绕中心点或旋转轴在环形阵列中均匀分布对象副本。

执行“极轴阵列”命令后，选取需要阵列的对象，然后选取极轴阵列的中心点、基点或旋转轴，会在菜单上方出现“极轴阵列创建”选项卡，如图 8-9 所示，在该选项卡中可输入需要的阵列的“项目数”“行数”等信息，即可观察到阵列结果，单击关闭阵列即可生成。

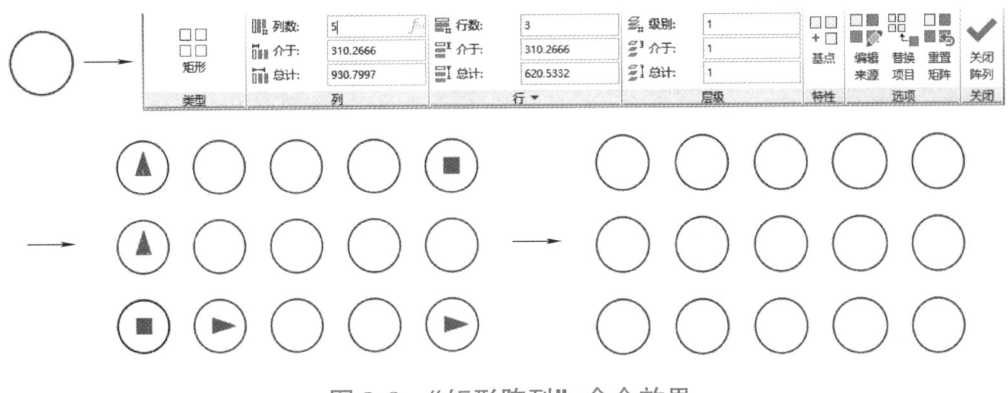

图 8-8　“矩形阵列”命令效果

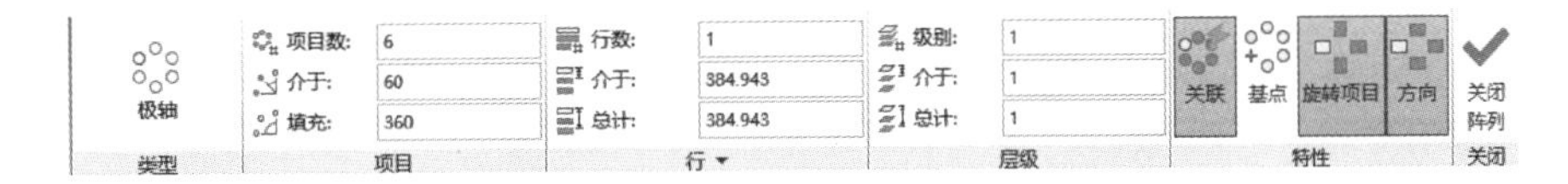

图 8-9　“极轴阵列创建”选项卡

实例操作：将圆形进行极轴阵列编辑，如图 8-10 所示。

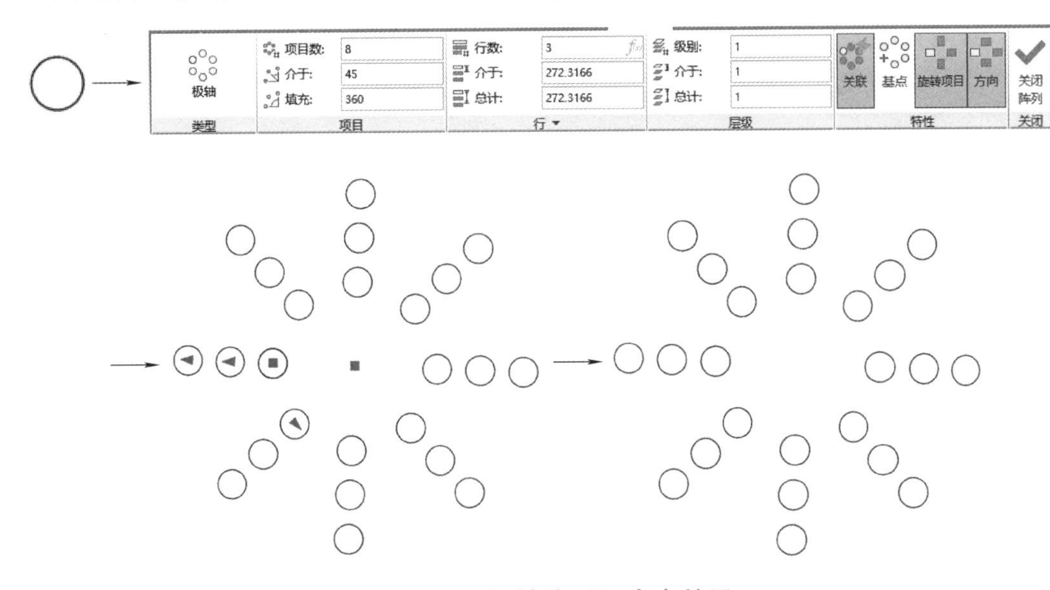

图 8-10　“极轴阵列”命令效果

步骤分解：

1）在命令行输入“ARRAYPOLAR”，根据提示选择阵列对象，选择圆形。

2）根据提示单击选择极轴阵列的中心点，然后在弹出的“阵列创建”选项卡上，将项目数设为 8，行数设为 3。

3）可预览阵列效果，单击“关闭阵列”按钮后即完成编辑。

（3）“路径阵列”（ARRAYPATH）命令　该命令作用是沿路径或部分路径均匀分布对象副本。

执行“路径阵列”命令后，选取需要阵列的对象，然后选取需要阵列的参照路径对象，会在菜单上方出现“路径阵列创建”选项卡，如图 8-11 所示。在该选项卡中可输入需要的阵列的“项目数”“行数”等信息，即可观察到阵列结果，单击“关闭阵列”按钮即可生成。

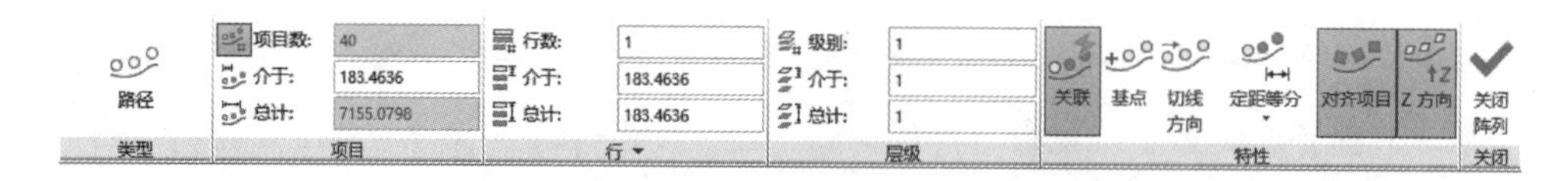

图 8-11 “路径阵列创建”选项卡

实例操作：将圆形沿圆弧线进行路径阵列编辑，如图 8-12 所示。

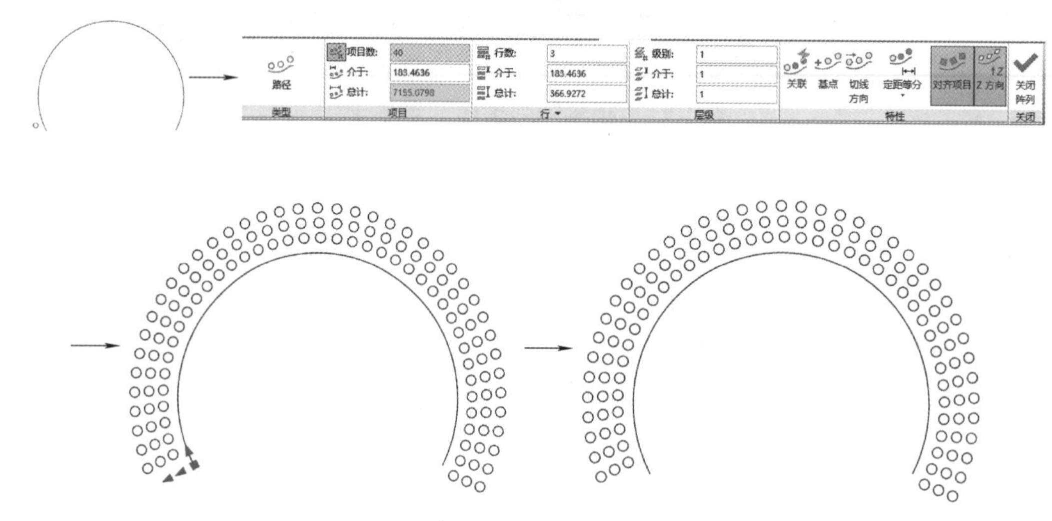

图 8-12 “路径阵列”命令效果

步骤分解：

1）在命令行输入“ARRAYPATH”，根据提示选择阵列对象，选择圆形。

2）根据提示单击选择路径阵列的路径对象，然后在弹出的“路径阵列创建”选项卡上，将行数设为 3。

3）可预览阵列效果，单击“关闭阵列”按钮后即完成编辑。

三、改变图形对象的编辑

改变图形对象的编辑是指对图形对象的几何形状进行修改。

1. “删除”（ERASE）命令

“删除”命令作用是从图形中删除选定的对象。具体使用方法见表 8-8。

表 8-8　删除

调用方法		说明
菜单栏		"修改"→"删除"
功能区		"默认"选项卡→"修改"面板→按钮
"ERASE"命令行	选择对象	指定要删除的对象

执行"删除"命令后，选取需要删除的对象，可以选择多个，然后单击鼠标右键确定即可删除被选对象。

实例操作：将五边形删除，如图 8-13 所示。

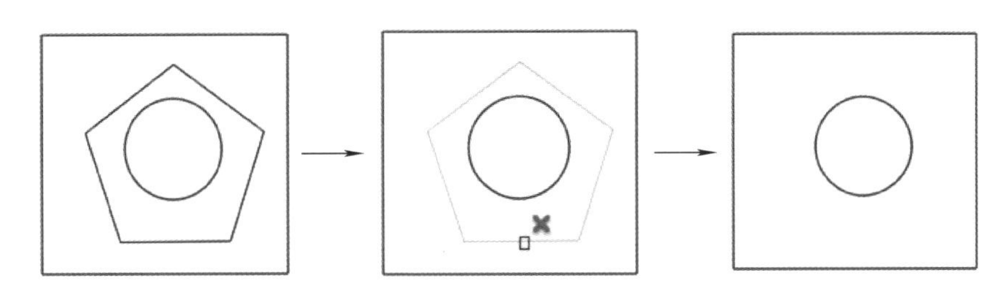

图 8-13　"删除"命令效果

步骤分解：

1）在命令行输入"ERASE"，出现选择对象图标。

2）使用窗交区或使用拾取图标，选中五边形后单击鼠标右键确定，即完成删除。

2. "修剪"（TRIM）命令

"修剪"命令作用是将对象超出边界的多余部分修剪删除。具体调用方法见表 8-9。

表 8-9　修剪

调用方法		说明
菜单栏		"修改"→"修剪"
功能区		"默认"选项卡→"修改"面板→按钮
"TRIM"命令行	选择剪切边	指定一个或多个对象以用作修剪边界
	选择对象	分别指定对象
	全部选择	指定图形中的所有对象都可以用作修剪边界
	要修剪的对象	指定修剪对象。如果有多个可能的修剪结果，那么第一个选择点的位置将决定结果

执行“修剪”命令后，先选择边界，再选择要修剪的对象，指定修剪方法，然后拖动鼠标可观察修剪后的效果，单击确定即可完成修剪操作。若要将所有对象用作边界，请在首次出现“选择对象”提示时按〈Enter〉键，此时将把所有图形作为修剪边界，可以修剪图中的任意对象。

实例操作：对圆形进行修剪，如图 8-14 所示。

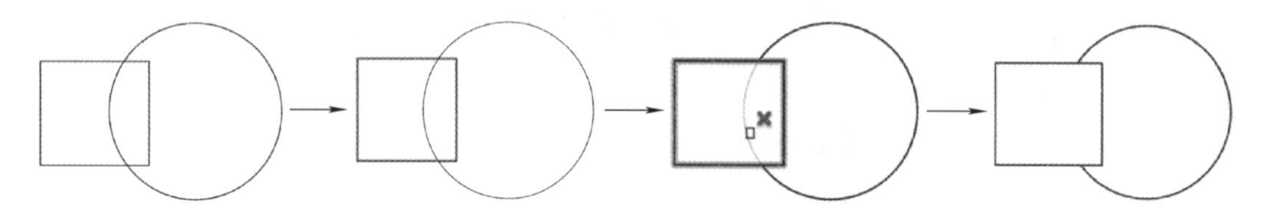

图 8-14 “修剪”命令效果

步骤分解：

1）在命令行输入“TRIM”，出现选择对象图标。

2）使用窗交区或使用拾取图标，选中正方形后确定。

3）根据命令行提示，输入“C”，选择窗交方式进行修剪。

4）将出现的修剪拾取图标拖动到正方形内部的圆上，单击鼠标左键确定，即完成修剪。

3. “拉伸”（STRETCH）命令

“拉伸”命令作用是拉伸与选择窗口或多边形交叉的对象。“拉伸”命令对于窗交窗口部分包围的对象执行拉伸；对于完全包含在窗交窗口中的对象或单独选定的对象执行移动。而某些对象类型（例如圆、椭圆和块）“拉伸”命令则无法拉伸。具体调用方法见表 8-10。

表 8-10 拉伸

调用方法		说明
菜单栏		“修改”→“拉伸”
功能区		“默认”选项卡→“修改”面板→按钮
“STRETCH”命令行	选择对象	指定对象中要拉伸的部分。使用“圈交”选项或交叉对象选择方法。完成选择后，按〈Enter〉键 拉伸仅移动位于窗交选择内的顶点和端点，不更改那些位于窗交选择外的顶点和端点。“STRETCH”不修改三维实体、多段线宽度、切向或者曲线拟合的信息

（续）

调用方法		说明
“STRETCH”命令行	基点	指定基点，计算自该基点的拉伸的偏移值。此基点可以位于拉伸区域的外部
	第二点	指定第二个点，该点定义拉伸的距离和方向。从基点到此点的距离和方向将定义对象的选定部分拉伸的距离和方向
	使用第一个点作为位移	指定拉伸距离和方向，将基于从图形中的“0，0，0”坐标到指定基点的距离和方向
	位移	指定拉伸的相对距离和方向 若要基于从当前位置的相对距离设置位移，请以“X，Y，Z”格式输入距离。例如，输入“5，4，0”可将选择拉伸到距离原点5个单位（沿X轴）和4个单位（沿Y轴）的点 若要基于图形中相对于“0，0，0”坐标的距离和方向设置位移，请单击绘图区域中的某个位置。例如，单击“1，2，0”处的点，将选择拉伸到距离其当前位置1个单位（沿X轴）和2个单位（沿Y轴）的点

执行“拉伸”命令后，使用窗交选取需要拉伸的对象，指定基点，然后拖动鼠标到指定位置即可完成拉伸操作。

实例操作：将五边形的两边拉长，如图8-15所示。

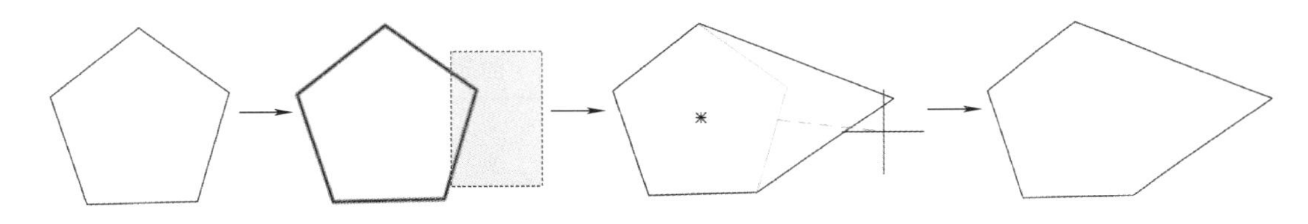

图8-15　“拉伸”命令效果

步骤分解：

1）在命令行输入“STRETCH”，出现选择对象图标。

2）从右下角向左上角拖出窗交区域，选中右边两边后确定。

3）根据命令行提示“指定基点”，选中右顶点为拉伸基点。

4）向右拖动选取一点作为第二个点，单击鼠标左键确定，即完成拉伸。

小技巧

拉伸命令可移动位于交叉选择内的顶点和端点，不改变交叉选择外的部分，部分包含在选择窗口内的对象将被拉伸。

4. “缩放”（SCALE）命令

“缩放”命令作用是放大或缩小选定对象，使缩放后对象的比例保持不变。要缩放对象，请指定基点和比例因子。基点将作为缩放操作的中心，并保持静止。比例因子大于 1 时将放大对象，比例因子介于 0 和 1 之间时将缩小对象。具体调用方法见表 8-11。

表 8-11　缩放

调用方法		说明
菜单栏		“修改”→“缩放”
功能区		“默认”选项卡→“修改”面板→按钮
“SCALE”命令行	选择对象	指定要调整其大小的对象
	基点	指定缩放操作的基点 指定的基点表示选定对象的大小发生改变（从而远离静止基点）时位置保持不变的点 注：当使用具有注释性对象的“SCALE”命令时，对象的位置将相对于缩放操作的基点进行缩放，但对象的尺寸不会更改
	比例因子	按指定的比例放大选定对象的尺寸。大于 1 的比例因子使对象放大，介于 0 和 1 之间的比例因子使对象缩小，还可以拖动光标使对象变大或变小
	复制	创建要缩放的选定对象的副本
	参照	按参照长度和指定的新长度缩放所选对象

执行“缩放”命令后，选取需要缩放的对象，指定基点，然后制定比例因子即缩放倍数，也可拖动鼠标直接观察缩放效果，即可完成缩放操作。

实例操作：将正方形内部的圆放大 2 倍，如图 8-16 所示。

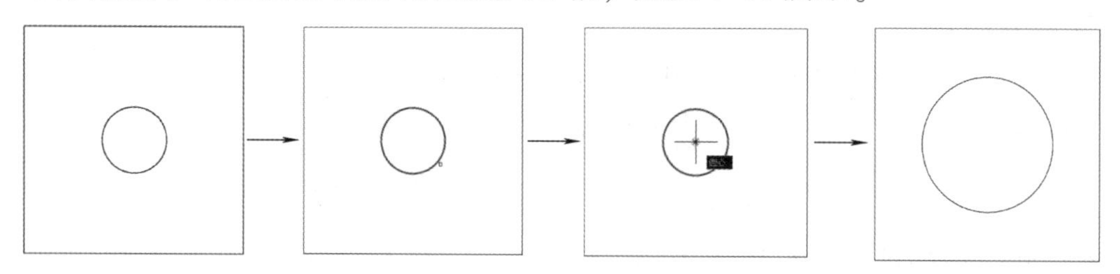

图 8-16　“缩放”命令效果

步骤分解：

1）在命令行输入“SCALE”，出现选择对象图标。

2）使用窗交区或使用拾取图标，选中圆形后确定。

3）根据命令行提示指定“基点”，选中圆心为缩放基点。

4）根据命令行提示指定“比例因子”，输入“2”，使圆放大一倍，按〈Enter〉键确定，即完成缩放。

5. “延伸”（EXTEND）命令

“延伸”命令作用是扩展对象以与其他对象的边相接，具体调用方法见表 8-12。

表 8-12　延伸

调用方法		说明
菜单栏		“修改”→“延伸”
功能区		“默认”选项卡→“修改”面板→按钮 右侧箭头→按钮
“EXTEND”命令行	边界对象选择	使用选定对象来定义对象延伸到的边界
	要延伸的对象	指定要延伸的对象，按〈Enter〉键结束命令
	按住 < Shift > 键选择要修剪的对象	将选定对象修剪到最近的边界而不是将其延伸。这是在修剪和延伸之间切换的简便方法
	栏选	选择与选择栏相交的所有对象。选择栏是一系列临时线段，它们是用两个或多个栏选点指定的。选择栏不构成闭合环
	窗交	选择矩形区域（由两点确定）内部或与之相交的对象
	投影	指定延伸对象时使用的投影方法
	边	将对象延伸到另一个对象的隐含边或仅延伸到三维空间中与其实际相交的对象
	放弃	放弃最近由“EXTEND”所做的更改

执行“延伸”命令后，先选取需要延伸到的边界对象，确定后，再选择要延伸的对象，然后拖动鼠标到延伸的方向即可完成延伸操作。还可将对象延伸到另一个对象的隐含边。

实例操作：将直线延伸，如图 8-17 所示。

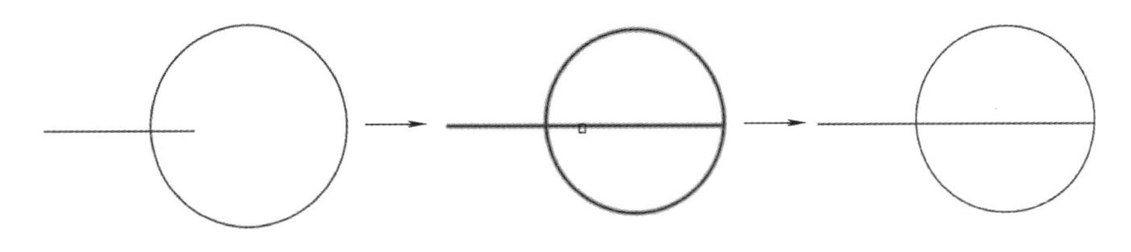

图 8-17　“延伸”命令效果

步骤分解：

1）在命令行输入“EXTEND”，出现选择对象图标。

2）使用窗交区或使用拾取图标，先选取需要延伸到的边界对象，选中圆形，单击鼠标右键确定。

3）根据命令行提示，选择要延伸的对象，使用窗交区或使用拾取图标选中直线，单击鼠标左键确定，即完成延伸。

6.“拉长”（LENGTHEN）命令

“拉长”命令作用是更改对象的长度和圆弧的包含角，可以将更改指定为百分比、增量或最终长度或角度。具体调用方法见表 8-13。

“拉长”命令

表 8-13　拉长

调用方法		说明
菜单栏		“修改”→“拉长”
功能区		“默认”选项卡→“修改”面板→按钮
“LENGTHEN”命令行	对象选择	显示对象的长度和包含角（如果对象有包含角）
	增量	以指定的增量修改对象的长度，该增量从距离选择点最近的端点处开始测量。差值还以指定的增量修改圆弧的角度，该增量从距离选择点最近的端点处开始测量。正值扩展对象，负值修剪对象
	百分数	通过指定对象总长度的百分数设定对象长度
	总长度	将对象从离选择点最近的端点拉长到指定值
	动态	打开动态拖动模式。通过拖动选定对象的端点之一来更改其长度，其他端点保持不变

执行“拉长”命令后，选取需要使用的拉长模式，输入数值，然后选取拉长对象，拖动鼠标即可完成拉长操作。

实例操作： 将直线向右侧拉长 20 个单位，如图 8-18 所示。

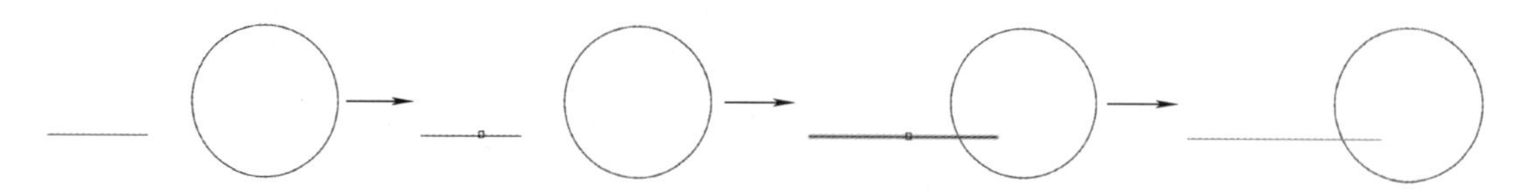

图 8-18　“拉长”命令效果

步骤分解：

1）在命令行输入“LENGTHEN”，出现选择拾取图标。

2）根据提示，使用拾取图标，选中直线后确定，可在命令行查看到直线的当前长度。

3）根据命令行提示，输入“DE”按〈Enter〉键，使用增量模式拉长，输入“20”按〈Enter〉键，确定拉长20个单位。

4）拖动鼠标到直线右侧，可观察到拉长后效果，单击鼠标左键确定，即完成拉长。

四、辅助编辑

1. “打断”（BREAK）命令

“打断”命令作用是在两点之间打断选定对象。可以在对象上的两个指定点之间创建间隔，从而将对象打断为两个对象。如果这些点不在对象上，则会自动投影到该对象上。“BREAK”命令通常用于块或文字创建空间。具体调用方法见表8-14。

“打断”命令

表8-14　打断

调用方法		说明
菜单栏		“修改”→“打断”
功能区		“默认”选项卡→“修改”面板→按钮
“BREAK”命令行	选择对象	选择需要打断的对象。选择处默认为打断的第一个点
	第一点	使用指定的新点替代原来的第一个点
	第二点	指定第二个点。两个指定点之间的对象部分将被删除。如果第二个点不在对象上，将选择对象上与该点最接近的点；因此，要打断直线、圆弧或多段线的一端，可以在要删除的一端附近指定第二个打断点

执行“打断”命令后，选取需要打断的对象，选择处会默认为打断的第一个点，也可重新指定新点替代原来的第一个点。然后指定第二个点，即可观察到打断效果，单击鼠标左键完成打断操作。如果这些指定点不在对象上，则会自动投影到该对象上。

实例操作：将三角形的底边打断删除，如图8-19所示。

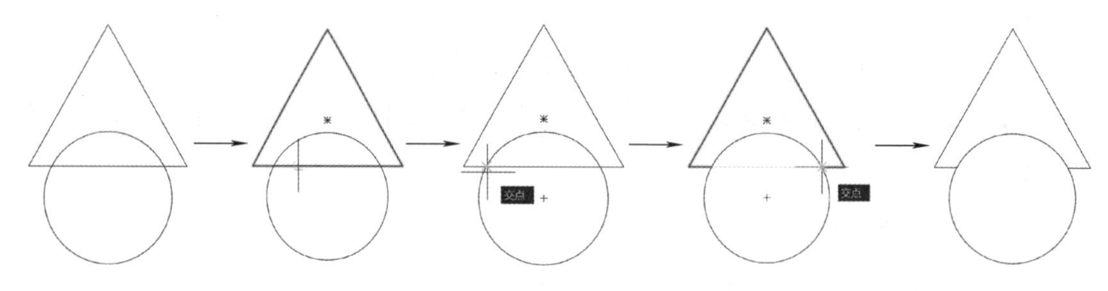

图 8-19 “打断”命令效果

步骤分解：

1）在命令行输入“BREAK”，弹出“选择对象”图标。

2）使用拾取图标，选中三角形后确定，指令默认该选择处为第一个打断点，若该点不符合要求，需重新指定第一个打断点。

3）根据命令行提示输入“F”，重新指定第一个打断点，选中左交点为第一个打断点，单击鼠标左键确定。

4）根据命令行提示，指定第二个打断点，选中右交点为第二个打断点，单击鼠标左键确定，即完成打断。选中打断后的直线，将其删除。

小技巧

系统默认打断的方向为逆时针方向，在选择打断点的先后顺序时要注意。

2. “打断于点”（BREAK）命令

“打断于点”命令作用是在一点打断选定对象。有效的对象包括直线、圆弧等，不能是圆、矩形等封闭图形，与打断命令类似。具体调用方法见表 8-15。

表 8-15 打断于点

调用方法		说明
菜单栏		“修改”→“打断于点”
功能区		“默认”选项卡→“修改”面板→按钮
“BREAK”命令行	选择对象	选择需要打断的对象
	制定第一个打断点	指定需要打断点的位置。如果这点不在对象上，则会自动投影到该对象上

执行“打断于点”命令后，选取需要打断的对象，指定需要打断的点的位置

即可完成操作。如果这点不在对象上，则会自动投影到该对象上。

实例操作：将圆弧与圆的交点处打断并删除，如图 8-20 所示。

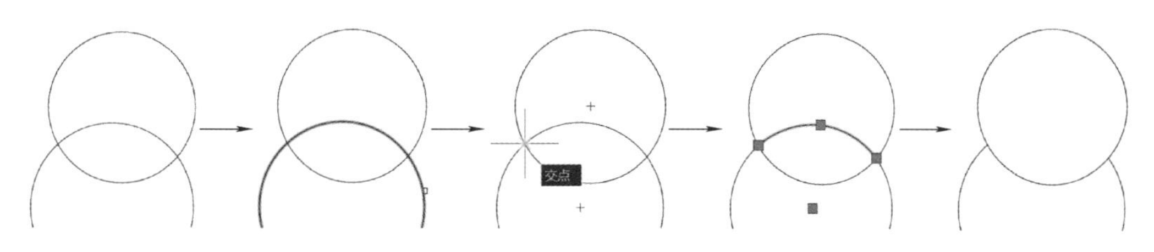

图 8-20　“打断于点”命令效果

步骤分解：

1）在命令行输入“BREAK”，出现选择对象图标。

2）使用拾取图标，选中圆弧后确定。

3）根据命令行提示“指定第一个打断点”，选中左交点为第一个打断点，单击鼠标左键确定，即将此点处打断。

4）重复“打断于点”命令，根据命令行提示，选中右交点为第二个打断点，单击鼠标左键确定，即将此点处打断。

5）使用“删除”命令，将中间部分删除，即完成操作。

3. “合并”（JOIN）命令

“合并”命令

“合并”命令作用是合并线性和弯曲对象的端点，以便创建单个对象。在其公共端点处合并一系列有限的线性和开放的弯曲对象，以创建单个对象。产生的对象类型取决于选定的对象类型、首先选定的对象类型以及对象是否共面。具体调用方法见表 8-16。

表 8-16　合并

调用方法		说明
菜单栏		“修改”→“合并”
功能区		“默认”选项卡→“修改”面板→按钮
“JOIN”命令行	选择源对象或要一次合并的多个对象	选择直线、多段线、三维多段线、圆弧、椭圆弧、螺旋或样条曲线
	源对象	指定可以合并其他对象的单个源对象。按〈Enter〉键选择源对象以开始选择要合并的对象

执行“合并”命令后，选取需要合并的对象，可用鼠标点选，也可拖动鼠标框选，选择后确定即可完成合并操作。

实例操作： 将两条直线合并为一条，如图 8-21 所示。

图 8-21 “合并”命令效果

步骤分解：

1）在命令行输入“JOIN”，出现选择对象图标。

2）使用窗交区或使用拾取图标，分别选中两条直线后确定，即完成合并。

4. “分解”（EXPLODE）命令

“分解”命令作用是将复合对象分解为其组件对象。在希望单独修改复合对象的部件时，可分解复合对象。可以分解的对象包括块、多段线及面域等。

任何分解对象的颜色、线形和线宽都可能会改变。其结果将根据分解的复合对象类型的不同而有所不同。具体调用方法见表 8-17。

表 8-17 分解

调用方法		说明
菜单栏		“修改”→“分解”
功能区		“默认”选项卡→“修改”面板→按钮
“EXPLODE”命令行	注释性对象	将当前比例图示分解为构成该图示的组件
	圆弧	如果位于非一致比例的块内，则分解为椭圆弧
	阵列	将关联阵列分解为原始对象的副本
	圆	如果位于非一致比例的块内，则分解为椭圆
	多行文字	分解成文字对象
	多行	分解成直线和圆弧

执行“分解”命令后，选取需要分解的对象，然后单击鼠标右键确定即可完成分解操作。

实例操作： 将五边形的一边删除，如图 8-22 所示。

步骤分解：

1）在命令行输入“EXPLODE”，出现选择对象图标。

2）使用窗交区或使用拾取图标，选中整个五边形后确定，即完成分解，此时将五边形的五条边被分解为独立的直线段。

3）选中一边执行删除，即完成操作。

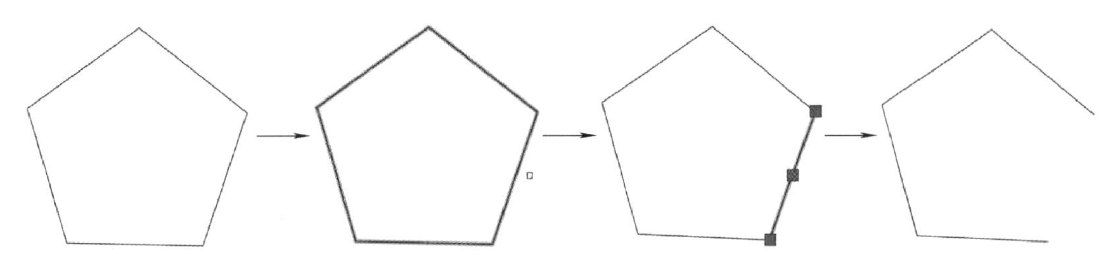

图 8-22　“分解”命令效果

5. “圆角”（FILLET）命令

“圆角”命令

“圆角”命令作用是给对象添加圆角，生成两个二维对象的圆角。外圆角或圆角可以在两个相同或不同对象类型的对象之间创建：二维多段线、圆弧、圆、椭圆、椭圆弧、线、射线、样条曲线和参照线。如果选定的两个对象位于同一图层，将在该图层上创建定义的圆弧。具体调用方法见表 8-18。

表 8-18　圆角

调用方法		说明
菜单栏		“修改”→“圆角”
功能区		“默认”选项卡→“修改”面板→按钮
“FILLET”命令行	第一个对象	选择两个对象中的第一个或二维多段线的第一条线段以定义圆角
	第二个对象，或按住〈Shift〉键选择对象以应用角点	选择第二个对象或二维多段线的第二条线段以定义圆角
	放弃	恢复在命令中执行的上一个操作
	多段线	在二维多段线中两条直线段相交的每个顶点处插入圆角
	半径	设置后续圆角的半径，更改此值不会影响现有圆角
	修剪	控制是否修剪选定对象从而与圆角端点相接
	多个	允许为多组对象创建外圆角

执行“圆角”命令后，先选择第一个对象，然后选择第二个对象，或者先输入圆角半径再选择对象，即可完成圆角操作。

实例操作：将正方形四个角修改为圆角，如图 8-23 所示。

步骤分解：

1）在命令行输入“FILLET”，根据提示，输入“R”按〈Enter〉键，输入

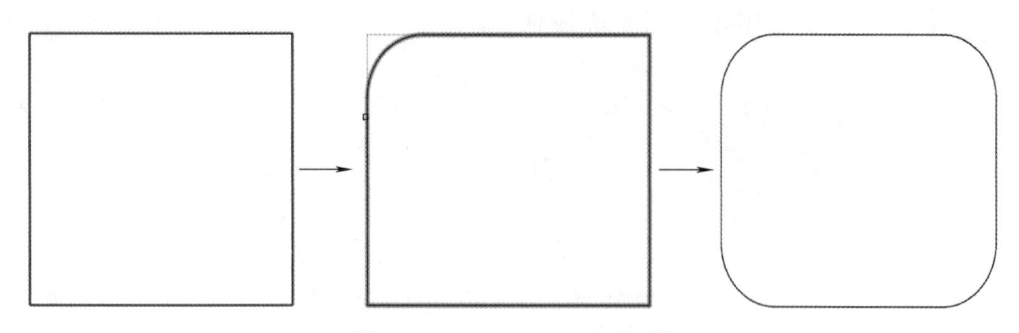

图 8-23 “圆角”命令效果

“15”按〈Enter〉键，指定圆角半径为 15mm。

2）根据提示，输入“M”按〈Enter〉键，设置为多个圆角。

3）使用拾取图标，依次选中两个邻边，即完成角的修改。

6. “倒角”（CHAMFER）命令

“倒角”命令作用是为两个二维对象的边创建斜角或者倒角。如果选定的两个对象位于同一图层上，则已定义的直线将在该图层上创建。具体调用方法见表 8-19。

“倒角”命令

表 8-19 倒角

调用方法		说明
菜单栏		“修改”→“倒角”
功能区		“默认”选项卡→“修改”面板→按钮
“CHAMFER”命令行	第一条直线	选择两个对象中的第一个对象或二维多段线的第一条线段，来定义倒角
	第二条直线，或按住〈Shift〉键选择对象以应用角点	选择二维多段线的第二个对象或线段，来定义倒角
	放弃	恢复在命令中执行的上一个操作
	多段线	在二维多段线中两条直线段相交的每个顶点处插入倒角线
	距离	设置距第一个对象和第二个对象的交点的倒角距离
	角度	设置距选定对象的交点的倒角距离，以及与第一个对象或线段所成的 XY 角度
	修剪	控制是否修剪选定对象以与倒角线的端点相交
	方式	控制如何根据选定对象或线段的交点计算出倒角线
	多个	允许为多组对象创建斜角

执行“倒角”命令后，先输入倒角的距离，然后依次选择第一个对象和第二个对象，即可完成倒角操作。

实例操作：将正方形的一个角修改为倒角，如图 8-24 所示。

步骤分解：

1）在命令行输入“CHAMFER”，根据提示，输入“D”按〈Enter〉键，输入“10”按〈Enter〉键，指定第一个倒角距离为 10mm。

2）根据提示，输入“15”按〈Enter〉键，指定第二个倒角距离为 15mm。

3）根据提示，使用拾取图标，依次选中两个邻边，即完成倒角。

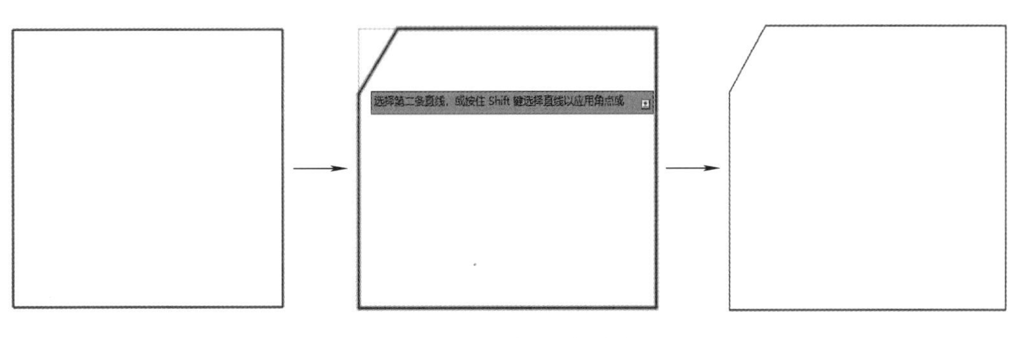

图 8-24　“倒角”命令效果

任务实施

同步练习《电气识图与 CAD 制图工作页》中“样例任务 7　两地控制一盏灯电路原理图的绘制”“样例任务 8　35kV 降压变电站主接线图的绘制”“样例任务 9　教室配电平面示意图的绘制”。独立完成“拓展任务 5　单相电能表测量电路图的绘制”“拓展任务 6　10kV 降压变电所主接线图的绘制”“拓展任务 7　教室照明配电图的绘制”。

学习任务九　电气控制图的绘制

任务描述

电气控制电路是生产中最常见的一种电路，也是工程设计人员经常绘制的电路。本次任务是使用 AutoCAD2019 绘制经典的三相异步电动机星三角降压启动原理图和 CA6150 型普通车床电气原理图。

学习目标

1. 掌握 AutoCAD 2019 中常用命令的用法，如：“单行文字”“多行文字”“标注”“线性标注”“对齐标注”“角度标注”“半径标注”“弧长标注”“标注格式”“表格”“表格样式”“创建图块”“插入图块”“设计中心”“工具选项板”等。

2. 掌握常用电气控制图的绘制方法。

建议课时

14 课时。

知识链接

一、文字编辑

在绘图中常需要使用文字进行说明，AutoCAD2019 提供了多种文字输入命令。

1. “单行文字”（TEXT）命令

“单行文字”命令作用是创建单行文字对象。可以使用单行文字创建一行或多行文字。其中，每行文字都是独立的对象，可对其进行移动、格式设置或其他修改。在文本框中右击可选择快捷菜单上的选项。具体调用方法见表 9-1。

“单行文字”命令

表 9-1　单行文字

调用方法		说明
菜单栏		“绘图”→“文字”→“单行文字”
功能区		“默认”选项卡→“注释”面板→按钮 A
“TEXT”命令行	起点	指定文字对象的起点。在单行文字的在位文字编辑器中，输入文字
	对正	控制文字的对正 也可在“指定文字的起点”提示下输入该选项

（续）

调用方法		说明
“TEXT”命令行	中心	从基线的水平中心对齐文字，此基线是由用户给出的点指定的
	对齐	通过指定基线端点来指定文字的高度和方向
	中间	文字在基线的水平中点和指定高度的垂直中点上对齐。中间对齐的文字不保持在基线上 “中间”选项与“正中”选项不同，“中间”选项使用的中点是所有文字包括下行文字在内的中点，而“正中”选项使用大写字母高度的中点
	调整	指定文字按照由两点定义的方向和一个高度值布满一个区域。只适用于水平方向的文字

执行“单行文字”命令后，先单击鼠标左键指定文字起点；再指定文字高度，可直接用鼠标拉出高度，也可输入高度；然后指定文字旋转角度，默认为0°；单击鼠标左键确定，会出现输入光标，直接输入文字即可，可输入中文、英文、数字，输入完成后单击可继续在其他位置连续创建单行文字。最后单击鼠标右键，在出现的菜单中选择“取消”，或按〈Enter〉键，即完成单行文字操作。

实例操作：为隔离开关标注名称，如图 9-1 所示。

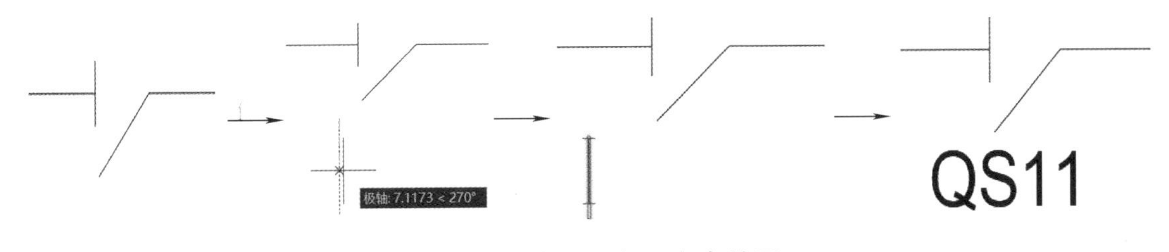

图 9-1　“单行文字”命令效果

步骤分解：

1）在命令行输入“TEXT”，命令行提示“指定文字的起点”，出现十字光标图标。

2）使用光标指定文字起点，命令行提示“指定文字高度”，拖动光标确定文字高度，或输入文字高度。

3）根据命令行提示“指定文字的旋转角度”，输入“0”。

4）在输入光标处输入“QS11”，单击鼠标右键，选择取消，即完成标注。

2. “多行文字”（MTEXT）命令

“多行文字”命令

“多行文字”命令作用是创建多行文字对象。可以输入多行字符作为一个对象，可以将若干文字段落创建为单个多行文字对象。使用内置编辑器，可以格式化文字外观、列和边界。具体调用方法见表 9-2。

表 9-2　多行文字

调用方法		说明
菜单栏		“绘图”→“文字”→“多行文字”
功能区		“默认”选项卡→“注释”面板→按钮 A
“MTEXT”命令行	对角点	单击定点设备以指定后接对角的一个角点时，将显示一个矩形，用以显示多行文字对象的位置和尺寸。矩形内的箭头指示段落文字的走向
	高度	指定用于多行文字字符的文字高度
	对正	根据文字边界，确定新文字或选定文字的文字对齐和文字走向
	行距	指定多行文字对象的行距。行距是一行文字的底部（或基线）与下一行文字底部之间的垂直距离
	旋转	指定文字边界的旋转角度
	样式	指定用于多行文字的文字样式
	宽度	指定文字边界的宽度
	栏	指定多行文字对象的列选项

执行“多行文字”命令后，需指定对角点，用鼠标拖动确定，在文字输入区域会出现输入光标，直接输入文字即可，可用〈Enter〉键换行，输入完成后单击鼠标左键确定即可完成多行文字操作。当输入内容超出输入区域时，文字会自动溢出，可用鼠标调整区域。同时在上方会出现“多行文字编辑器”选项卡，如图 9-2所示，可在选项卡中对多行文字格式进行各种细化调整。

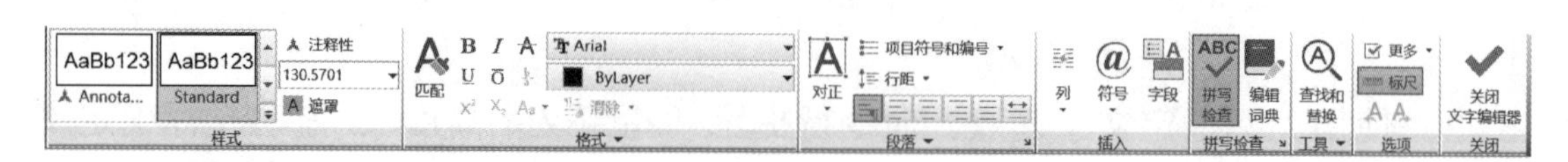

图 9-2　“多行文字编辑器”选项卡

实例操作：输入多行文字，如图 9-3 所示。

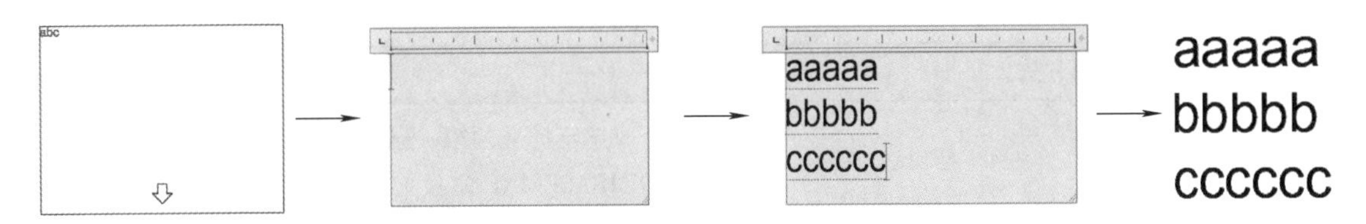

图 9-3　“多行文字”命令效果

步骤分解：

1）在命令行输入“MTEXT”，出现光标，按住鼠标左键，向右下角拖出输入区域后松开鼠标左键，单击文字输入区域确定。

2）在出现的文字输入区域中输入需要的文字，按〈Enter〉键换行。

3）在空白处单击鼠标左键确定，即完成多行文字。

二、尺寸标注

尺寸标注是绘图设计中非常重要的一个环节，通过尺寸标注可以反映出所绘制对象的实际大小和各部分之间的真实位置关系。AutoCAD 2019 提供了多种便捷的尺寸标注命令。

1. “标注”（DIM）命令

“标注”命令作用是使用单个命令创建多个标注和标注类型。这里指的是“智能标注”，可以选择要标注的对象或对象上的点，然后单击以放置尺寸标注。当将光标悬停在对象上时，“DIM”命令将自动生成要使用的合适标注类型的预览。

“标注”命令

标注类型包括：垂直标注、水平和对齐的线性标注、坐标标注、角度标注、半径和折弯半径标注、直径标注、弧长标注。具体调用方法见表 9-3。

表 9-3　标注

调用方法		说明
功能区		“默认”选项卡→“注释”面板→按钮 标注
“DIM”命令行	选择对象	默认为所选对象选用适用的标注类型，并显示与该标注类型相对应的提示
	第一条尺寸界线原点	在指定两个点时创建线性标注
	角度	创建一个角度标注来显示三个点或两条直线之间的角度（同 DIMANGULAR 命令）

（续）

调用方法		说明
“DIM” 命令行	基线	从上一个或选定标准的第一条界线创建线性、角度或坐标标注（同 DIMBASELINE 命令）
	继续	从选定标注的第二条尺寸界线创建线性、角度或坐标标注（同 DIMCONTINUE 命令）
	坐标	创建坐标标注（同 DIMORDINATE 命令）
	对齐	将多个平行、同心或同基准标注对齐到选定的基准标注
	分布	指定可用于分发一组选定的孤立线性标注或坐标标注的方法
	图层	为指定的图层指定新标注，以替代当前图层。输入 “Use Current” 或 “.” 以使用当前图层（DIMLAYER 为系统变量）
	打断	将现有标注拆分为两个标注，并将这些连续标注成连续标注类型
	移开	将现有标注和新插入的标注排列成基线标注

执行 “标注” 命令后，选取需要标注的对象，该对象可以是直线，也可以是角，也可以是弧长等，然后拖动鼠标到不同的对象上，根据提示，指定标注的位置即可完成标注操作。该命令是 “智能标注”，会根据对象的不同，自动切换标注格式。

实例操作：对三角形的边和角度进行智能标注，如图 9-4 所示。

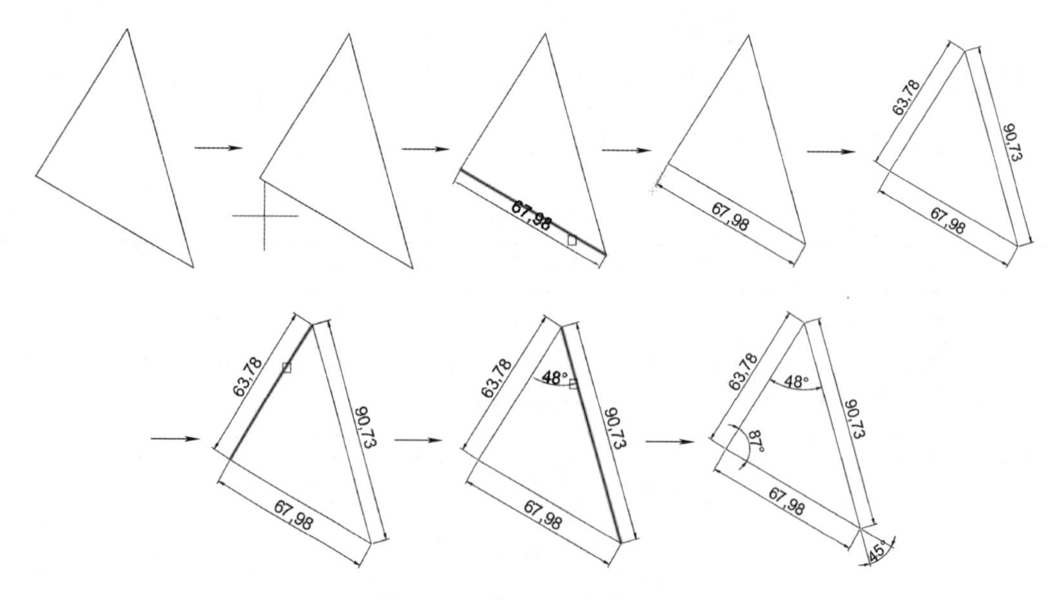

图 9-4 “标注” 命令效果

步骤分解：

1）在命令行输入“DIM”，出现选择对象十字光标，将光标移至三角形的一边上会出现该边的边长，单击鼠标左键，拖动鼠标，此时标注会随光标移动，选取合适位置后停止移动，单击鼠标左键确定，即该边标注完成，拖动鼠标可改变标注位置。用同样的方法对其他两边进行标注，可连续标注。

2）重复“DIM”命令，根据命令行提示，输入“A”设置为角度标注，出现拾取光标，根据命令行提示，选取一边，根据命令行提示，选取另一边，单击鼠标左键确定，拖动鼠标可改变标注位置。

3）用同样的方法对其他两边进行标注，可连续标注。

2. “线性标注”（DIMLINEAR）命令

“线性标注”命令

“线性标注”命令作用是使用水平、竖直或旋转的尺寸线创建线性标注。线性标注并不是对象本身的长度，而是对象在水平或竖直方向上投影的长度。具体调用方法见表 9-4。

表 9-4　线性标注

调用方法		说明
菜单栏		“标注”→“线性”
功能区		“默认”选项卡→“注释”面板→按钮
“DIMLINEAR”命令行	第一条和第二条尺寸界线的原点	提示输入第一条和第二条尺寸界线的原点
	尺寸线位置	AutoCAD 2019 使用指定点定位尺寸线并且确定绘制尺寸界线的方向
	多行文字	显示在位文字编辑器，可用它来编辑标注文字。用控制代码和 Unicode 字符串来输入特殊字符或符号
	文字	在命令提示下，自定义标注文字。生成的标注测量值显示在尖括号中
	角度	修改标注文字的角度
	水平	创建水平线性标注
	尺寸线位置	使用指定点定位尺寸线
	垂直	创建垂直线性标注
	旋转	创建旋转线性标注

执行“线性标注”命令后，选取需要标注的对象或者尺寸界限的两端点，然后拖动鼠标指定标注位置，即可完线性标注操作。线性标注主要用于水平尺寸和

垂直尺寸的标注。

实例操作：对五边形的两边进行线性标注，如图 9-5 所示。

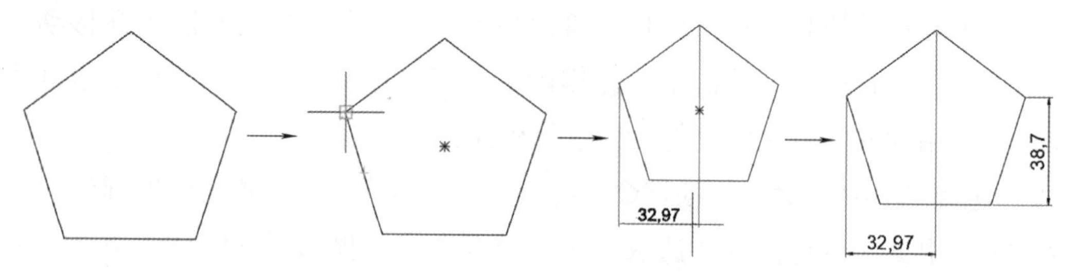

图 9-5 “线性标注”命令效果

步骤分解：

1）在命令行输入“DIMLINEAR”，出现选择对象图标，选中左侧端点为第一个尺寸界限原点，选中顶端点为第二个尺寸界限原点，拖动鼠标，此时标注会随光标移动，选取合适位置后停止移动，单击鼠标左键确定即完成一边的线性标注。

2）用同样的方法，对多边形右侧边进行垂直方向的线性标注。

3. “对齐标注”（DIMALIGNED）命令

“对齐标注”命令作用是创建与尺寸界线的原点对齐的线性标注。具体调用方法见表 9-5。

表 9-5 对齐标注

调用方法		说明
菜单栏		“标注”→“对齐”
功能区		“默认”选项卡→“注释”面板→按钮
“DIMALIGNED”命令行	尺寸界线原点	指定第一条和第二条尺寸界线的原点
	选择对象	在选择对象之后，自动确定第一条和第二条尺寸界线的原点
	尺寸线位置	指定尺寸线的位置并确定绘制尺寸线的方向
	多行文字	显示在位文字编辑器，可用它来编辑标注文字
	文字	在命令提示下，自定义标注文字。生成的标注测量值显示在尖括号中
	角度	修改标注文字的角度

执行“对齐标注”命令后，依次选中需要标注的对象端点，然后拖动鼠标指定标注位置，即可完成对齐标注操作。

实例操作：对五边形的两边进行线性标注，如图 9-6 所示。

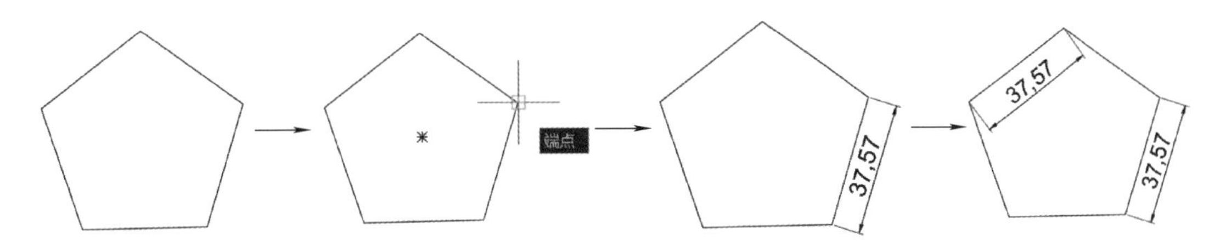

图 9-6　“对齐标注”命令效果

步骤分解：

1）在命令行输入“DIMALIGNED”，出现选择对象图标，选中右侧端点为第一个尺寸界限原点，选右下顶端点为第二个尺寸界限原点，拖动鼠标，此时标注会随光标移动，选取合适位置后停止移动，单击鼠标左键确定即完成一边的对齐标注。

2）用同样的方法，对多边形左上边进行对齐标注。

4. “角度标注”（DIMANGULAR）命令

“角度标注”命令作用是创建角度标注。测量选定的几何对象或 3 个点之间的角度。具体使用方法见表 9-6。

“角度标注”命令

表 9-6　角度标注

调用方法		说明
菜单栏		“标注”→“角度”
功能区		“默认”选项卡→“注释”面板→按钮
“DIMANGULAR”命令行	选择圆弧	使用选定圆弧或多段线弧线段上的点作为三点角度标注的定义点。圆弧的圆心是角度的顶点。圆弧端点成为尺寸界线的原点
	选择圆	将选择点作为第一条尺寸界线的原点。圆的圆心是角度的顶点。第二个角度顶点是第二条尺寸界线的原点，且无须位于圆上
	选择直线	使用两条直线或多段线线段定义角度
	指定三点	创建基于指定三点的标注
	标注圆弧线位置	指定尺寸线的位置并确定绘制尺寸界线的方向

执行“角度标注”命令后，选取需要标注的对象，该对象可为圆弧、圆、直线夹角或 3 个点之间的角度，选取对象后，然后拖动鼠标指定标注位置，即可自动生成角度标注。

实例操作：对图 9-7 中圆弧和内角进行角度标注。

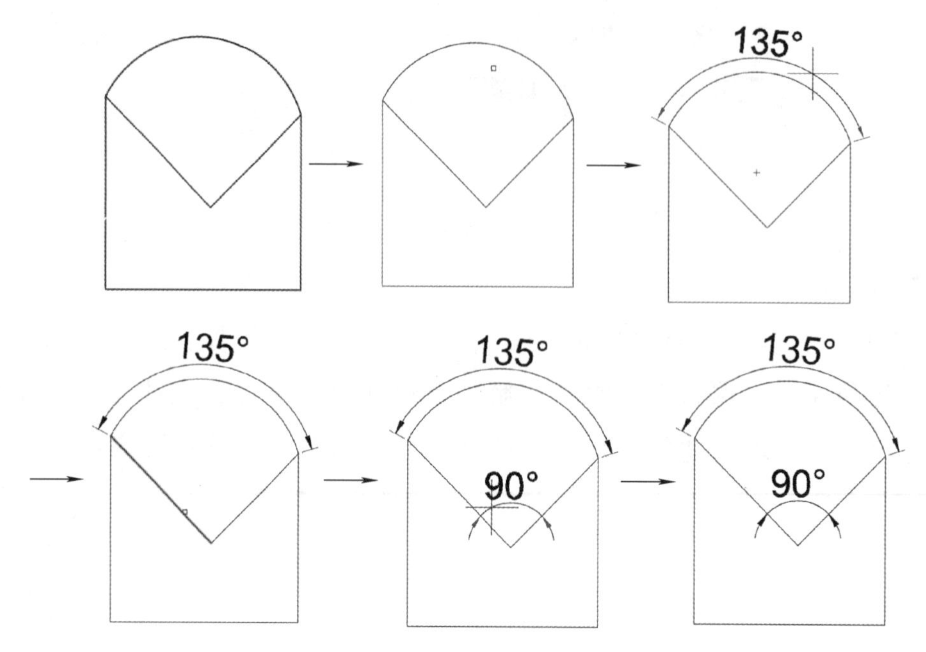

图 9-7 “角度标注”命令效果

步骤分解：

1）在命令行输入“DIMANGULAR”，出现选择对象图标，根据命令行提示，选中上方圆弧为标注对象，向上拖动鼠标，此时标注会随光标移动，选取合适位置后停止移动，单击鼠标左键确定即完成圆弧的角度标注。

2）单击“角度标注”按钮，根据命令行提示，选择左侧边确定，再选择右侧边确定，拖动鼠标选择标注放置位置，单击鼠标左键确定即完成内角的角度标注。

5. “弧长标注”（DIMARC）命令

“弧长标注”命令作用是创建圆弧长度标注。弧长标注用于测量圆弧或多段线圆弧上的距离。弧长标注的尺寸界线可以正交或径向。在标注文字的上方或前方将显示圆弧符号。具体调用方法见表 9-7。

表 9-7 弧长标注

调用方法	说明
菜单栏	“标注”→“弧长”
功能区	“默认”选项卡→“注释”面板→按钮

（续）

调用方法		说明
“DIMARC” 命令行	圆弧或多段线圆弧段	指定要标注的圆弧或圆弧多段线线段
	弧长标注位置	指定尺寸线的位置并确定尺寸界线的方向。弧长标注用于测量圆弧或多段线圆弧上的距离。弧长标注的尺寸界线可以正交或径向。在标注文字的上方或前方将显示圆弧符号

执行“弧长标注”命令后，选取需要标注的对象圆弧，然后拖动鼠标指定标注的位置和形式即可完成操作。

实例操作：对图 9-8 中圆弧进行弧长标注。

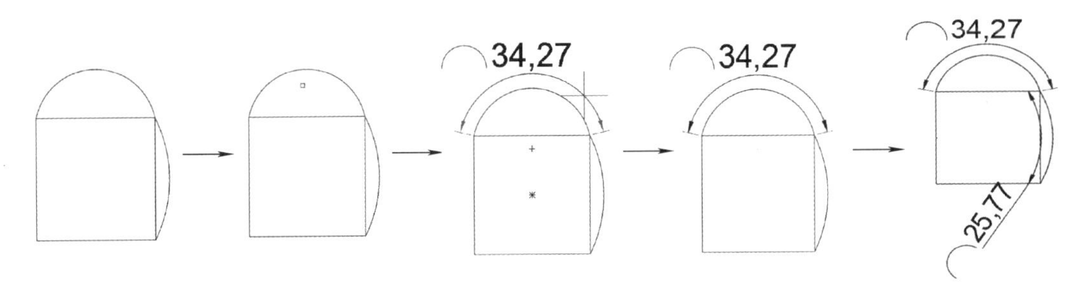

图 9-8　“弧长标注”命令效果

步骤分解：

1）在命令行输入“DIMARC”，出现选择对象图标，根据命令行提示，选中上方圆弧为标注对象，拖动鼠标，此时标注会随光标移动，选取合适位置后停止移动，单击鼠标左键确定即完成圆弧的弧长标注。

2）用同样的方法，对右边圆弧进行弧长标注。

6. “半径标注”（DIMRADIUS）命令

“半径标注”命令作用是为圆或圆弧创建半径标注。测量选定圆或圆弧的半径，并显示前方带有半径符号的标注文字。可以使用夹点轻松地重新定位生成的半径标注。具体调用方法见表 9-8。

表 9-8　半径标注

调用方法	说明
菜单栏	“标注” → “半径”
功能区	“默认”选项卡→“注释”面板→按钮

（续）

调用方法		说明
“DIMRADIUS”命令行	选择圆弧或圆	指定圆、圆弧或多段线上的圆弧段。圆角将被视为圆弧
	尺寸线位置	确定尺寸线的角度和标注文字的位置。如果因未将标注放置在圆弧上而导致标注指向圆弧外，则该产品会自动绘制圆弧尺寸界线

执行“半径标注”命令后，选取需要标注的圆或圆弧对象，然后拖动鼠标，此时标注会随光标移动，选取合适位置后停止移动，单击鼠标左键确定即可完成操作。

实例操作：对图 9-9 中圆弧和圆进行半径标注。

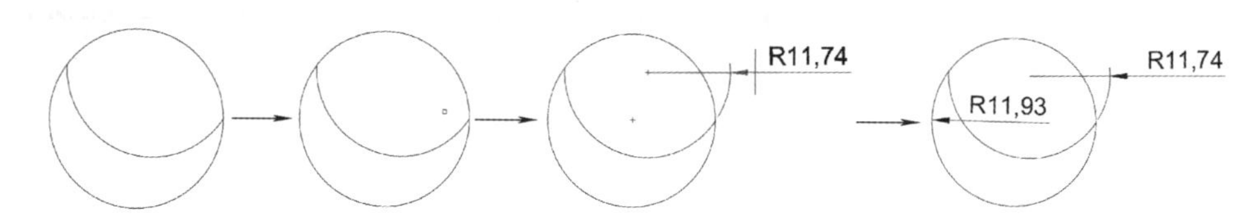

图 9-9 “半径标注”命令效果

步骤分解：

1）在命令行输入“DIMRADIUS”，出现选择对象图标，根据命令行提示，选中中间圆弧为标注对象，拖动鼠标此时标注会随光标移动，选取合适位置后停止移动，单击鼠标左键确定即完成圆弧的半径标注。

2）用同样的方法，选中圆形为标注对象，拖动鼠标此时标注会随光标移动，选取合适位置后停止移动，单击鼠标左键确定即完成圆形的半径标注。

7. “直径标注”（DIMDIAMETER）命令

“直径标注”命令作用是为圆或圆弧创建直径标注。测量选定圆或圆弧的直径，并显示前方带有直径符号的标注文字。可以使用夹点轻松地重新定位生成的直径标注。具体调用方法见表 9-9。

“直径标注”命令

表 9-9 直径标注

调用方法		说明
菜单栏		“标注”→“直径”
功能区		“默认”选项卡→“注释”面板→按钮
“DIMDIAMETER”命令行	选择圆弧或圆	指定圆、圆弧或多段线上的圆弧段。圆角将被视为圆弧
	尺寸线位置	指定一个点以确定尺寸线的角度和标注文字的位置

执行“直径标注”命令后，选取需要标注的圆或圆弧对象，然后拖动鼠标，此时标注会随光标移动，选取合适位置后停止移动，单击鼠标左键确定即可完成操作。

实例操作：对图 9-10 中圆弧和圆进行半径标注。

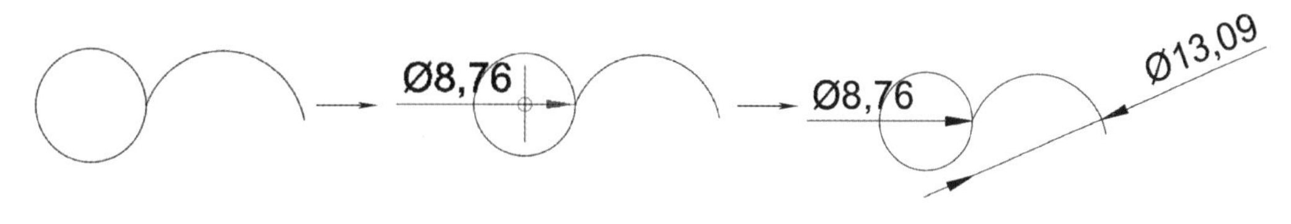

图 9-10　“直径标注”命令效果

步骤分解：

1）在命令行输入“DIMDIAMETER”，出现选择对象图标，根据命令行提示，选中圆形为标注对象，拖动鼠标，此时标注会随光标移动，选取合适位置后停止移动，单击鼠标左键确定即完成圆形的直径标注。

2）用同样的方法，选中右侧圆弧为标注对象，拖动鼠标，此时标注会随光标移动，选取合适位置后停止移动，单击鼠标左键确定即完成圆弧的直径标注。

8. “标注样式”（DIMSTYLE）命令

“标注样式”命令的作用是为标注设置样式。可以创建新样式、设定当前样式、修改样式、设定当前样式的替代以及比较样式。具体调用方法见表 9-10。

表 9-10　标注样式

调用方法	说明
菜单栏	“格式”→“标注样式”
功能区	“默认”选项卡→“注释”面板→按钮
命令行	“DIMSTYLE”

执行“标注样式”命令后，弹出“标注样式管理器”对话框，可在其中设置标注的基本属性，如图 9-11 所示。单击“修改”按钮，弹出“修改标注样式”对话框，可在原来基础上进行修改，如图 9-12 所示。单击“新建”按钮可在原标注基础上新建所需的标注样式，与修改标注样式方法类似。在“注释”选项卡中可下拉快速选择创建好的标注样式，如图 9-13 所示。

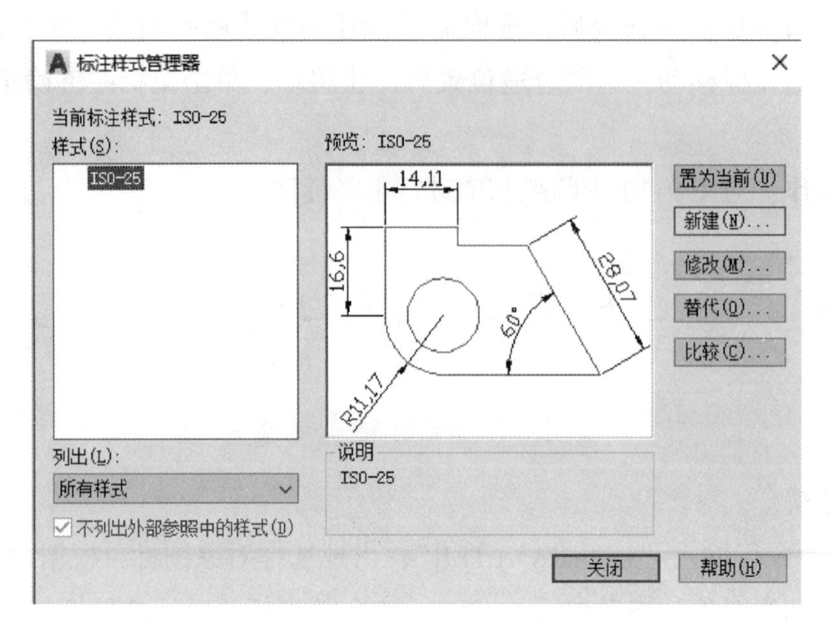

图 9-11 “标注样式管理器”对话框

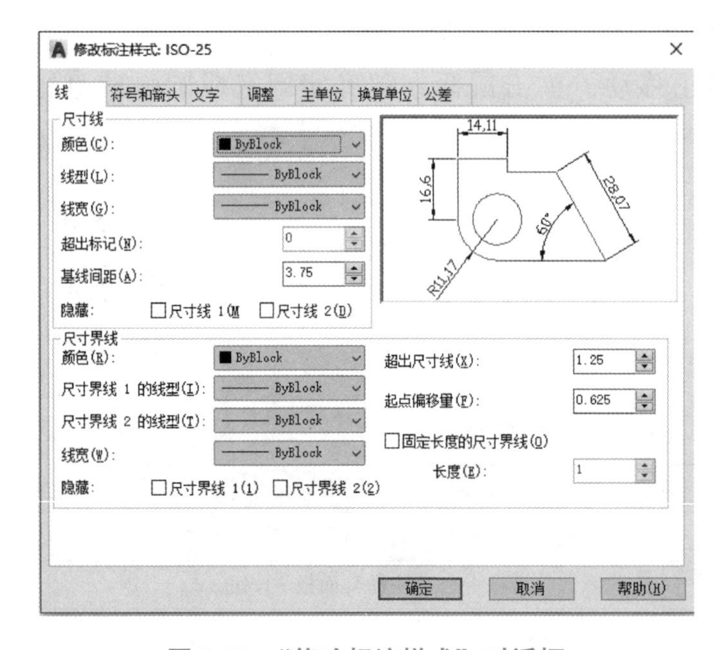

图 9-12 “修改标注样式”对话框

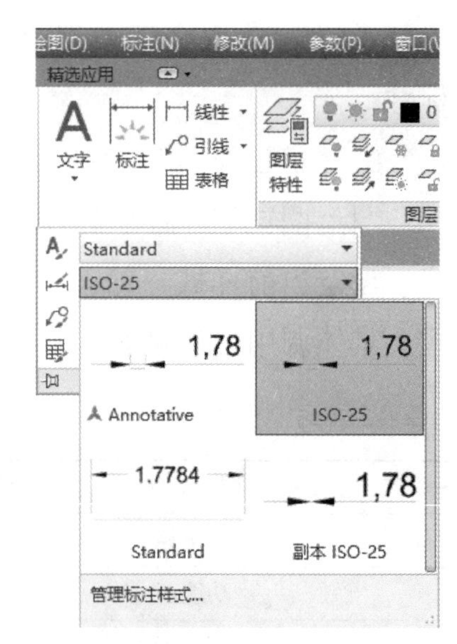

图 9-13 “标注样式”下拉菜单

小技巧

在设置“标注样式”的主单位精度时，要注意与绘制图形的要求吻合，如果设置精度过低，标注会出现误差。

三、表格的绘制

在 AutoCAD 2019 中，“表格”工具可以方便地在绘图中创建各种类型的表格，并可对表格样式和表格文字进行编辑。

1.“表格”（TABLE）命令

“表格”命令作用是创建空的表格对象。表格是在行和列中包含数据的复合对象。可以通过“空的表格”或“表格样式”创建空的表格对象。还可以将 Microsoft Excel 电子表格中的数据链接到表格。具体调用方法见表 9-11。

表 9-11　表格

调用方法	说明
菜单栏	“绘图”→“表格”
功能区	“默认”选项卡→“注释”面板→按钮
命令行	“TABLE”

执行“表格”命令后，弹出“插入表格”对话框，可在其中设置表格的基本属性，更改表格的单元格样式，单击鼠标左键确定即可生成表格，拖动鼠标将表格放置到需要的位置。如图 9-14 所示。

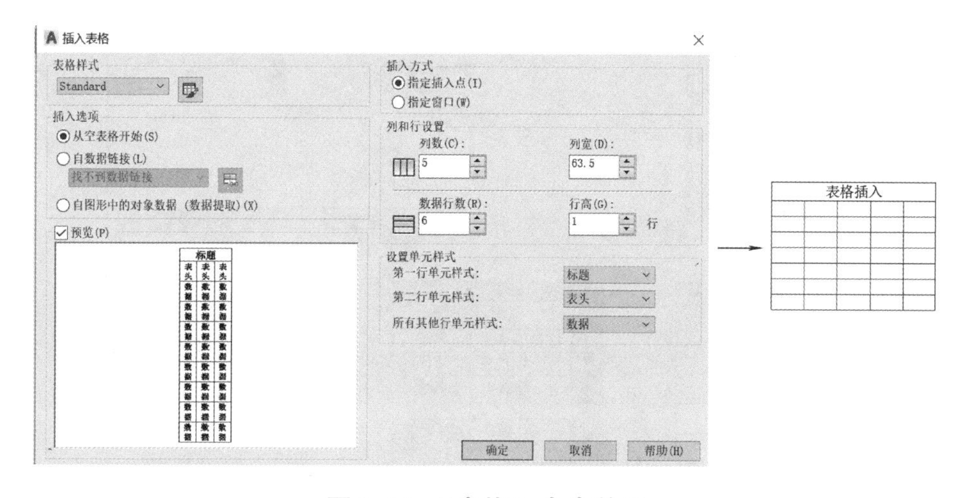

图 9-14　“表格”命令效果

单击生成表格中的任一单元格，在窗口上方弹出“表格单元”选项卡，如图 9-15所示，在该选项卡中，可以对表格的行、列属性，单元的样式、格式进行修改，还可插入表格工具。

双击生成表格中的任一单元格，在窗口上方弹出“文字编辑器”选项卡，如图 9-16 所示，在该选项卡中，可以对单元格中输入文字的格式、样式、段落等进行修改。文字可直接在单元格中输入。

图 9-15 “表格单元”选项卡

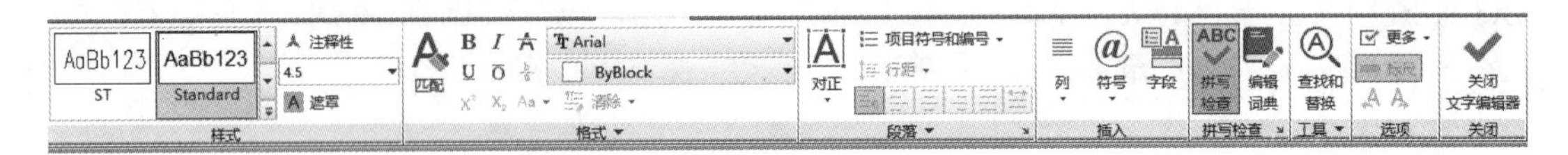

图 9-16 “文字编辑器”选项卡

实例操作：创建一个表格，步骤如图 9-17 所示。

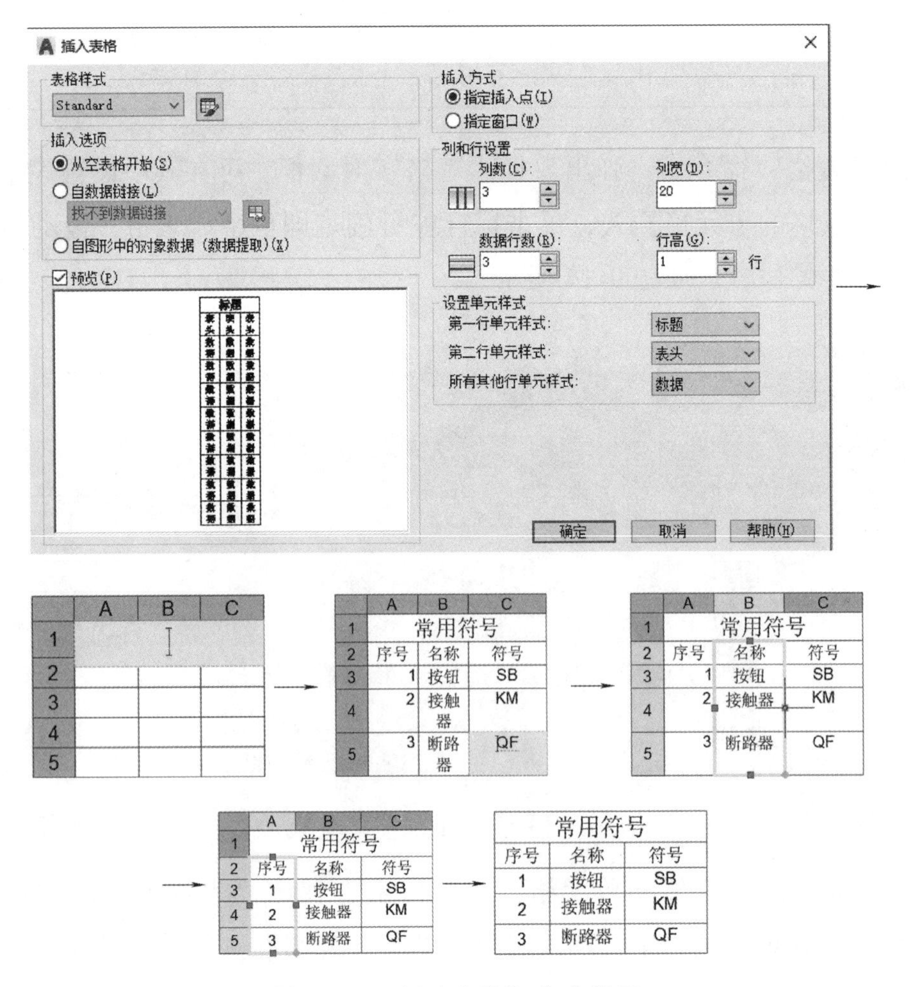

图 9-17 “创建表格”命令效果

步骤分解：

1）单击功能区中“表格”按钮，弹出“插入表格”对话框，在该对话框中设置列数为3，数据行数为3，单击“确定”按钮。

2）用鼠标拖动出现表格到放置位置，移动光标，在光标处分别输入相应文字。

3）单击第2列，在出现的单元格边框点上，用鼠标选中并向右拖动，改变第二列的列宽，用同样方法调整其他行列的行高和列宽。

4）选中第1列后，在“表格单元”选项卡中将“单元样式”设置为“正中”，使第1列文字居中，按〈Enter〉键确定即完成表格创建。

2. “表格样式”（TABLESTYLE）命令

“表格样式”命令

“表格样式”是用来控制表格基本格式的一种设置命令。可以创建一些常用的表格样式，方便调用。具体调用方法见表9-12。

表9-12　表格样式

调用方法	说明
菜单栏	“格式”→“表格样式”
功能区	“默认”选项卡→“注释”面板→按钮
命令行	“TABLESTYLE”

执行“表格样式”命令后，系统会弹出“表格样式”对话框，可对将要绘制的表格进行样式设置，也可对已存在的表格样式进行修改，如图9-18所示。

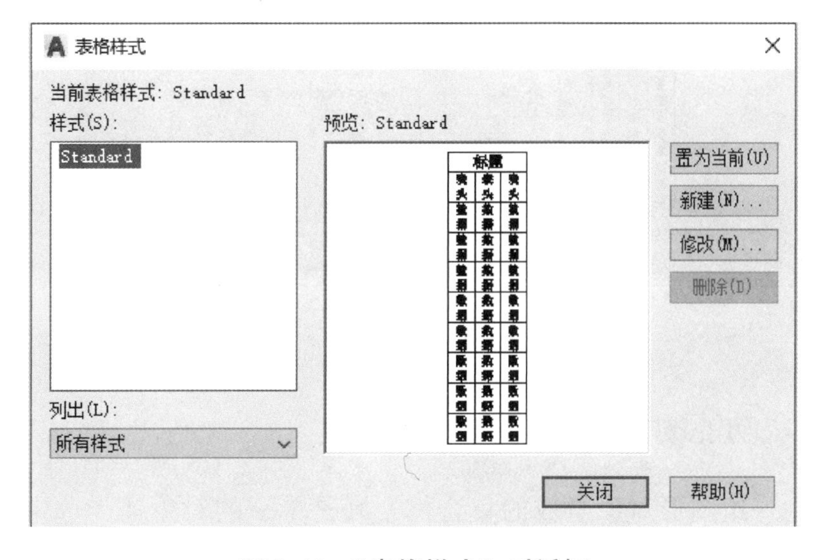

图9-18　“表格样式”对话框

该对话框中选项功能介绍如下。

当前表格样式：显示应用于所创建表格的表格样式的名称。

样式：显示表格样式列表。当前样式被亮显。

列出：控制“样式”列表的内容。

预览：显示“样式”列表中选定样式的预览图像。

置为当前：将“样式”列表中选定的表格样式设定为当前样式。所有新表格都将使用此表格样式创建。

新建：显示“创建新的表格样式”对话框，从中可以定义新的表格样式。

修改：显示“修改表格样式”对话框，从中可以修改表格样式。

删除：删除“样式”列表中选定的表格样式。不能删除图形中正在使用的样式。

单击“修改”按钮，系统会弹出“修改表格样式”对话框，在该对话框中对表格样式进行各种常规设置，如图 9-19 所示。

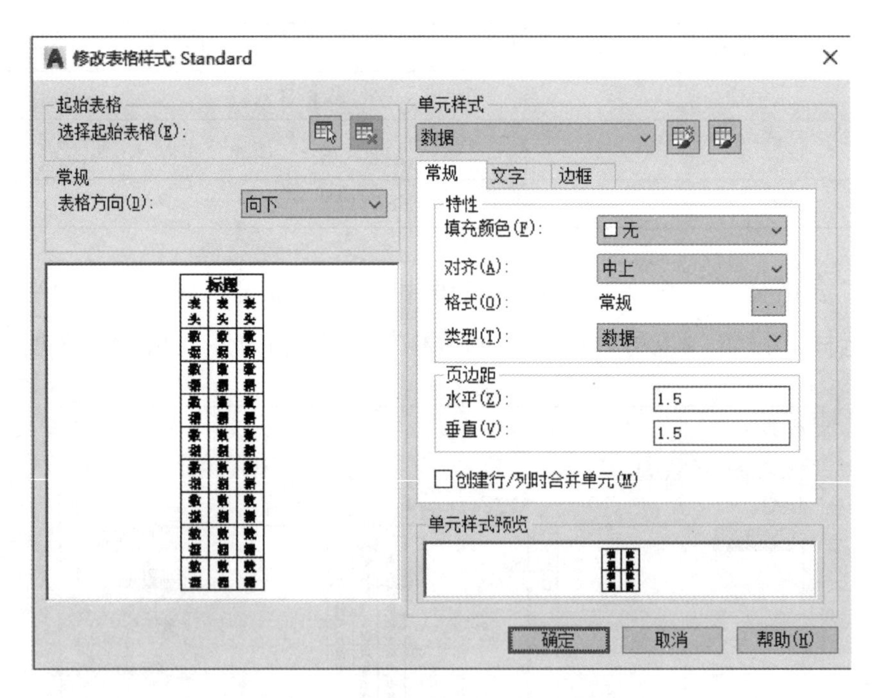

图 9-19 “修改表格样式”对话框

四、图块功能的使用

图块是由一组图形对象组成的集合体，其是单一的对象体，选中其中一个图形即选中图块中所有对象。在 AutoCAD 2019 中，经常将多次重复使用的图形集合成图块，方便随时调用。

“创建图块”命令

1. “创建图块”（BLOCK）命令

“创建图块”命令作用是将已有图形对象定义为图块。具体调用方法见表 9-13。

表 9-13　创建图块

调用方法	说明
菜单栏	“绘图”→“块”→“创建”
功能区	“块”选项卡→按钮
命令行	“BLOCK”

执行“创建图块”命令后，系统会弹出“块定义”对话框，如图 9-20 所示，通过该对话框可拾取对象创建块，并设置块的单位等参数。

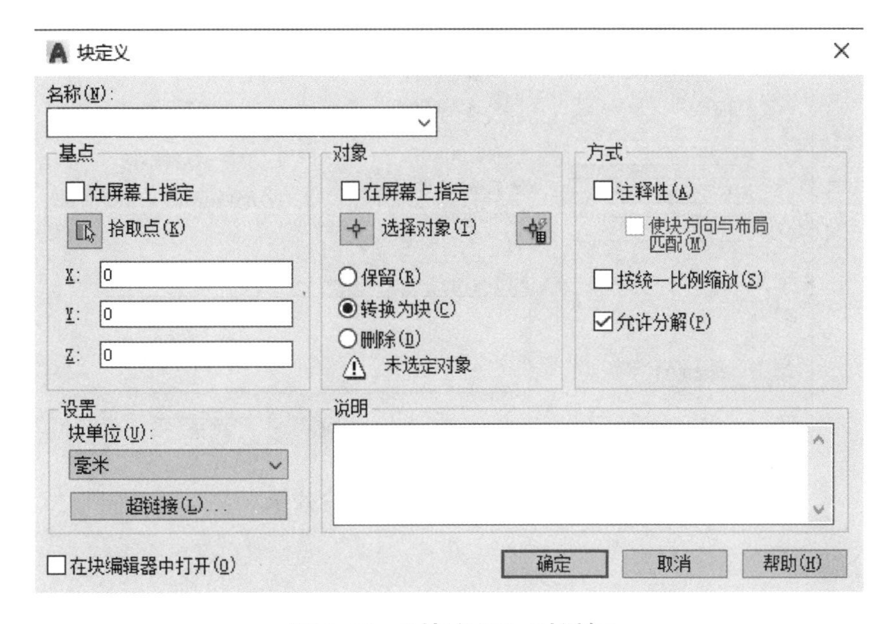

图 9-20　“块定义”对话框

该对话框中选项功能介绍如下。

名称：用于输入或选择块的名称。

拾取点：单击后可在绘图窗口中拾取基点。

选择对象：单击后可在绘图窗口中拾取创建块的对象。

保留：创建块后保留源对象。

转换为块：创建块后将源对象转换为块。

删除：创建块后将源对象删除。

允许分解：允许块被分解。

在该对话框中可设置所要创建块的名称、块对象、块基点等属性。在创建前需要有图形对象，可以同时定义一个或多个对象为一个块。

实例操作：创建一个灯泡块，如图 9-21 所示。

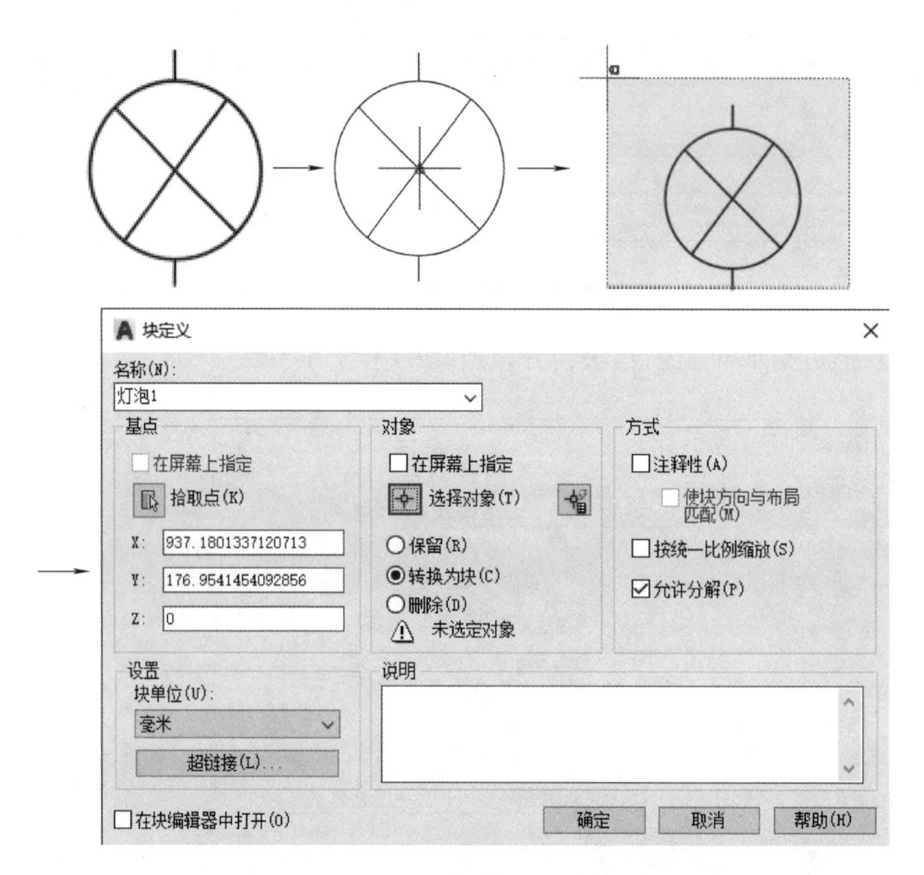

图 9-21 “创建图块”命令效果

步骤分解：

1）在界面上绘制出灯泡图标。

2）单击“块”选项卡中“创建”按钮，弹出“块定义”对话框，在对话框中输入名称“灯泡 1”。

3）在“基点”选项中，单击“拾取点”按钮，出现拾取光标，选中灯泡中心点为基点。

4）在“对象”选项中，单击“选择对象”按钮，出现框选光标，框选整个灯泡图标对象。

5）单击“确定”按钮即完成“灯泡 1”图块的创建。

2. “插入图块”（INSERT）命令

“插入图块”命令

“插入图块”命令作用是将已创建的块插入到图形中使用。具体调用方法见表 9-14。

表 9-14　插入图块

调用方法	说明
菜单栏	“插入”→“块”
功能区	“块”选项卡→按钮
命令行	“INSERT”

执行“插入图块”命令后，系统会弹出“插入”对话框，如图 9-22 所示。

图 9-22　“插入”对话框

“插入”对话框中选项功能介绍如下。

名称：用于选择块或图形名称。

插入点：设置块的插入点的位置。

比例：设置块的插入比例。

旋转：设置块的旋转角度。

在“插入”对话框中可浏览所需要插入的块、选择插入点的位置、设定插入块的比例、设定插入块的旋转角度。在插入块时，可以插入单个或连续插入多个相同图块。

实例操作：使用插入块指令，在绘图窗口中心放置一个灯泡图标，如图 9-23 所示。

步骤分解：

1）单击“块”选项卡中“插入”按钮，弹出“插入”对话框。

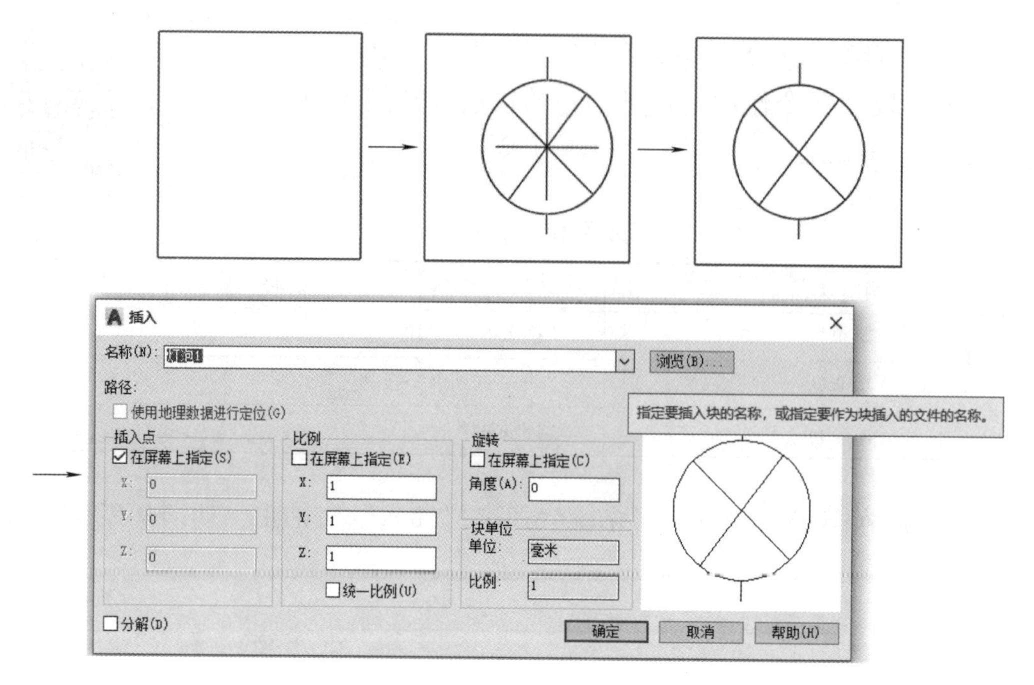

图 9-23 “插入”命令效果

2）在对话框中“名称”栏的下拉列表中选中“灯泡 1”。

3）单击对话框下方“确定”按钮，即在绘图窗口出现“灯泡 1”图块，拖动鼠标选择图块放置位置，单击鼠标左键确定，即完成插入灯泡图块。

五、设计中心与工具选项板的使用

使用“设计中心”命令可以将软件中的图形资源直接引用到个人的图形中。“工具选项板”集成了常见行业的常用图形，类似于“块”，方便随时调用。

“设计中心”命令

1. “设计中心”（ADCENTER）命令

“设计中心”命令作用是调出“设计中心”对话框。具体调用方法见表 9-15。

表 9-15 设计中心

调用方法	说明
菜单栏	“工具”→“选项板”→“设计中心”
功能区	“视图”选项卡→“选项板”面板→按钮
快捷键	<Ctrl+2>
命令行	“ADCENTER”

执行“设计中心”命令后，系统会弹出“设计中心”对话框，如图 9-24 所示。对话框的左侧“文件夹列表”显示系统的树形结构，选中浏览资源时，在右侧的内容显示区会预览所浏览资源的内容。

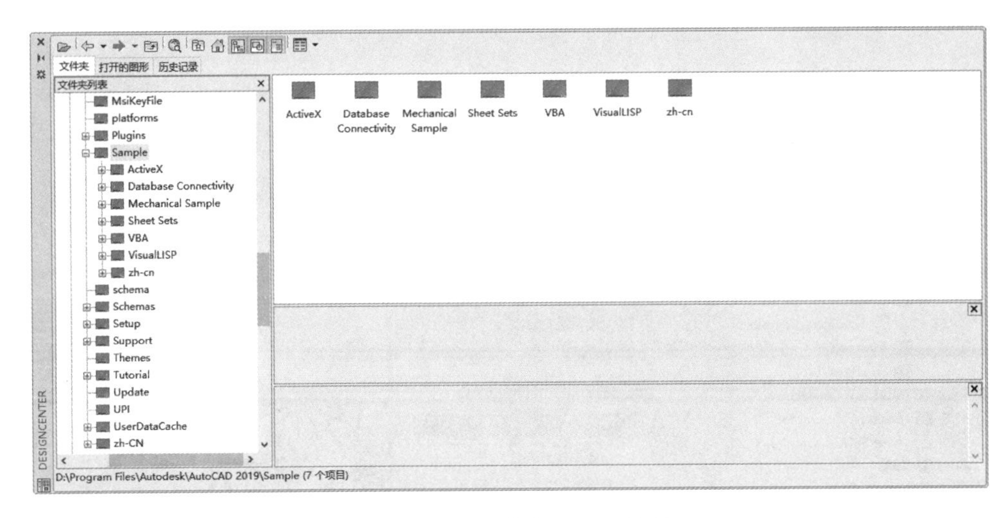

图 9-24 “设计中心”对话框

右侧的内容显示区分为三栏，如图 9-25 所示。上栏显示选中的资源文件图标，中栏显示被选中资源的预览图形，下栏显示文档操作说明。

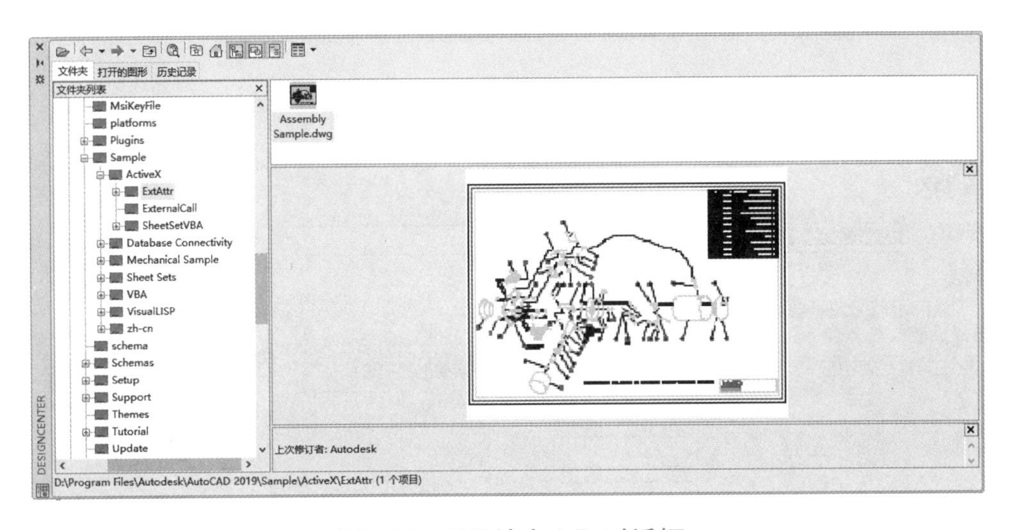

图 9-25 “设计中心”对话框

“设计中心”对话框中的资源放入绘图窗口时相当于插入“块”，有两种方法可以实现。

方法一：可以选中文件后单击鼠标右键，在菜单中选择“插入为块”命令，如图 9-26 所示。此时会弹出“插入”对话框，在“插入”对话框中可设置被插入块的比例、角度等，如图 9-27 所示。单击“确定”按钮，然后用鼠标在绘图窗口中指定插入位置，即完成资源的插入。

方法二：单击选中文件名，直接拖动对象到绘图窗口中，然后根据下方命令行提示，指定“插入点”“比例”“旋转”等参数，即可完成资源的插入，如图 9-28 所示。

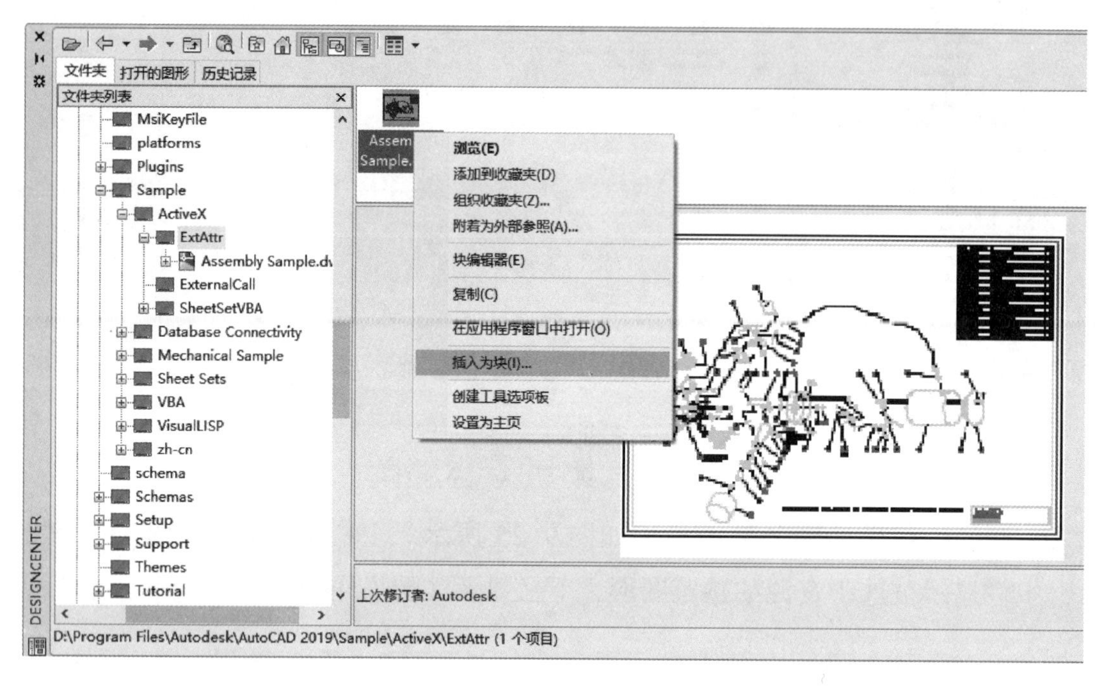

图 9-26　选择“插入为块”命令

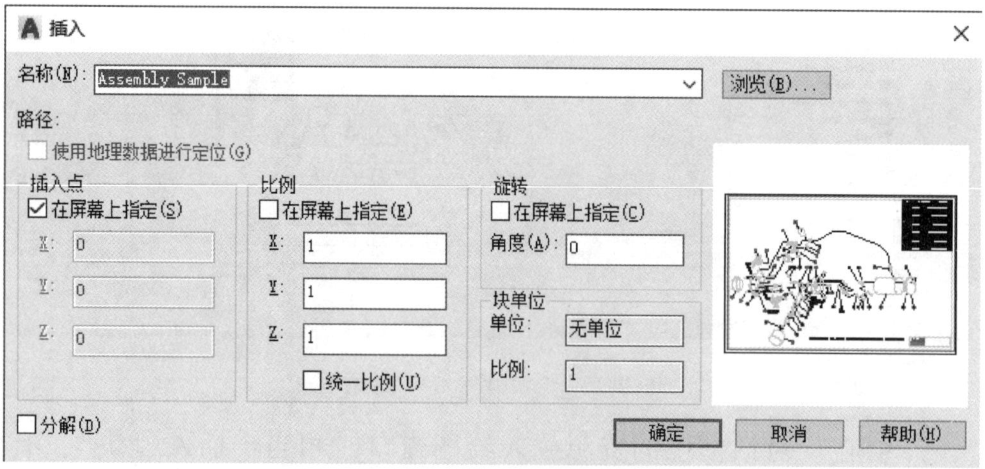

插入

名称(N): Assembly Sample　浏览(B)...

路径:

使用地理数据进行定位(G)

插入点：☑在屏幕上指定(S)　X: 0　Y: 0　Z: 0

比例：☐在屏幕上指定(E)　X: 1　Y: 1　Z: 1　☐统一比例(U)

旋转：☐在屏幕上指定(C)　角度(A): 0

块单位：单位: 无单位　比例: 1

☐分解(D)　确定　取消　帮助(H)

图 9-27　“插入”对话框

-INSERT 指定插入点或 [基点(B) 比例(S) X Y Z 旋转(R)]:

图 9-28　插入命令行

2. “工具选项板”（TOOLPALETTES）命令

“工具选项板”命令作用是调出“工具选项板”对话框。具体调用方法见表9-16。

表9-16　工具选项板

调用方法	说明
菜单栏	“工具”→“选项板”→“工具选项板”
功能区	“视图”选项卡→“选项板”面板→按钮
快捷键	<Ctrl+3>
命令行	“TOOLPALETTES”

执行“工具选项板”命令后，系统会弹出“工具选项板”对话框，如图9-29所示，在“工具选项板”中，软件内置了一些行业常见的标签。单击选项板右下角层叠处，可出现选项板菜单，选中后可置于选项板中，如图9-30所示。

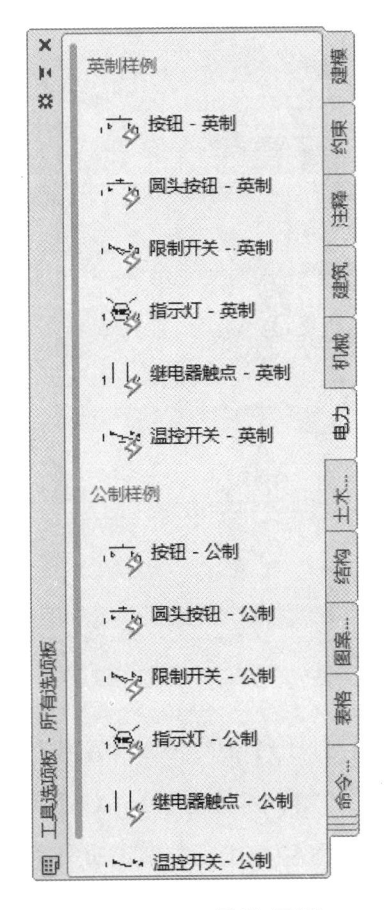

图9-29　工具选项板

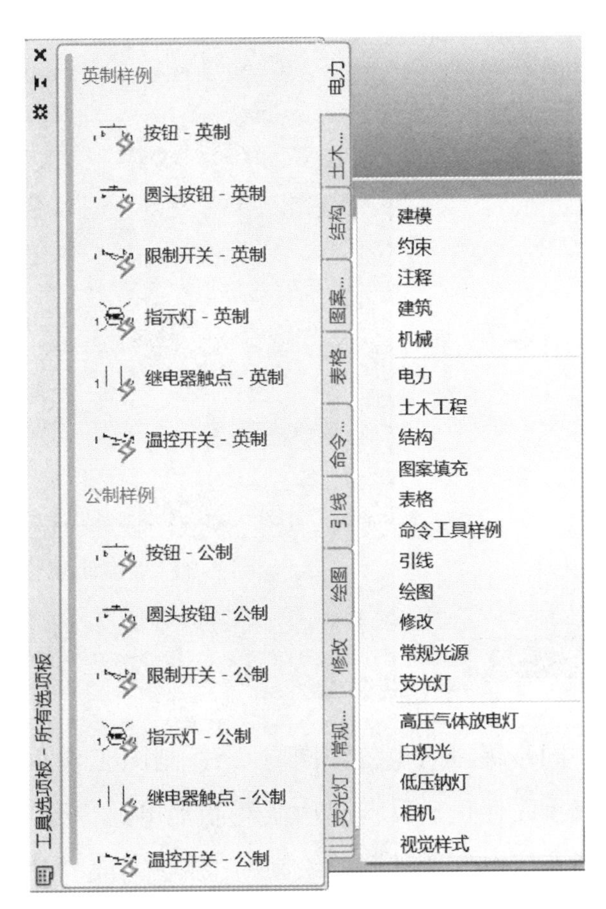

图9-30　工具选项板菜单

“工具选项板”对话框中的资源放入绘图时相当于插入“块”，选中右侧标签后会在左侧出现常用图形的块，在使用时直接选中，然后放置到绘图窗口中相应的位置。单击鼠标左键后会弹出“编辑属性”对话框，如图 9-31 所示，在该对话框中可设置被插入图形的特性。例如插入的是一个“继电器触点”，可在该对话框中直接输入继电器触点的两个端子的名称，在插入继电器触点后，端子名称将直接出现在图形上。

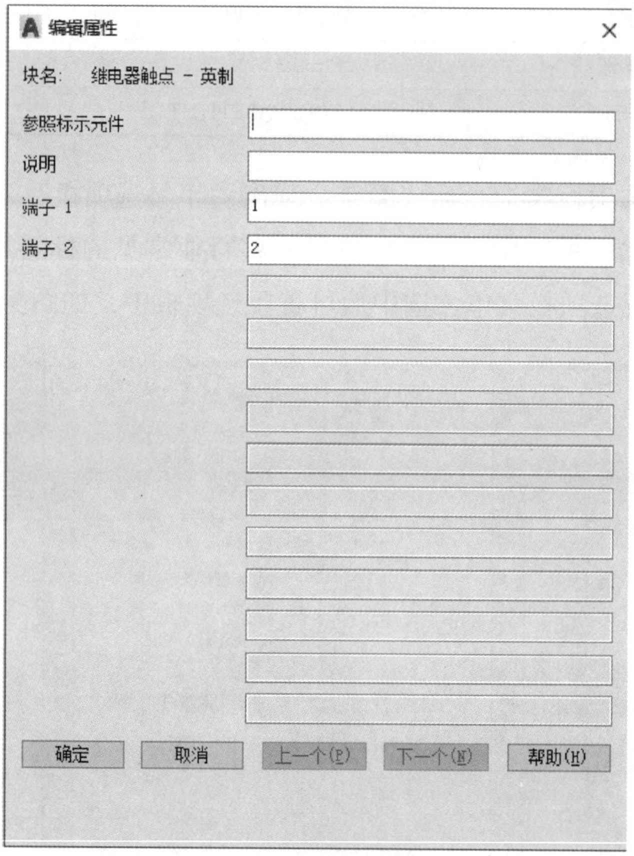

图 9-31 “编辑属性”对话框

任务实施

同步练习《电气识图与 CAD 制图工作页》中“样例任务 10　三相异步电动机双重联锁正、反转起动能耗制动电路原理图的绘制”“样例任务 11　C6150 型普通车床电气原理图的绘制”。独立完成“拓展任务 8　X62W 卧式铣床电气控制原理图的绘制”。

项目四 工程出图基础

项目描述

电力部门要进行110kV户外变电所建设施工，现将图样制作任务派发给设计部门，作为电气设计工作人员，请结合施工要求，对图样进行出图打印。

本项目以110kV户外变电所出线安装图多视口打印输出为例，通过本项目学习，掌握AutoCAD 2019软件中图样布局、图样出图打印的方法，培养遵章守规、规范操作的工匠素养。

学习任务十 布局与出图打印

任务描述

通过前面的项目学习，能够绘制出常用的电气图样，还需要将绘制好的图样根据需求进行输出，这是完成整个绘图工作重要的一步。本次任务是将绘制完成的“110kV户外变电所出线安装图”进行多视口打印输出。

学习目标

1. 掌握AutoCAD 2019中常用空间布局创建命令和打印出图命令的用法，如：“视口”“创建布局”“页面设置管理器”“打印”等。

2. 掌握多视口打印的操作方法。

建议课时

6 课时。

知识链接

一、视口的应用

视口可以将绘图区划分为多个不重叠的观察区域，每个视口可着重显示不同部分，在每个视口中可以进行独立的平移和缩放。

“新建视口”（VPORTS）命令作用是创建生成多个新的视口，方便在绘图时多视口观察。具体调用方法见表 10-1。

表 10-1　新建视口

调用方法	说明
菜单栏	“视图”→“视口”→“新建视口”
功能区	“视图”选项卡→“模型视口”面板→按钮的下拉箭头
命令行	“VPORTS”

单击选项卡中“视口配置”下拉菜单后，在下拉列表中会出现创建视口类型的选项，单击选择即可生成视口，如图 10-1 所示。

“新建视口”命令

另外，在命令行输入“VPORTS”命令后，系统会弹出“视口”对话框，如图 10-2 所示。在此对话框上，可对视口的常用参数进行设置。

“新建视口”选项卡选项功能介绍如下。

新名称：对新建的视口命名。

标准视口：视口类型的分类，单击选择后，可在预览区进行观察。

预览：显示选定视口配置的预览图像，以及在配置中被分配到每个单独视口的缺省视图。

应用于：将模型空间视口配置应用于整个显示窗口或当前视口。

设置：指定二维或三维设置。如果选择二维，新的视口配置将最初通过所有视口中的当前视图来创建。

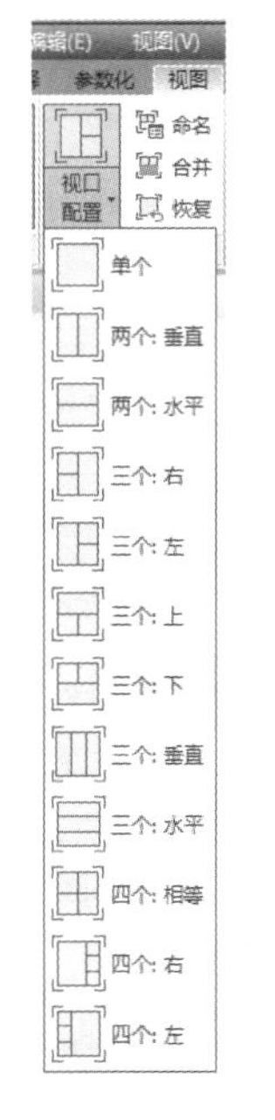

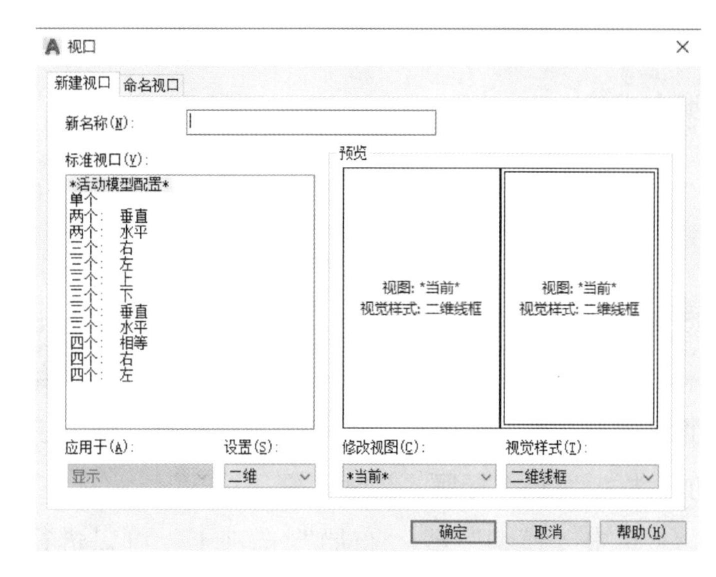

图 10-1　“视口配置”下拉菜单　　　　图 10-2　“视口”对话框“新建视口”选项卡

修改视图：用从列表中选择的视图替换选定视口中的视图。

视觉样式：将视觉样式应用到视口。

实例操作： 对“户外 10kV 变电站断面图 . dwg”进行三视口创建，如图 10-3 所示。

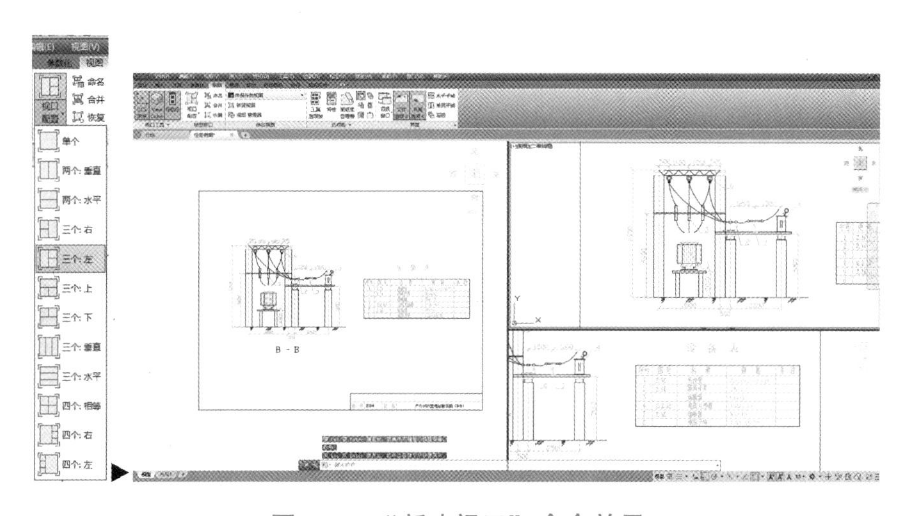

图 10-3　“新建视口”命令效果

步骤分解：

1）单击选项卡中“视口配置”下拉菜单，在下拉列表中选择“三个：左”

选项，在窗口中创建三个视口。

2）在对每个视口进行操作时，要先选中该视口，再执行命令。

3）切换视口操作时，要先退出上一视口的操作。

4）任一视口的平移和缩放操作，不会对其他视口产生影响，其余操作则同步生成。

二、使用布局向导指定图纸空间的布局

在 AutoCAD 2019 中可在两个环境上完成绘图和设计工作，即模型和布局。模型又可分为平铺式空间和浮动式空间，通常的设计和绘图工作都是在平铺式空间中进行的。布局是一种图纸空间环境，它是对图纸页面的模拟，在进行出图打印时可直观地观察，可在其中添加边框、注释、标题、尺寸注释等内容。

单击“模型”或“布局”选项卡，可以进行空间切换，如图 10-4 所示。

图 10-4 “模型”选项卡和“布局”选项卡

1. “创建布局”（LAYOUTWIZARD）命令

“创建布局”命令作用是使用布局向导指定图纸空间的布局。具体调用方法见表 10-2。

表 10-2 创建布局

调用方法	说明
菜单栏	“工具”→“向导”→“创建布局”
菜单栏	“插入”→“布局”→“创建布局向导”
命令行	“LAYOUTWIZARD”

执行“创建图块”命令后，系统会弹出“创建布局–开始”向导对话框，如图 10-5 所示。使用此向导，可对布局中的常用参数进行设置。该向导创建布局具体步骤介绍如下：

“创建布局”命令

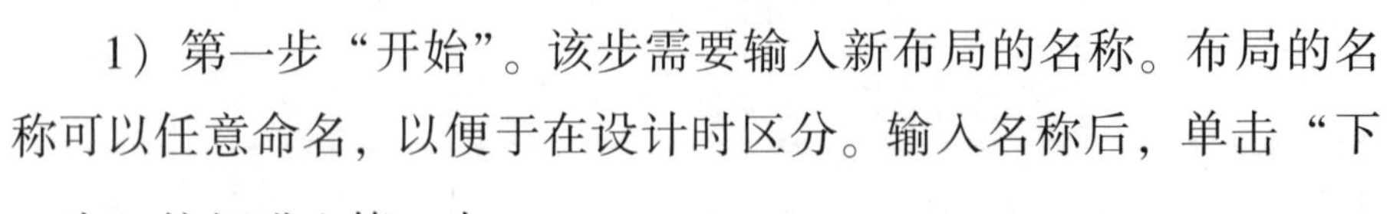

1）第一步“开始”。该步需要输入新布局的名称。布局的名称可以任意命名，以便于在设计时区分。输入名称后，单击“下一步”按钮进入第二步。

2）第二步“打印机”。该步需要选择打印机，如图 10-6 所示。在此对话框中可选择需要的已知打印设备，如要配置新的打印机，必须在控制面板中添加打

印机。选择好后单击“下一步”按钮进入第三步。

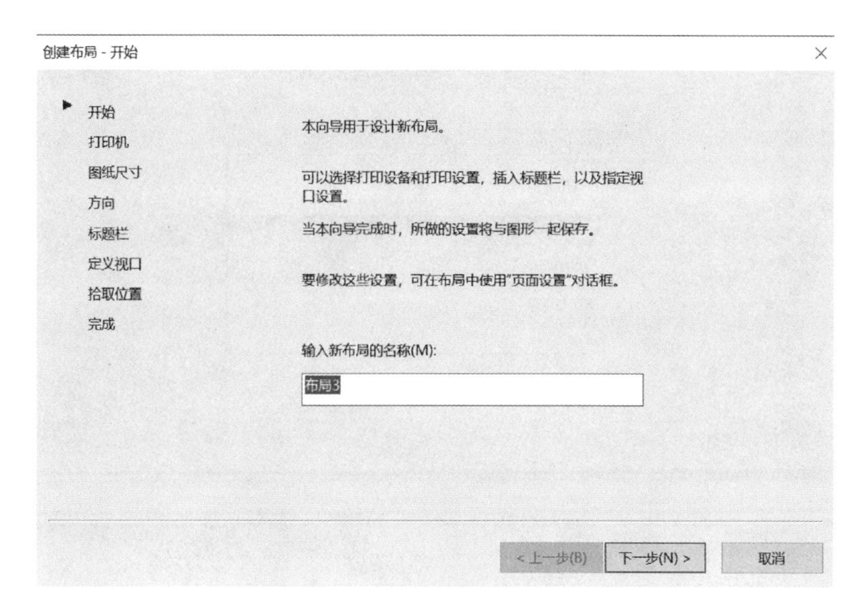

图 10-5　“创建布局–开始”对话框

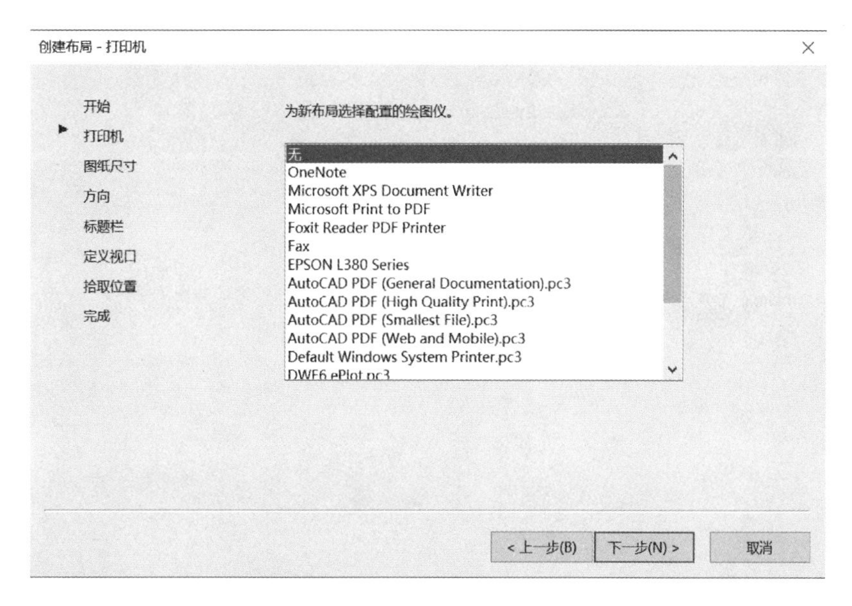

图 10-6　“创建布局–打印机”对话框

3）第三步“图纸尺寸”。该步是设置布局需要的图纸尺寸，如图 10-7 所示。列表中的图纸尺寸由上步所选的打印设备决定。在此还可选择图纸的单位，毫米或英寸。选择好后单击“下一步”按钮进入第四步。

4）第四步“方向”。该步需要设置图形在图纸上的方向，如图 10-8 所示。可选择纵向或横向。选择好后单击“下一步”按钮进入第五步。

5）第五步“标题栏”。该步需要设置此布局的标题栏，如图 10-9 所示。标

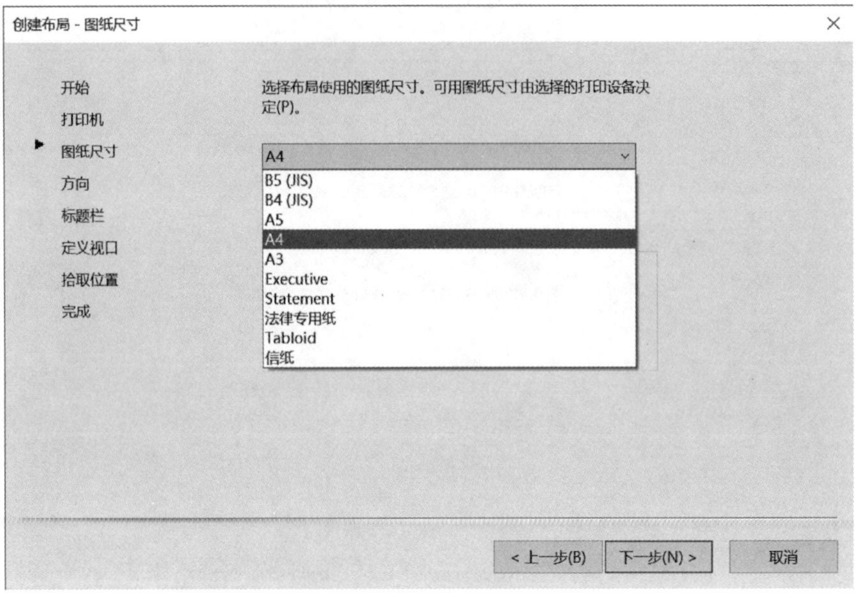

图 10-7 “创建布局–图纸尺寸”对话框

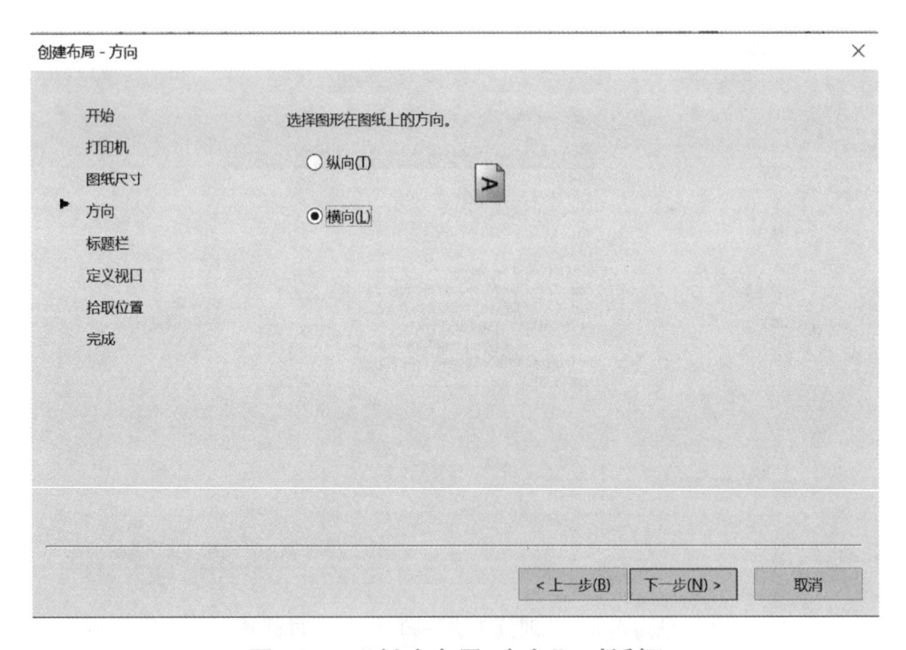

图 10-8 “创建布局–方向”对话框

题栏由系统事先按照标准做好并在窗口中采用预览方式显示。标题栏的使用有两种类型，即块和外部参考。选择好后单击“下一步”按钮进入第六步。

6）第六步“定义视口”。该步需要设置此布局中视口数量、视口比例、视口间距等，如图 10-10 所示。选择好后单击“下一步”按钮进入第七步。

7）第七步“拾取位置”。该步需要设置视口的位置，通过选择视口的对角点

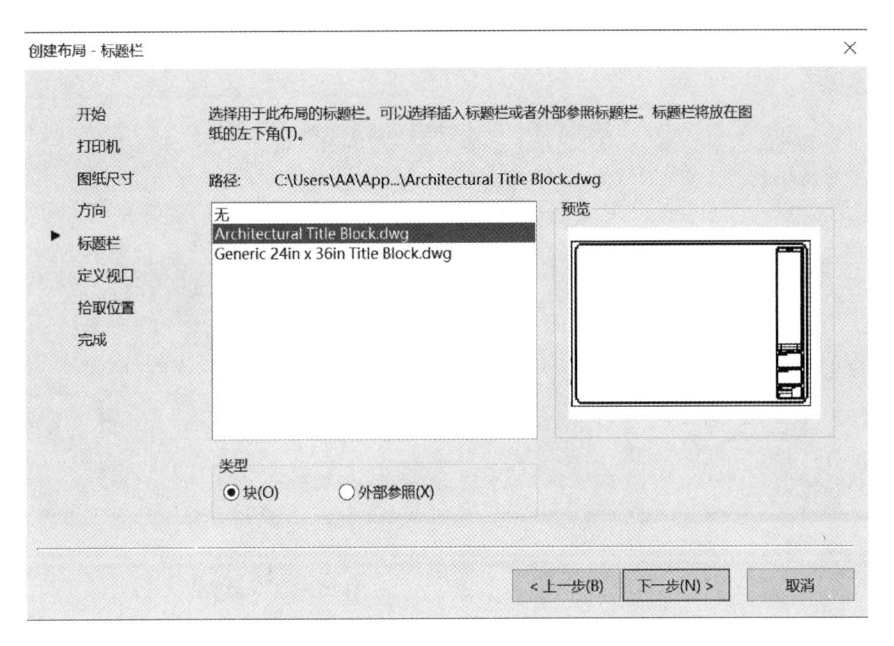

图 10-9　“创建布局–标题栏”对话框

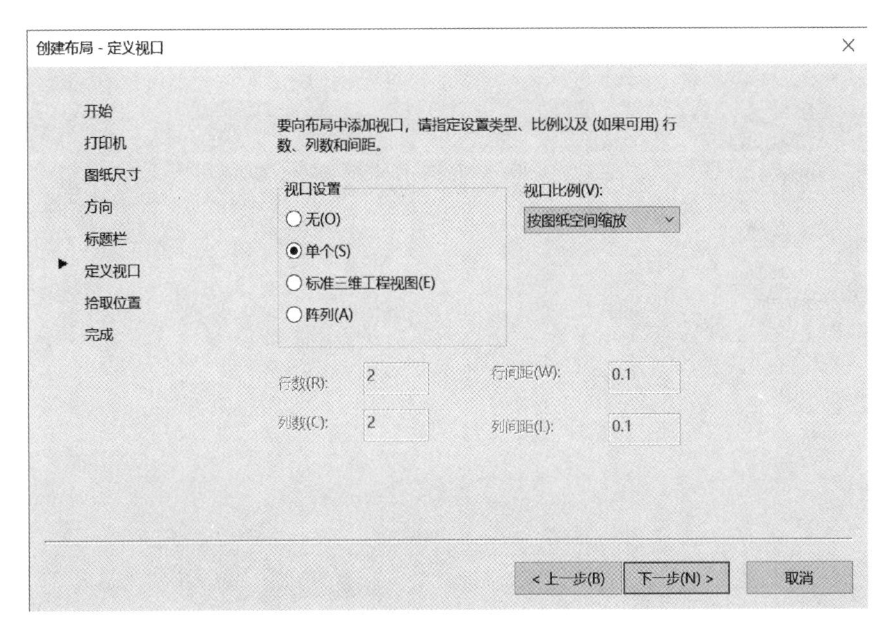

图 10-10　“创建布局–定义视口”对话框

来指定视口的显示范围，如图 10-11 所示。选择好后单击“下一步”按钮进入第八步。

8）第八步“完成”。在该步单击“完成”按钮结束“创建布局”向导，如图 10-12 所示。创建布局结束后，可以通过“页面设置”对话框修改任何现有的设置。

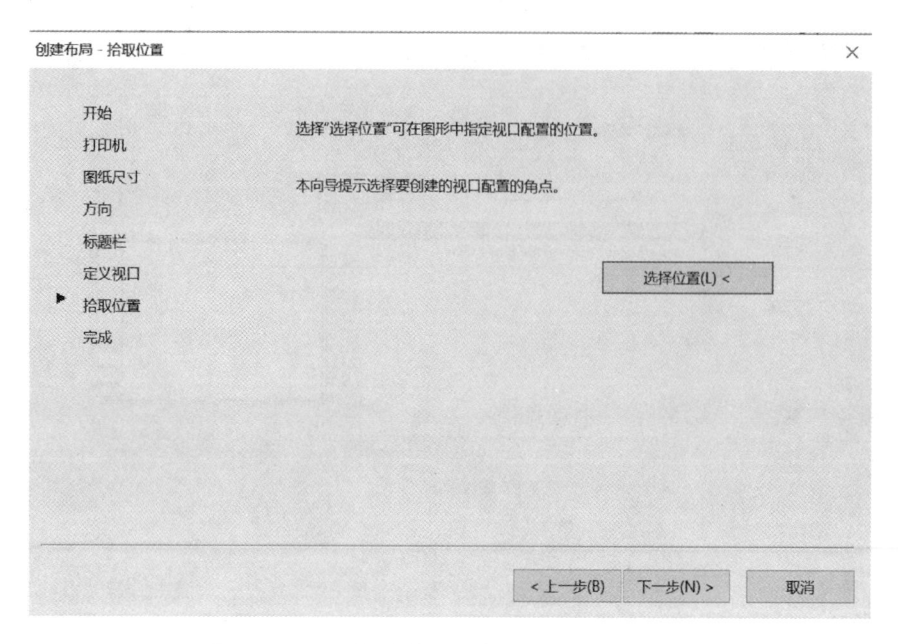

图 10-11 “创建布局–拾取位置”对话框

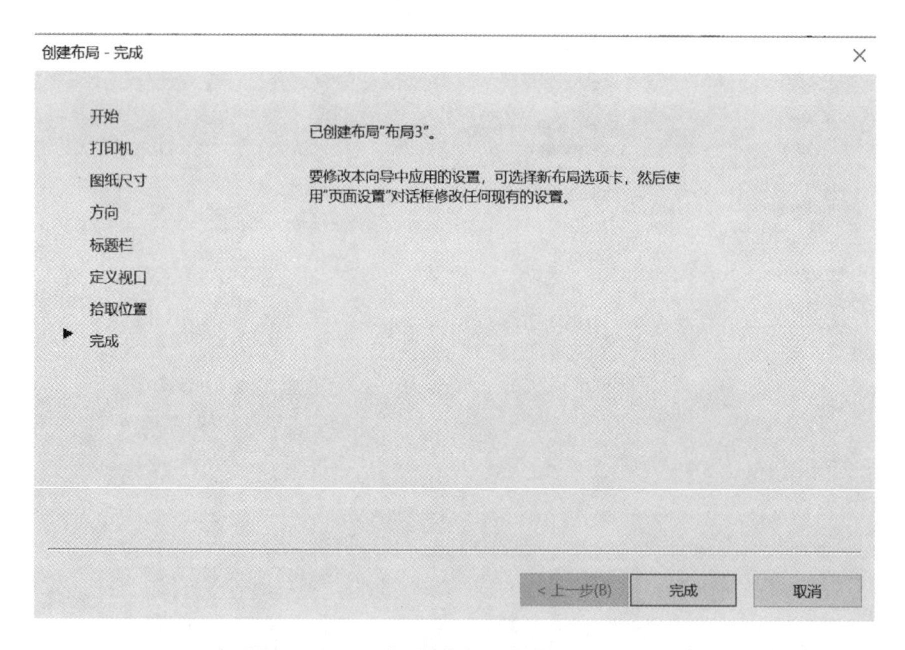

图 10-12 “创建布局–完成”对话框

2. “页面设置管理器”（PAGESETUP）命令

“页面设置管理器”命令可以对本布局最终输出的外观和格式进行设置，并将这些设置应用到其他的布局中。页面设置中的各种设置将保存在图像文件中，可以随时修改其中的参数。具体调用方法见表 10-3。

表 10-3　页面设置管理器

调用方法	说明
菜单栏	“文件”→“页面设置管理器”
功能区	“输出”选项卡→“打印”面板→按钮 页面设置管理器
命令行	“PAGESETUP”

执行“页面设置管理器”命令后，系统会弹出“页面设置管理器”对话框，如图 10-13 所示。在该对话框中，可对当前已有的布局页面进行修改，也可新建全新的布局页面。

单击“新建”按钮，弹出“新建页面设置”对话框，如图 10-14 所示。

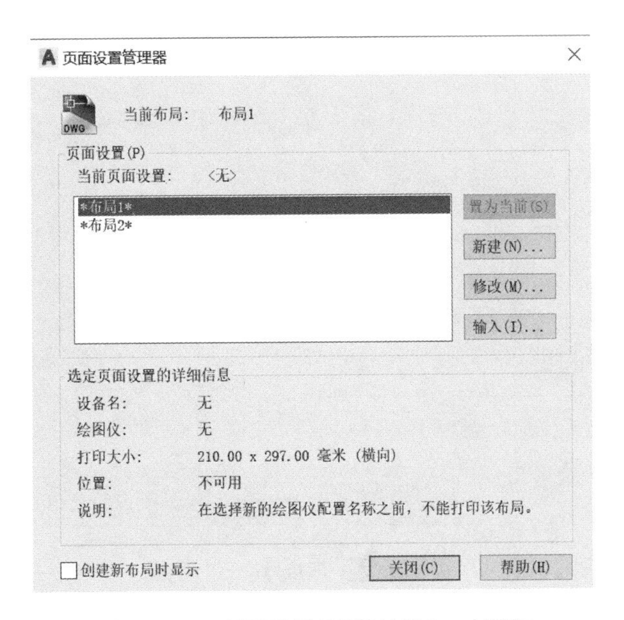

图 10-13　“页面设置管理器”对话框

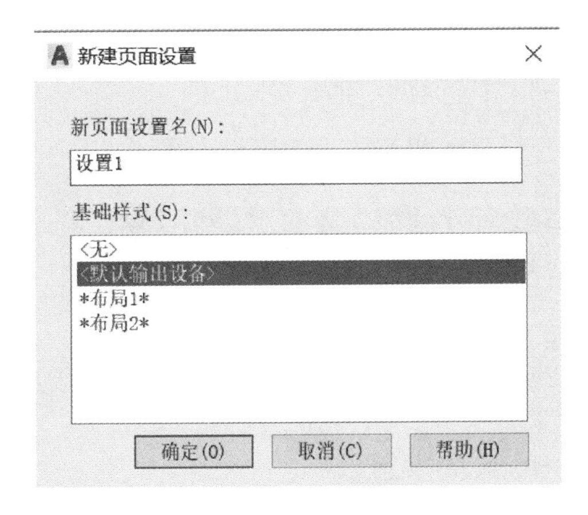

图 10-14　“新建页面设置”对话框

在“新页面设置名”中输入新建页面的名称，如“样例 1”，单击“确定”按钮，弹出“页面设置-布局 1”对话框，如图 10-15 所示。

在“页面设置-布局 1”对话框中，可设置布局和打印设备，并预览布局的效果，对于一个布局，可利用“页面设置-布局 1”对话框对其设置，设置完毕后，单击“确定”按钮完成。

三、出图打印

出图打印是整个绘图的最后一个环节，根据出图打印的要求进行设置。

1. 从模型空间输出打印图形

从模型空间输出图形时，需要在打印输出时的“打印”对话框中指定图纸尺寸，该对话框中列出的图纸尺寸取决于所指定的打印机或绘图仪型号。

“打印”命令

“打印”命令类似于普通文档的打印。具体调用方法见表 10-4。

表 10-4　打印

调用方法	说明
菜单栏	“文件” → “打印”
功能区	“输出”选项卡→“打印”选项卡→按钮
命令行	“PLOT”

执行“打印”命令后，系统会弹出“打印-模型”对话框，如图 10-16 所示。该对话框中选项功能介绍如下。

页面设置：列出了图形中已经命名或已保存的页面设置，可以将其应用为当前的页面设置，也可以单击“添加”按钮，基于当前设置创建一个新的页面设置。

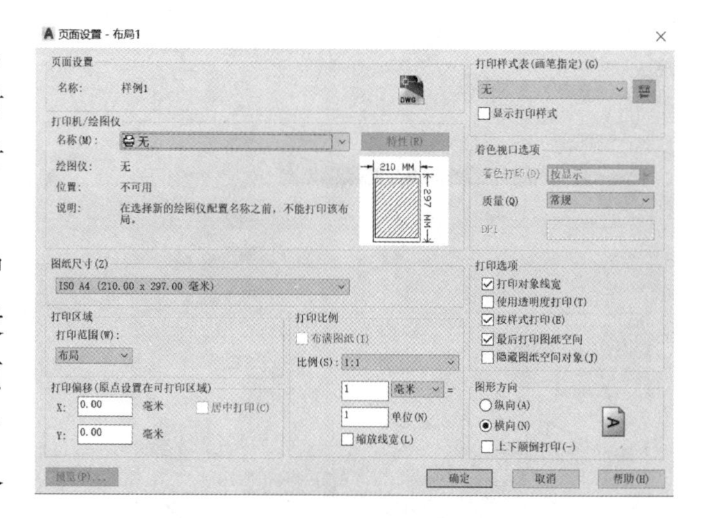

图 10-15　“页面设置–布局 1”对话框

打印机/绘图仪：用于指定图形输出时使用的设备。在“名称”下拉列表中列出了已配置的打印机、系统虚拟打印机、pc3 文件等，可选择使用，设备名称前面的图标用于识别是打印机还是 pc3 文件。

图纸尺寸：用于选择指定输出图形的图纸尺寸。

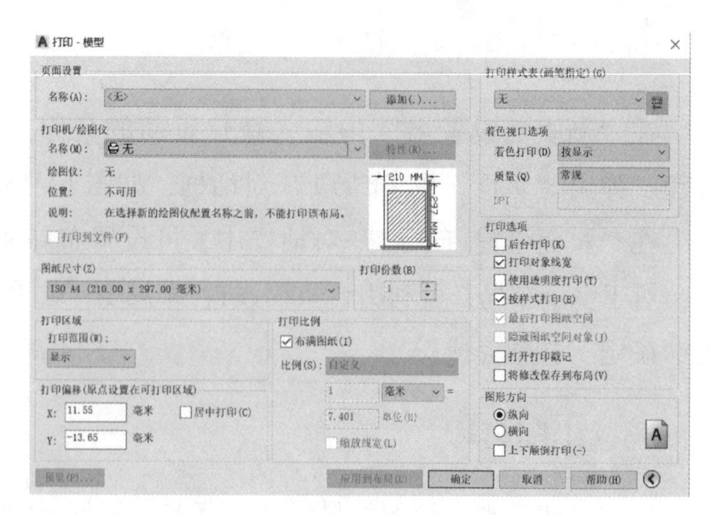

图 10-16　“打印–模型”对话框

打印区域：用于选择打印范围。在“打印范围”下拉列表中列出“窗口”“范围”“视图”“图形界限”“显示”5个选项，可根据需要进行选择。

打印比例：用于设置图形的打印比例值。下拉列表中列出了标准工程图纸常用的比例。通常选择“布满图纸”。

实例操作：对绘制的“110kV户外变电所主接线图”进行出图打印。

步骤分解：

1）打开“110kV户外变电所主接线图.dwg”文件，在命令行输入“PLOT”指令，弹出“打印–模型”对话框，在该对话框中选择设置打印机名称为“DWG To PDF. pc3”，该打印机为系统自带的内部打印机，将图纸输出为PDF格式，如图10-17所示。

2）然后选择“图纸尺寸”为“ISO A3（420.00×297.00毫米）”。

3）选择“打印区域”→“打印范围”→“窗口”后，选取图纸上想要打印的区域，勾选“布满图纸”，如图10-18所示。

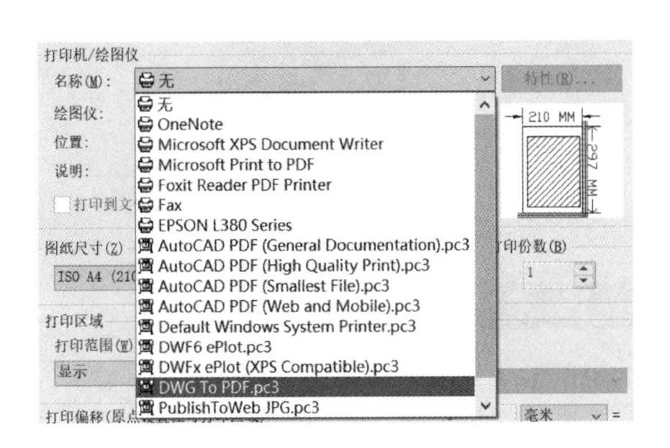

图10-17　“打印机/绘图仪”“名称”下拉列表

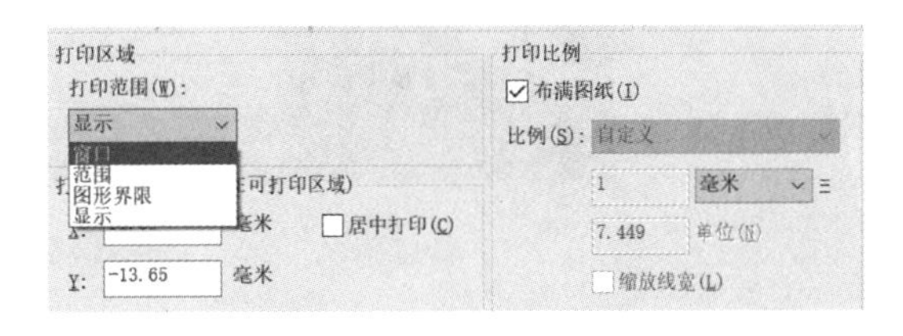

图10-18　“打印范围”下拉列表

4）设置“图形方向”为“横向”，如图10-19所示。

图10-19　“图形方向”对话框

5）完成设置后，单击“确定”按钮，打开“浏览打印文件”对话框，将图纸保存到指定位置，单击“保存”按钮，即完成PDF出图，如图10-20所示。

也可在页面上方使用“输出”选项卡进行相关设置，如图10-21所示。选择输出范围为“输出：窗口”，输出类型为“PDF”。单击“预览”按钮，可预览打印效果，如图10-22所示。

图 10-20 “浏览打印文件”对话框

图 10-21 “输出”选项卡

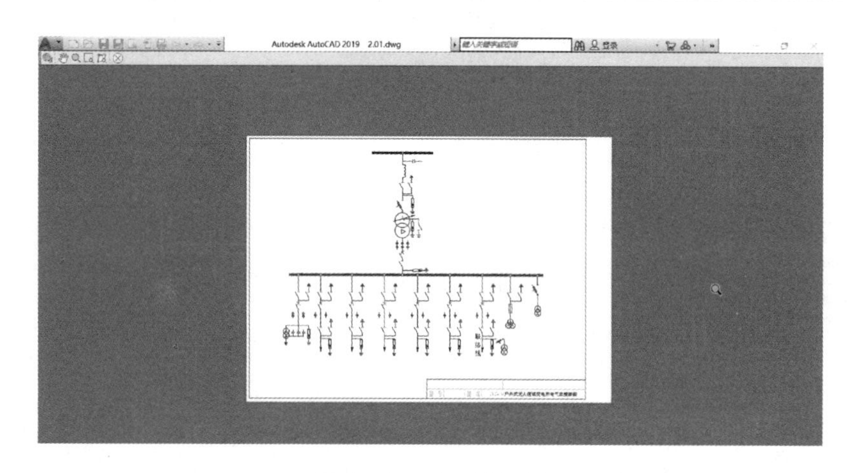

图 10-22 打印预览

小技巧

在 AutoCAD 2019 软件中常用输出图像的方法：选择菜单栏中的“文件”→“输出”命令，或直接在命令行输入“EXPORT”命令，系统将弹出“输出”对话框，在“保存类型”下拉菜单中选择“＊. bmp”格式，单击“保存”按钮，在绘图区中选中要输出的图形后按〈Enter〉键，即可保存图形文件。

2. 从布局输出打印图形

从布局输出打印图形时，需要对打印输出的要求进行相关参数设置，要在“页面设置-布局”对话框中指定图纸尺寸等。也可在布局中进行视口设置，再进行输出打印图形，可以在一张纸面

“从布局打印”操作

上打印多个视口。具体方法参照实例操作。

实例操作：对绘制的“教室配电平面图”进行从布局出图打印。

步骤分解：

1）打开“教室配电平面图.dwg”文件，在界面下方，将视图空间切换到“布局1”，如图10-23所示。

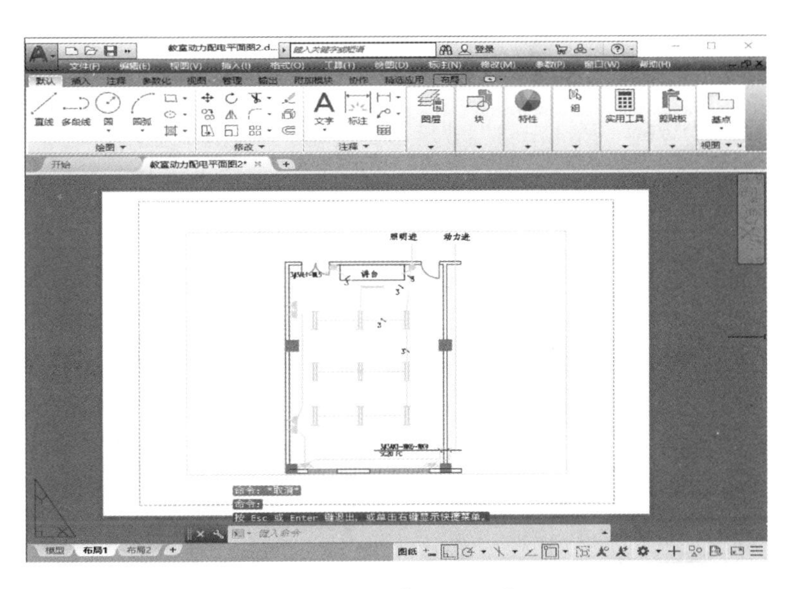

图10-23 “布局1”窗口

2）右击“布局1”选项卡，在弹出的快捷菜单中选择“页面设置管理器”命令，如图10-24所示。

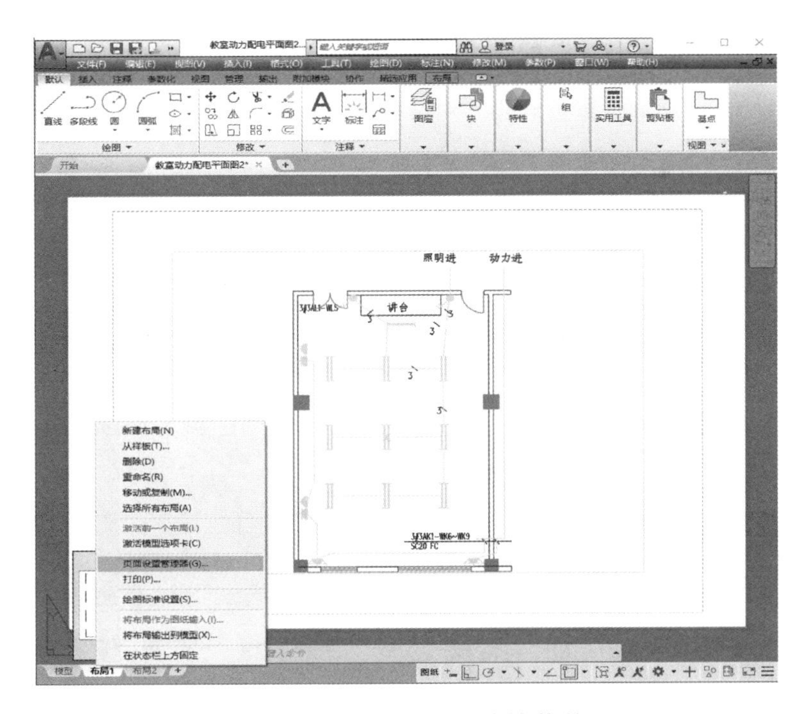

图10-24 “布局1”快捷菜单

3）在弹出的“页面设置管理器”对话框中单击“新建”按钮，如图10-25所示，打开“新建页面设置”对话框。

4）在“新建页面设置”对话框的“新页面设置名”中输入“教室配电平面

图”，如图 10-26所示。然后单击“确定”按钮，弹出“页面设置-布局 1”对话框。

5）在“页面设置-布局 1”对话框中，单击“打印机/绘图仪”下拉列表，选择“DWF6 ePlot. pc3”为打印设备；单击“图纸尺寸”下拉列表，选择“ISO A4（210. 00 × 297. 00 毫米）”为图纸尺寸；单击“打印范围”下拉列表，选择“布局”为打印范围；设置图形方向为“横向”，如图 10-27 所示。

6）设置完成后，单击“确定”按钮，返回到“页面设置管理器”对话框，在“页面设置”列表中，选中“教室配电平面图”，单击“置为当前”按钮，将其设置为当前布局，如图 10-28 所示。

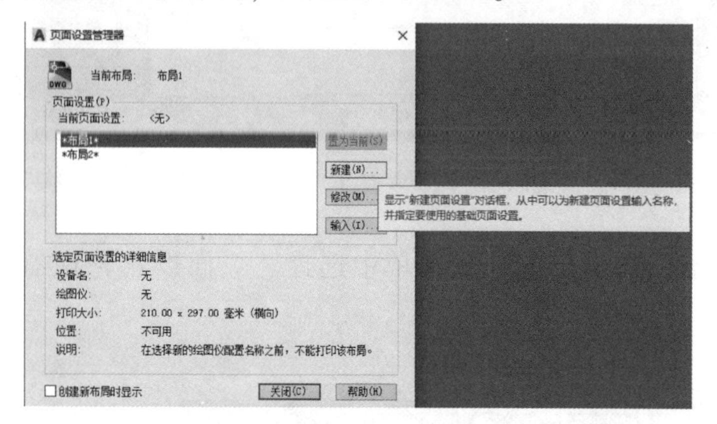

图 10-25 “页面设置管理器”对话框

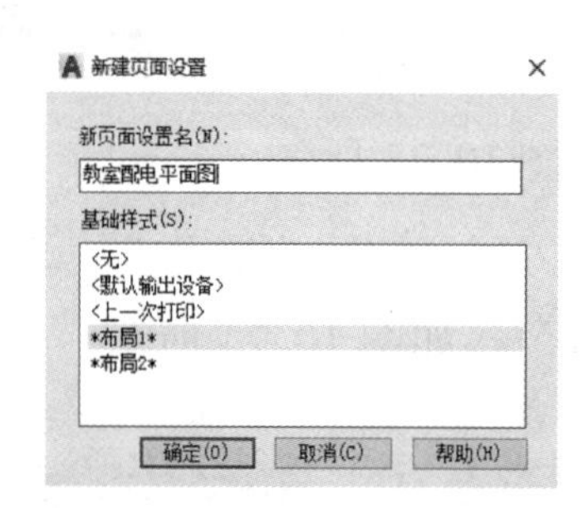

图 10-26 “新建页面设置”对话框

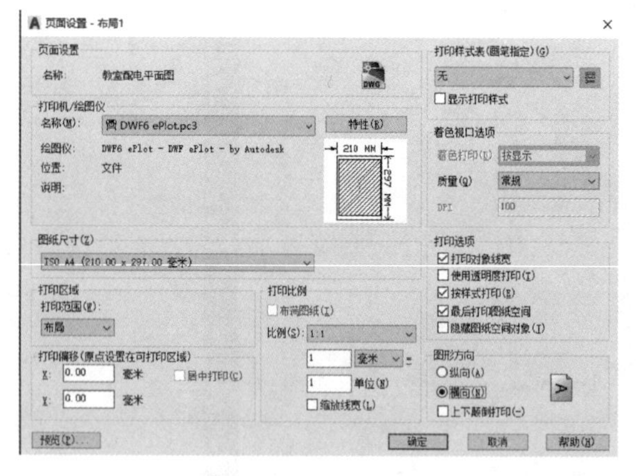

图 10-27 “页面设置-布局 1”对话框

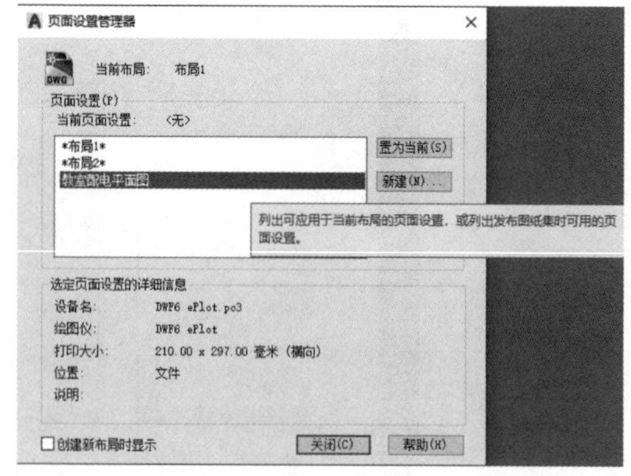

图 10-28 “页面设置管理器”对话框

7）单击“关闭”按钮，完成“教室配电平面图”布局的创建，如图 10-29 所示。

8）单击“输出”选项卡中“打印”按钮，弹出“打印-布局 1”对话框，如图 10-30 所示，在此一般不需要重新设置，单击“预览”按钮，可预览打印效果，如图 10-31 所示。

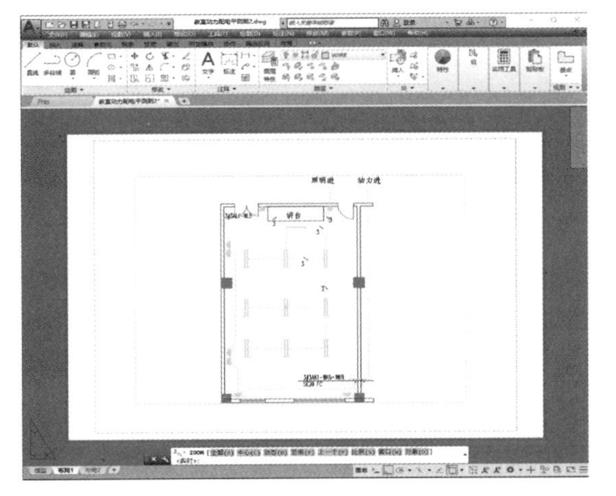

图 10-29　完成“教室配电平面图”布局的创建

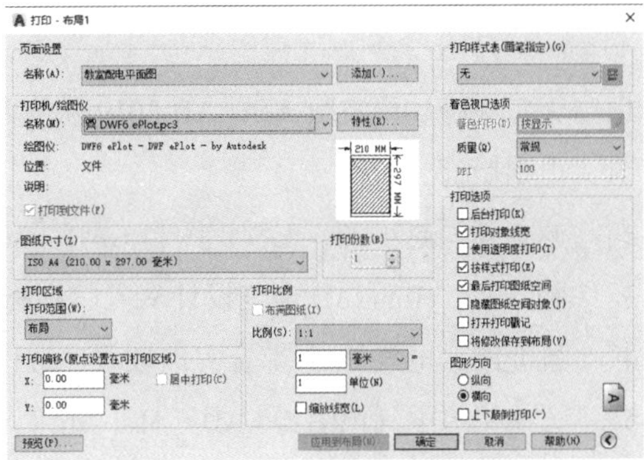

图 10-30　“打印-布局 1”对话框

9）单击“确定”按钮，弹出“浏览打印文件”对话框，将图纸保存到指定位置，单击“保存”按钮，即完成 PDF 出图。

10）该输出图纸上有边框，此边框为“视口边框”，在通过“布局”出图时会自动生成，在出图打印时可将此边框放到一个图层中，将该图层关闭或冻结即可，如图 10-32 所示。

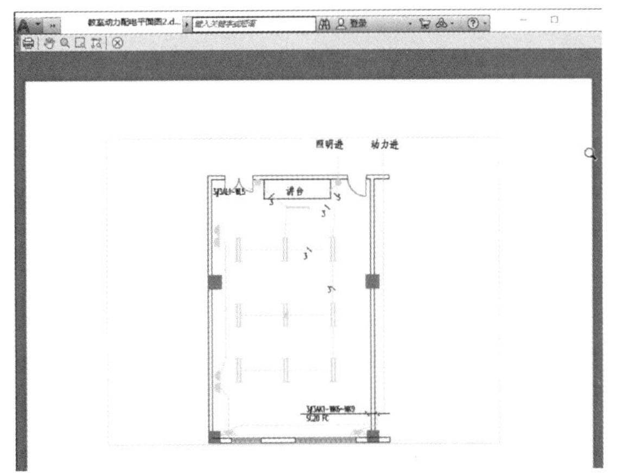

图 10-31　打印预览效果

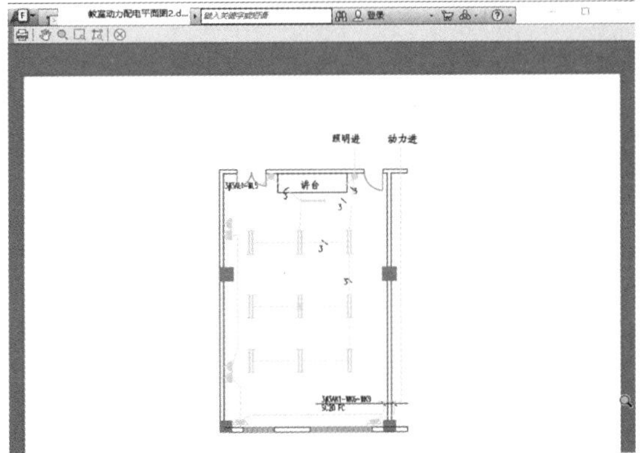

图 10-32　打印预览效果

任务实施

同步练习《电气识图与 CAD 制图工作页》中“样例任务 12　110kV 户外变电所出线安装图出图设置”。

参考文献

[1] 天工在线．中文版 AutoCAD 2019 从入门到精通：实战案例版［M］．北京：中国水利水电出版社，2019.

[2] 赵一凡，赵小飞．工程识图与 CAD［M］．北京：机械工业出版社，2010.

[3] 陈景文．AutoCAD 电气设计从入门到精通［M］．北京：清华大学出版社，2018.

[4] 姚允刚．电气 CAD 综合实训教程［M］．北京：机械工业出版社，2019.

[5] 方志平．电气识图与 CAD［M］．北京：清华大学出版社，2015.

职业院校校企“双元”合作电气类专业立体化教材

电气识图与CAD制图工作页

主　编　邵红硕

副主编　赵冲

参　编　刘天宋

机 械 工 业 出 版 社

二维码索引

目 录

样例任务 1　C6150 型车床电气控制原理图识读

任务名称	C6150 型车床电气控制原理图识读	任务编号	
姓名		实施日期	
小组成员		总成绩	

任务描述

1. 任务背景

有一台长期使用的 C6150 型车床出现电气故障，无法进行生产。现进行车床维修，排除电气故障。车床电气原理图如图 1-1 所示。请完成图样的识读，为机床的维修做准备。

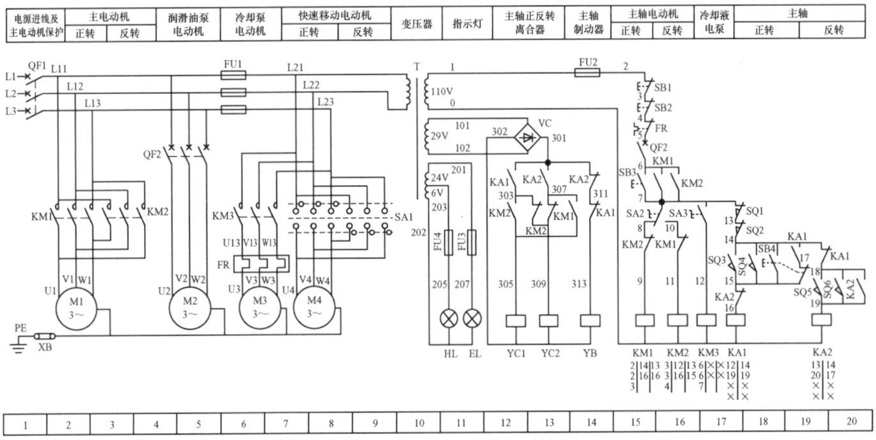

图 1-1　C6150 型车床电气控制原理图

2. 任务要求

1）能明确 C6150 型车床电气控制要求。

2）能准确识读电路图中的图形、文字符号。

3）能正确识读、解释 C6150 型车床电气控制原理图。

知识技能要求

1. 熟知电气控制电路图中元件符号。
2. 熟悉电气控制电路图的特点。
3. 掌握电气控制电路图的读图方法。

任务实施

1. 任务实施方案

根据电气制图的规则，制定如下实施步骤：

1）分析 C6150 型车床特点。

2）识读 C6150 型车床主电路图。

3）识读 C6150 型车床控制电路图。

2. 任务实施

（1）分析 C6150 型车床特点

实训微课1-C6150型车床工作原理分析

C6150 型车床为我国自行设计制造的普通车床，属中小型车床。它具有性能稳定、结构先进、操作方便等优点。C6150 型卧式车床的外形结构如图 1-2 所示。

（续）

任务实施

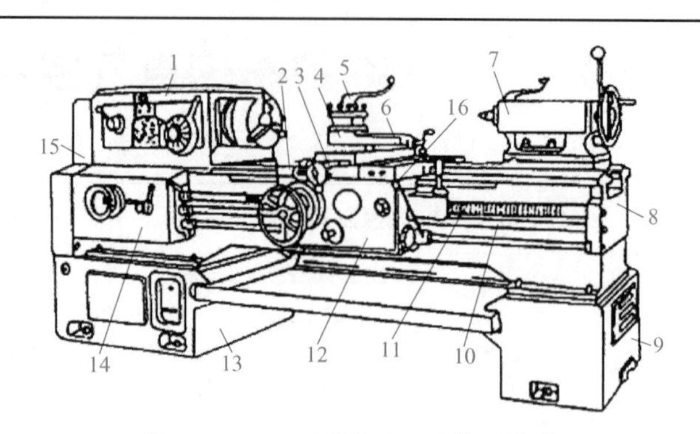

图 1-2　C6150 型卧式车床外形结构

1—主轴箱　2—纵溜板　3—横溜板　4—转盘　5—方刀架　6—小溜板
7—尾架　8—床身　9—右床座　10—光杠　11—丝杠　12—溜板箱
13—左床座　14—进给箱　15—挂轮架　16—操纵手柄

1）根据 C6150 型车床的工作需求，结合教师讲解和资料查询，简要描述该车床的工作特点。

2）搜集资料，分析 C6150 型车床主要运动形式及控制要求。

3）搜集资料，分析 C6150 型车床电气控制电路的特点。

4）搜集资料，分析 C6150 型车床对电气控制的要求。

（2）识读 C6150 型车床主电路图

电源进线及主电动机保护	主电动机		润滑油泵电动机	冷却泵电动机	快速移动电动机	
	正转	反转			正转	反转

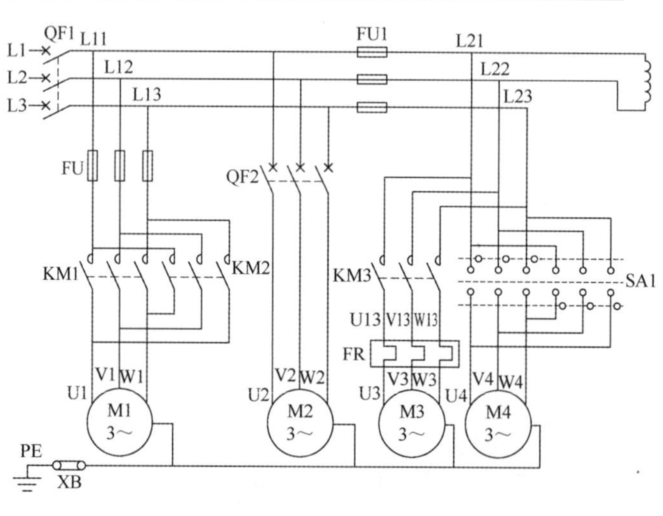

1	2	3	4	5	6	7	8	9

图 1-3　C6150 型车床主电路图

实训微课2-C6150型车床主电路识读

1）识读图 1-3，回答主电路图分为几个区，各区的功能是什么？

2）运用所学知识，对电动机 M1、M2、M3、M4 的主电路进行分析。

（3）识读 C6150 型车床控制电路图

（续）

任务实施

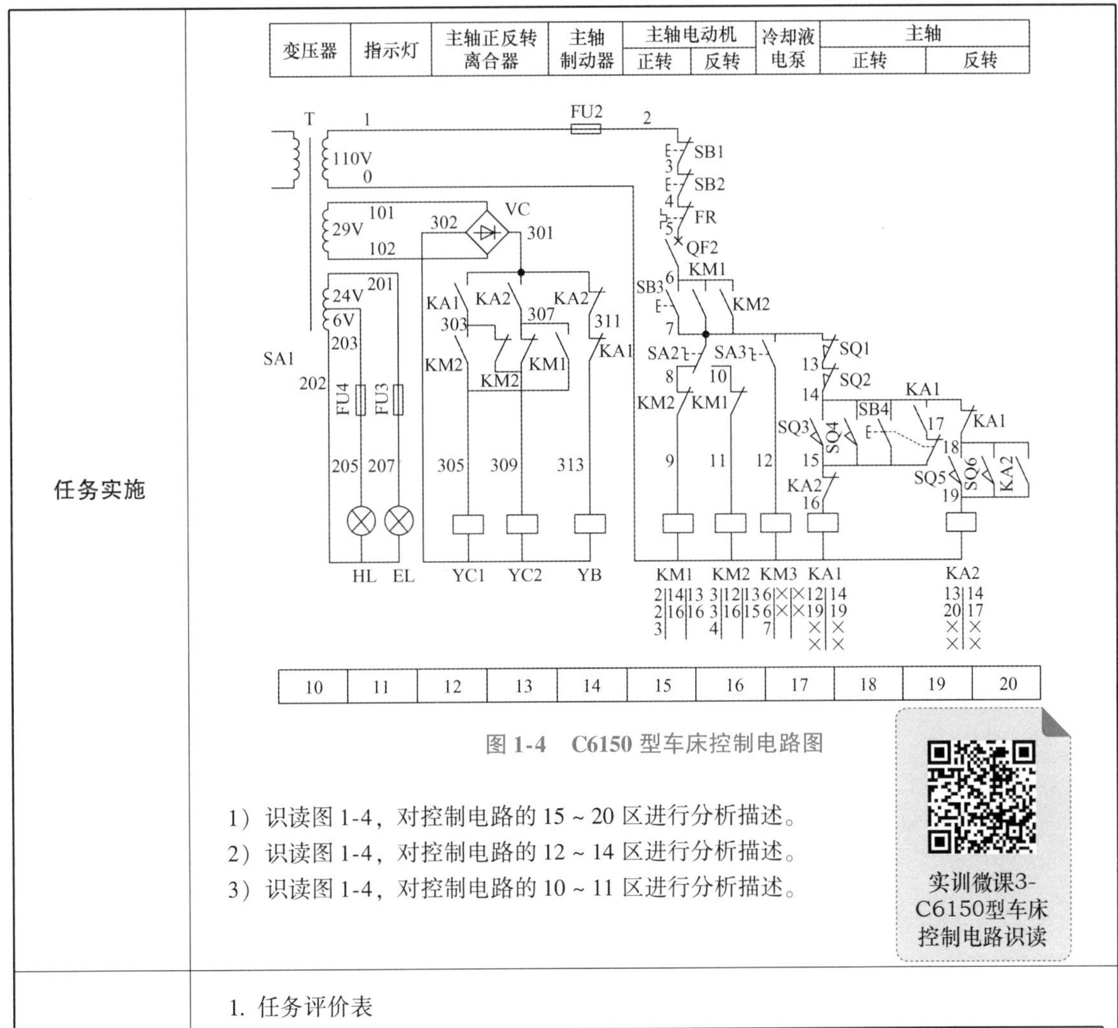

图1-4　C6150型车床控制电路图

1）识读图1-4，对控制电路的15～20区进行分析描述。

2）识读图1-4，对控制电路的12～14区进行分析描述。

3）识读图1-4，对控制电路的10～11区进行分析描述。

实训微课3-C6150型车床控制电路识读

任务评价

1. 任务评价表

序号	评价项目（每项10分）	自我评价 30%	小组评价 30%	教师评价 40%
1	图样信息收集			
2	电气符号识读			
3	主电路识读			
4	控制电路识读			
5	辅助电路识读			
6	电气原理分析			
7	描述文字规范性			
8	团队协作			
9	职业规范			
10	环境保护			
小计				
总分				

（续）

任务评价	2. 小组评语 ____________________ ____________________ ____________________。 3. 教师评语 ____________________ ____________________ ____________________。
任务总结	请根据自身在任务实施中的情况进行反思和总结。 ____________________ ____________________ ____________________。

样例任务 2　某机加工车间配电系统图识图

任务名称	某机加工车间配电系统图识图	任务编号	
姓名		实施日期	
小组成员		总成绩	
任务描述	1. 任务背景 某机加工车间需要对照明线路及动力线路进行安装。请完成相关图样的识读，为安装做准备，如图 2-1 ~ 图 2-5 所示。 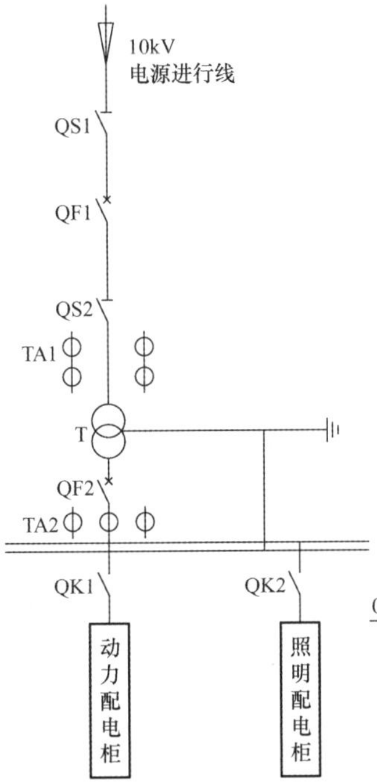		

图 2-1　工厂供配电系统图

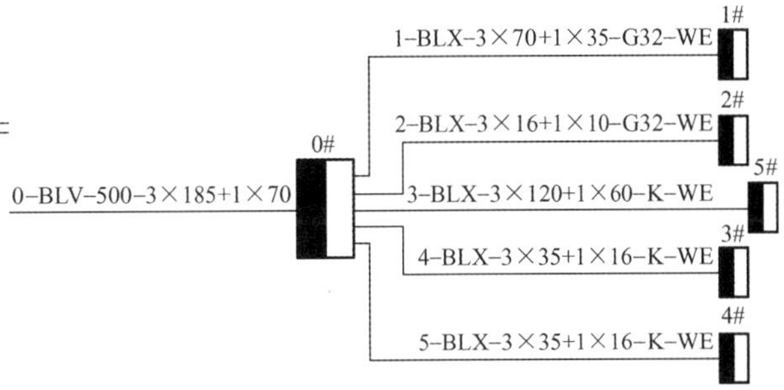

图 2-2　机加工车间动力配电系统图

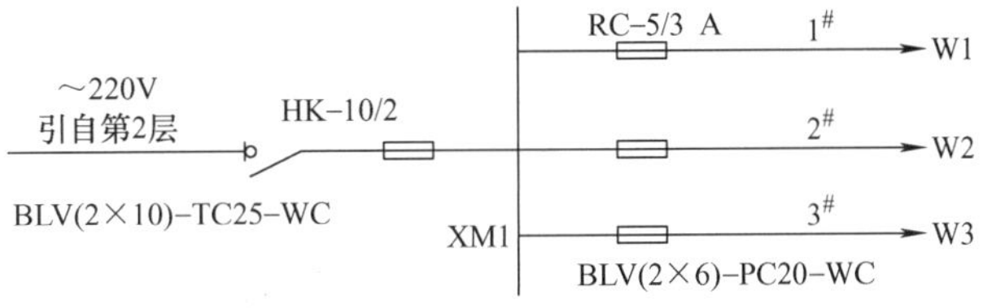

图 2-3　机加工车间照明配电系统图

（续）

任务描述	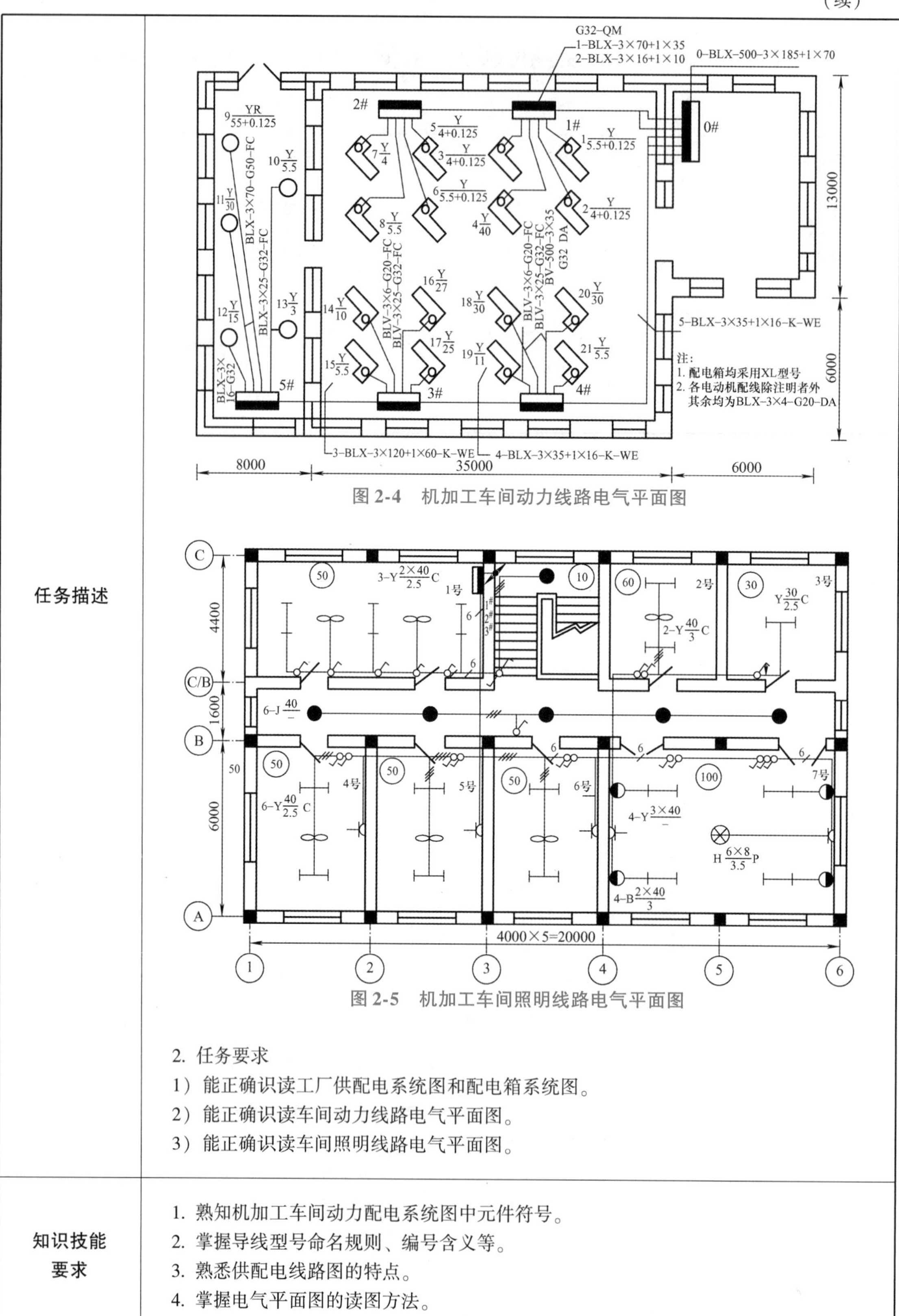 图 2-4　机加工车间动力线路电气平面图 图 2-5　机加工车间照明线路电气平面图 2. 任务要求 1）能正确识读工厂供配电系统图和配电箱系统图。 2）能正确识读车间动力线路电气平面图。 3）能正确识读车间照明线路电气平面图。
知识技能要求	1. 熟知机加工车间动力配电系统图中元件符号。 2. 掌握导线型号命名规则、编号含义等。 3. 熟悉供配电线路图的特点。 4. 掌握电气平面图的读图方法。

（续）

任务实施

1. 任务实施方案

1）工厂供配电系统图识读。

2）机加工车间动力配电系统图识读。

3）机加工车间照明配电系统图识读。

4）机加工车间动力线路电气平面图识读。

5）机加工车间照明线路电气平面图识读。

2. 任务实施

（1）工厂供配电系统图识读

识读图 2-1，分析该供配电系统的工作过程。

（2）机加工车间动力配电系统图识读

识读图 2-2，分析该动力配电系统的工作过程。

（3）机加工车间照明配电系统图识读

识读图 2-3，分析该照明配电系统的工作过程。

（4）机加工车间动力线路电气平面图识读

识读图 2-4，分析该车间动力线路电气平面图。

（5）机加工车间照明线路电气平面图识读

识读图 2-5，分析该车间照明线路电气平面图。

实训微课4-机加工车间进线电路图识读

实训微课5-机加工车间动力配电系统图识读

实训微课6-机加工车间供配电系统图识读

任务评价

1. 任务评价表

序号	评价项目（每项 10 分）	自我评价 30%	小组评价 30%	教师评价 40%
1	信息收集			
2	供配电系统图的识读			
3	配电系统图中电气符号识读			
4	导线标注的识读			
5	车间动力线路电气平面图识读			
6	车间照明线路电气平面图识读			
7	描述文字规范性			
8	团队协作			
9	职业规范			
10	环境保护			
小计				
总分				

2. 小组评语

____

____

____。

3. 教师评语

____

____

____。

任务总结

请根据自身在任务实施中的情况进行反思和总结。

____

____

____。

样例任务3 “户外10kV变电站断面图”的图层设置

任务名称	“户外10kV变电站断面图”的图层设置	任务编号	
姓名		实施日期	
小组成员		总成绩	
任务描述	1. 任务背景 某工地要进行户外10kV变电站维护，为了方便施工，需要对“户外10kV变电站断面图”进行图层特性设置。 2. 任务要求 使用AutoCAD 2019软件，根据要求对“户外10kV变电站断面图”进行图层特性设置，如图3-1所示。 图3-1 户外10kV变电站断面图		
知识技能要求	1. 掌握AutoCAD 2019中图层特性设置的方法。 2. 会操作图层特性管理器。 3. 会对已绘制线型的线宽进行设置。		
任务实施	1. 任务实施方案 根据任务要求，确定如下步骤： 1）打开“图层特性管理器”对话框。 2）颜色变换。 3）关闭图层。 4）设置线宽。 2. 任务实施 1）打开“图层特性管理器”对话框。单击“图层特性”按钮，打开“图层特性管理器”对话框，如图3-2所示。 实训微课7-“户外10kV变电站断面图”的图层设置识读		

（续）

任务实施

2）单击“标注文字”图层的“颜色”列，弹出“选择颜色”对话框，选择“红”色，如图3-3所示，单击“确定”按钮，即改变了图形中所有标注文字的颜色，如图3-4所示。

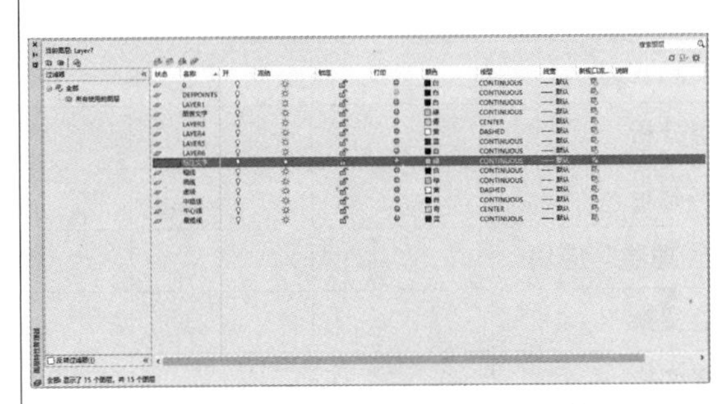

图3-2 “图层特性管理器”对话框

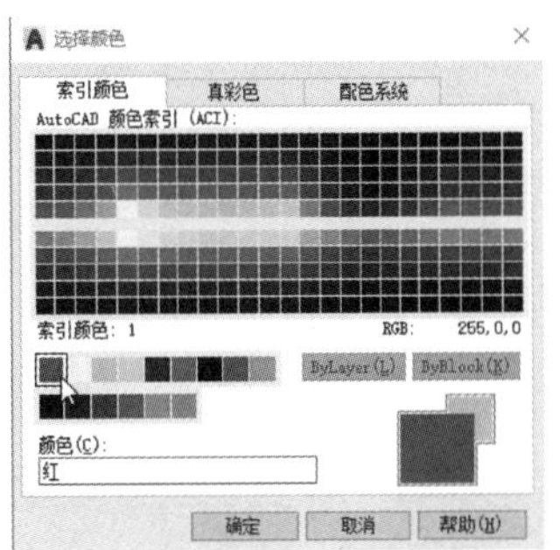

图3-3 “选择颜色”对话框

3）单击“标注文字”图层的“开关”按钮，将此图层设置为关闭状态，即关闭了“标注文字”图层，如图3-5所示。

4）单击“中粗线”图层的“线宽”列，弹出“线宽”对话框，选择“0.30mm”线宽，如图3-6所示，单击“确定”按钮，即改变了图形中相关绘制线的线宽，如图3-7所示。

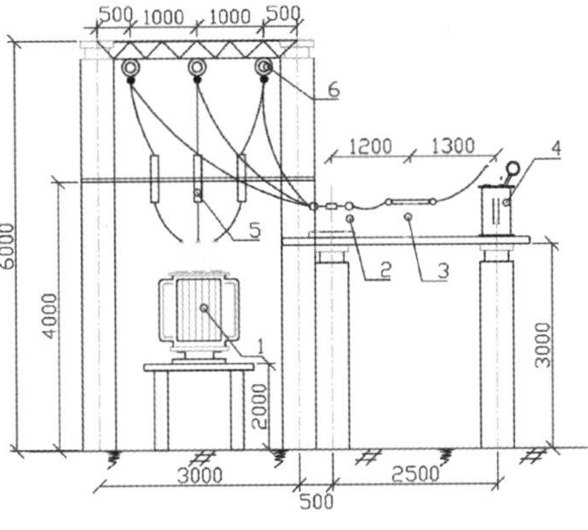

图3-4 标注文字颜色变换效果

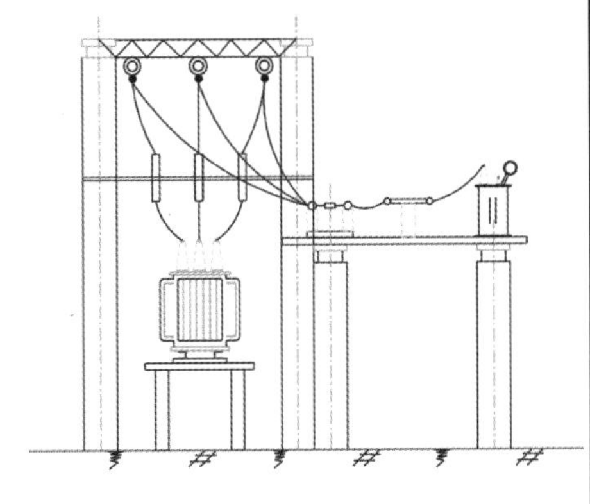

图3-5 关闭“标注文字”图层效果

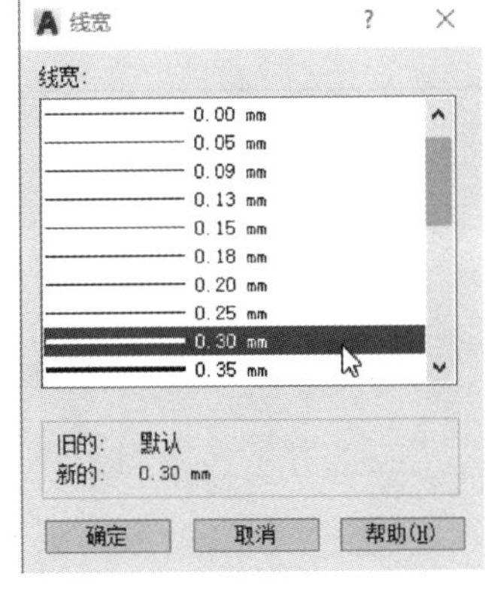

图3-6 “线宽”对话框

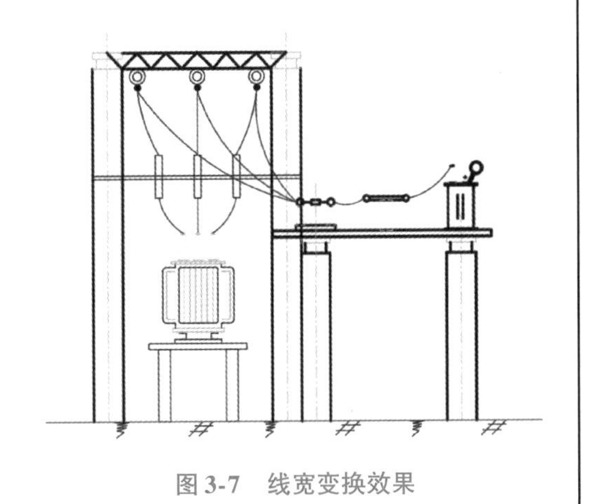

图3-7 线宽变换效果

（续）

任务评价

1. 任务评价表

序号	评价项目 （每项 10 分）	自我评价 30%	小组评价 30%	教师评价 40%
1	图样信息收集			
2	图层分析			
3	步骤制定			
4	“图层特性管理器”应用			
5	颜色变换			
6	线宽变换			
7	操作熟练度			
8	团队协作			
9	职业规范			
10	环境保护			
小计				
总分				

2. 小组评语

。

3. 教师评语

。

任务总结

请根据自身在任务实施中的情况进行反思和总结。

。

样例任务 4　手动开关图形符号的绘制

<table>
<tr><td>任务名称</td><td>手动开关图形符号的绘制</td><td>任务编号</td><td></td></tr>
<tr><td>姓名</td><td></td><td>实施日期</td><td></td></tr>
<tr><td>小组成员</td><td></td><td>总成绩</td><td></td></tr>
<tr><td>任务描述</td><td colspan="3">1. 任务背景
某工地要进行电气照明线路安装施工，现有电路图样设计任务，请结合电气照明线路的工作原理，合理、规范地绘制出相关元器件的图形符号，方便后期绘图调用。
2. 任务要求
使用 AutoCAD 2019 软件，绘制出手动开关图形符号，如图 4-1所示。 
图 4-1　手动开关图形</td></tr>
<tr><td>知识技能要求</td><td colspan="3">1. 掌握 AutoCAD 2019 中常用命令：“直线”“极轴追踪”“对象捕捉”“线型”等的用法。
2. 掌握简单二维图形的绘制方法。</td></tr>
<tr><td>任务实施</td><td colspan="3">实训微课8-手动开关图形符号绘制
1. 任务实施方案
1）垂直线的绘制。
2）斜线的绘制。
3）线型设置。
4）虚断线的绘制。
2. 任务实施
1）单击“直线”命令按钮，打开“正交”功能，绘制长度均为 10mm，首尾相连的 3 条竖直直线，如图 4-2 所示。
2）使用“删除”命令，将中间第 2 条线段删除。打开“极轴追踪”“对象捕捉”功能，使用“直线”命令，以线段 3 的顶点为起点，绘制一条倾斜角为 120°的直线，如图 4-3所示。 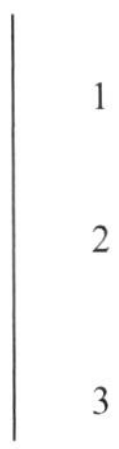
1
2
3
极轴: 489.5479 < 120°
图 4-2　绘制直线 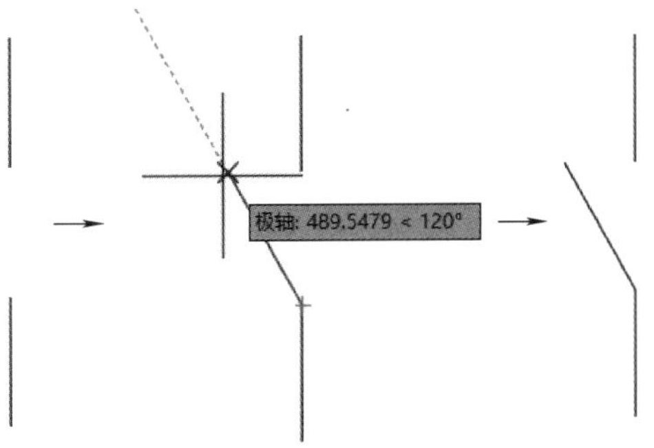　　图 4-3　绘制斜线
3）在“特性”工具栏上的“线型”下拉列表中选择“其他”，弹出“线型管理器”对话框，如图 4-4 所示，选择“DASHEDX2”线型。该线型为虚断线，若没有找到该线型，则需要单击“加载”，在“加载或重载线型”对话框中选出后加载，如图 4-5 所示。</td></tr>
</table>

（续）

<table>
<tr>
<td>任务实施</td>
<td>

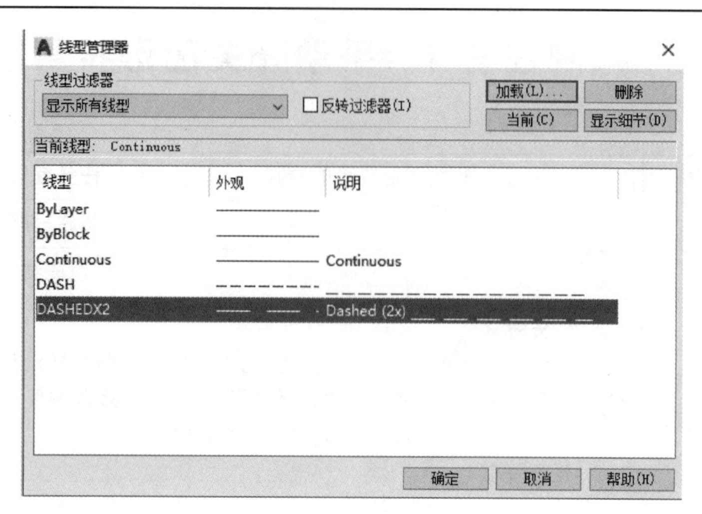

图 4-4　加载线型

图 4-5　“加载或重载线型”对话框

4）使用“直线”命令绘制虚断线，打开“对象捕捉”功能，用鼠标捕捉斜线段的中点，以该点为直线起点，绘制长度为 15mm 的水平线段，如图 4-6所示。

5）选择“CONTINUOUS”线型，捕捉虚断线的左侧端点，分别向上和向下绘制长度均为 3mm 的线段，完成绘制，如图 4-7 所示。

图 4-6　绘制虚断线　　　图 4-7　绘制直线

</td>
</tr>
</table>

（续）

任务评价

1. 任务评价表

序号	评价项目（每项10分）	自我评价 30%	小组评价 30%	教师评价 40%
1	绘图任务分析			
2	所使用绘图命令分析			
3	绘图步骤制定			
4	绘图实施过程			
5	绘图命令运用			
6	绘制图样准确度			
7	绘制图样规范性			
8	团队协作			
9	职业规范			
10	环境保护			
小计				
总分				

2. 小组评语

____

____

____。

3. 教师评语

____

____

____。

任务总结

请根据自身在任务实施中的情况进行反思和总结。

____

____

____。

样例任务 5　灯图形符号的绘制

任务名称	灯图形符号的绘制	任务编号	
姓名		实施日期	
小组成员		总成绩	
任务描述	1. 任务背景 某工地要进行电气照明线路安装施工，现有电路图样设计任务，请结合电气照明线路的工作原理，合理、规范绘制出相关元器件的图形符号，方便后期绘图调用。 2. 任务要求 使用 AutoCAD 2019 软件，绘制出灯的图形符号，如图 5-1 所示。 图 5-1　灯图形符号		
知识技能要求	1. 掌握 AutoCAD 2019 中常用命令：“圆”“直线”“极轴追踪”“对象捕捉”等的用法。 2. 掌握简单二维图形的绘制方法。		
任务实施	1. 任务实施方案 1）圆的绘制。 2）极轴追踪的设置。 3）斜线的绘制。 2. 任务实施 1）单击“圆”命令按钮，使用“圆心”“交点”方式，绘制一个半径为 20mm 的圆，如图 5-2 所示。 实训微课9-灯图形符号绘制 图 5-2　绘制圆		

（续）

任务实施

2）使用“直线”命令。打开“极轴追踪”功能，选中45°追踪角度，如图5-3所示。打开“对象捕捉”功能，仅选中“圆心”“交点”为捕捉对象，如图5-4所示。以圆心为起点，以圆边为终点。绘制一条倾斜角为45°的直线，如图5-5所示。

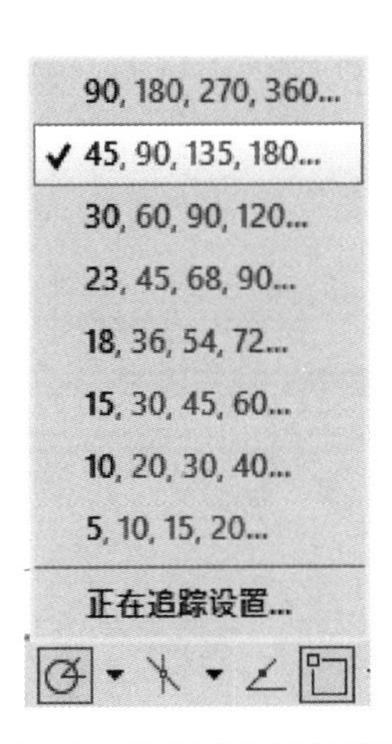

图5-3　打开“极轴追踪”

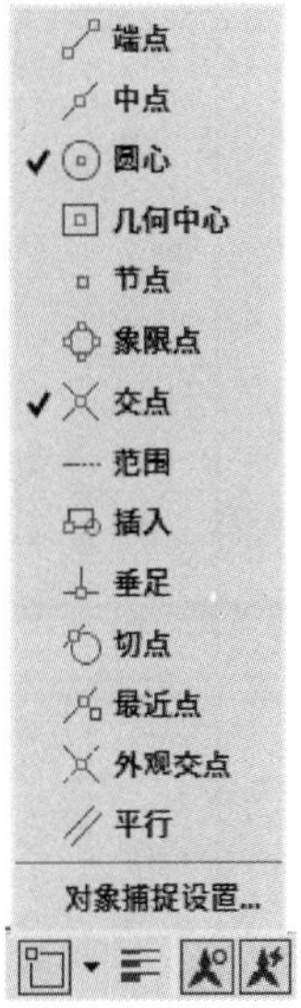

图5-4　打开“对象捕捉”

3）使用同样方法，绘制其余3条斜线段，倾斜角度分别为135°、225°、315°，如图5-6所示。

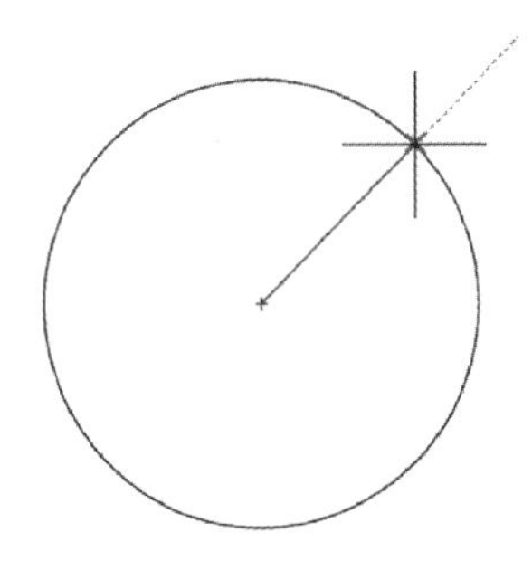

图5-5　绘制斜线

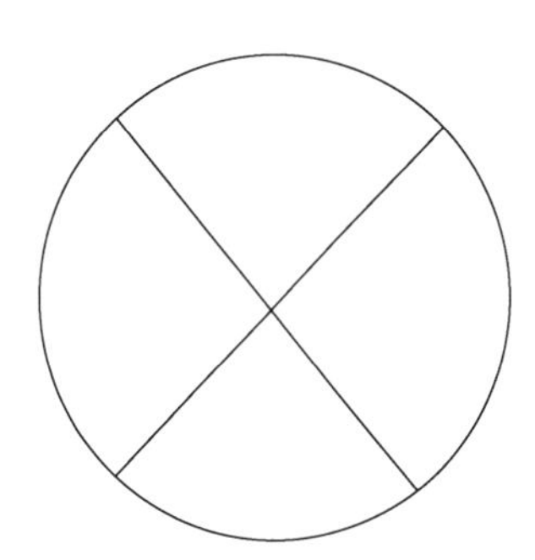

图5-6　绘制斜线

（续）

<table>
<tr><td rowspan="6">任务评价</td><td>1. 任务评价表

序号	评价项目 （每项 10 分）	自我评价 30%	小组评价 30%	教师评价 40%
1	图样信息收集			
2	图样原理分析			
3	绘图步骤制定			
4	绘图实施过程			
5	绘图命令运用			
6	绘制图样准确度			
7	绘制图样规范性			
8	团队协作			
9	职业规范			
10	环境保护			
小计				
总分				

2. 小组评语

____

____

____。

3. 教师评语

____

____

____。</td></tr>
<tr><td>任务总结</td><td>请根据自身在任务实施中的情况进行反思和总结。

____

____

____。</td></tr>
</table>

样例任务6　电铃图形符号的绘制

<table>
<tr><td>任务名称</td><td>电铃图形符号的绘制</td><td>任务编号</td><td></td></tr>
<tr><td>姓名</td><td></td><td>实施日期</td><td></td></tr>
<tr><td>小组成员</td><td></td><td>总成绩</td><td></td></tr>
<tr><td>任务描述</td><td colspan="3">1. 任务背景
某工地要进行电气照明线路安装施工，现有电路图样设计任务，请结合电气照明线路的工作原理，合理、规范绘制出相关元器件的图形符号，方便后期绘图调用。
2. 任务要求
使用 AutoCAD 2019 软件，绘制出电铃的图形符号，如图 6-1 所示。
图 6-1　电铃图形符号</td></tr>
<tr><td>知识技能
要求</td><td colspan="3">1. 掌握 AutoCAD 2019 中常用命令：“圆弧”“直线”“对象捕捉”等的用法。
2. 掌握简单二维图形的绘制方法。</td></tr>
<tr><td>任务实施</td><td colspan="3">1. 任务实施方案
1）垂直线的绘制。
2）半圆弧的绘制。
3）直线的绘制。
2. 任务实施
1）单击“直线”命令按钮，打开“动态输入”功能，绘制一个长为 20mm 的垂直线段，如图 6-2 所示。
2）打开“对象捕捉”功能，仅选中“端点”“中点”为捕捉对象，如图6-3所示。
单击“圆弧”命令按钮，选用“起点、圆心、端点”绘制模式，如图 6-4 所示。
以线段中点为圆弧的圆心，以线段两端为起点和端点，绘制一个半圆弧，如图 6-5所示。
实训微课10-电铃符号绘制
图 6-2　绘制直线</td></tr>
</table>

（续）

任务实施

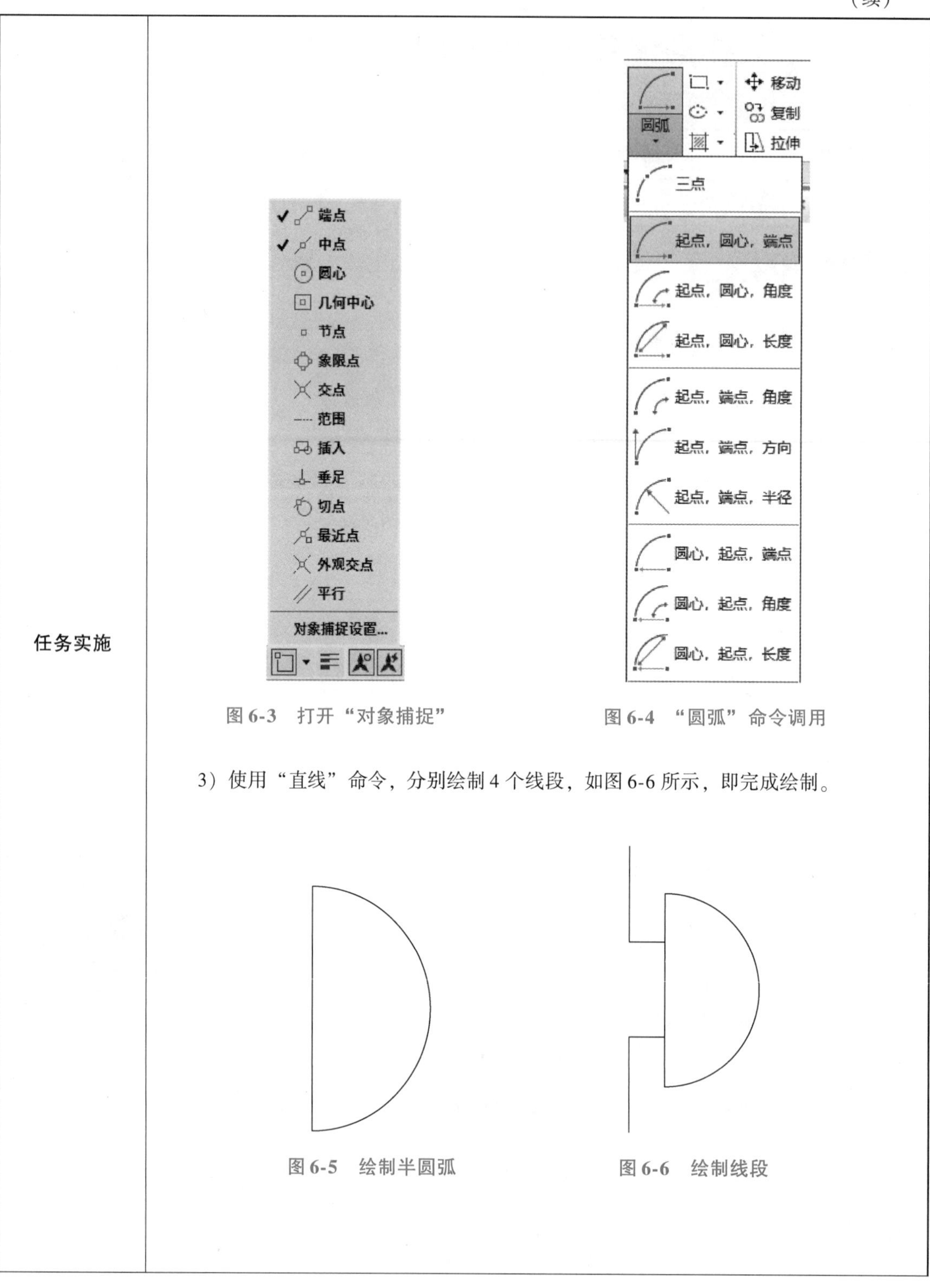

图 6-3　打开“对象捕捉”

图 6-4　“圆弧”命令调用

3）使用“直线”命令，分别绘制 4 个线段，如图 6-6 所示，即完成绘制。

图 6-5　绘制半圆弧

图 6-6　绘制线段

（续）

任务评价

1. 任务评价表

序号	评价项目（每项 10 分）	自我评价 30%	小组评价 30%	教师评价 40%
1	绘图任务分析			
2	所使用绘图命令分析			
3	绘图步骤制定			
4	绘图实施过程			
5	绘图命令运用			
6	绘制图样准确度			
7	绘制图样规范性			
8	团队协作			
9	职业规范			
10	环境保护			
小计				
总分				

2. 小组评语

____。

3. 教师评语

____。

任务总结

请根据自身在任务实施中的情况进行反思和总结。

____。

样例任务 7　两地控制一盏灯电路原理图的绘制

<table>
<tr><td>任务名称</td><td>两地控制一盏灯电路原理图的绘制</td><td>任务编号</td><td></td></tr>
<tr><td>姓名</td><td></td><td>实施日期</td><td></td></tr>
<tr><td>小组成员</td><td></td><td>总成绩</td><td></td></tr>
<tr><td>任务描述</td><td colspan="3">1. 任务背景
某工地要进行电气照明线路安装施工，现有电路图样设计任务，请结合电气照明线路的工作原理，合理、规范绘制出相关电路图。
2. 任务要求
使用 AutoCAD 2019 软件，绘制出两地控制一盏灯电路原理图，如图 7-1 所示。 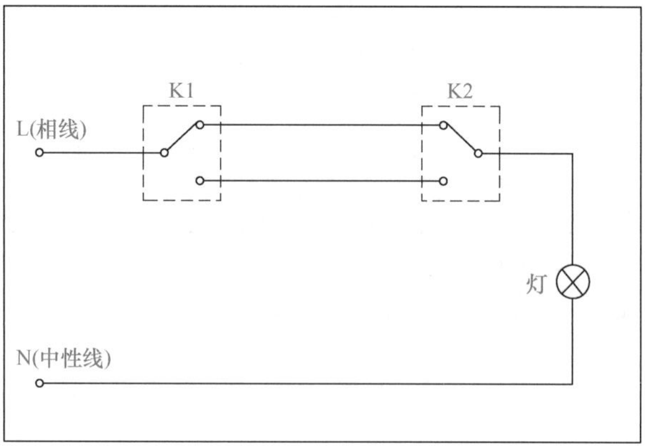
图 7-1　两地控制一盏灯电路原理图</td></tr>
<tr><td>知识技能要求</td><td colspan="3">1. 能描述两地控制一盏灯电路的工作原理。
2. 掌握 AutoCAD 2019 中常用命令：“矩形”“圆”“旋转”“镜像”“直线”“单行文字”等的用法。
3. 掌握简单电路原理图的绘制方法。</td></tr>
<tr><td>任务实施</td><td colspan="3">1. 任务实施方案
绘制两地控制一盏灯电路的原理图，首先要确定出电路图中设备的位置，然后根据控制原理，绘制电路连线即可，经分析确定如下绘制步骤：
1）绘制边框。
2）绘制开关 K1、K2。
3）绘制电灯。
4）绘制电线。
5）文字标注。</td></tr>
</table>

（续）

任务实施

2. 任务实施

（1）绘制边框　在“绘图”选项卡中，选择“矩形”命令，指定第一个角点“0，0”，指定另一个角点“200，300”，绘制出一个 200mm×300mm 的矩形，如图 7-2 所示。在该矩形内绘制本任务电路图。

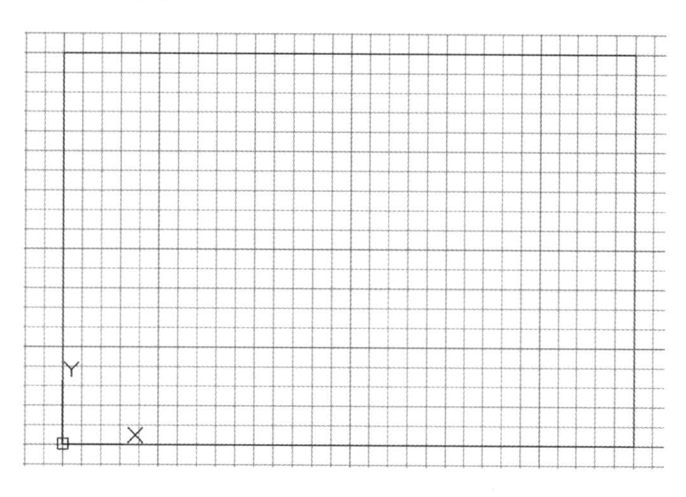

图 7-2　绘制边框

（2）绘制开关 K1、K2　选择线型“DASHED2”→“矩形”命令，绘制出开关外框。以外框左边框中点起，画出开关进线，在进线末端使用“圆”命令，绘制出半径为“3”的圆，作为开关触点。使用“旋转”指令，将“圆和进线”一起反转 180°，绘制出右侧接线端子，然后使用复制命令，绘制出第三个接线端子。用“直线”连接第一个端子和第二个端子。使用“镜像”指令，将开关整体镜像，生成另一个对称开关，如图 7-3 所示。

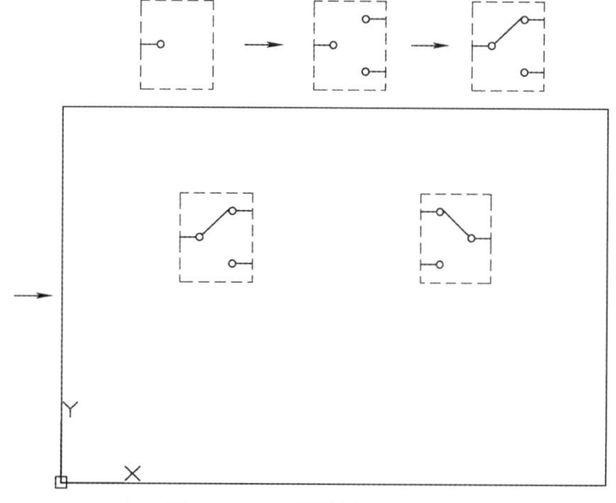

图 7-3　绘制开关 K1、K2

（3）绘制电灯　使用“圆”命令，绘制半径为“15”的圆。使用“直线”命令，绘制圆内的线，使圆内的线呈 90°交叉，如图 7-4 所示。

（续）

任务实施

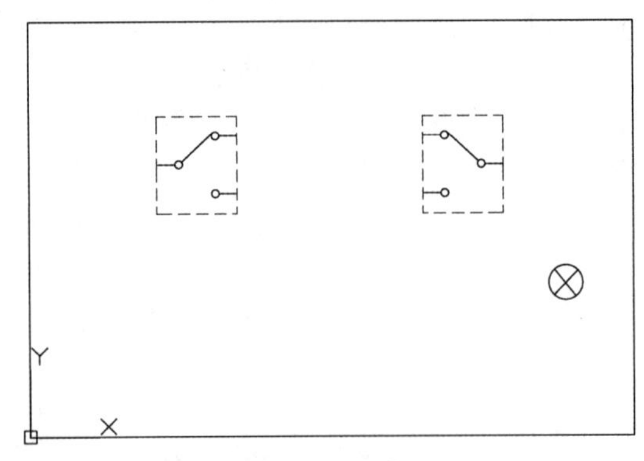

图 7-4　绘制电灯

（4）绘制电线　使用“直线”或“多段线”命令，绘制电线，如图 7-5 所示。

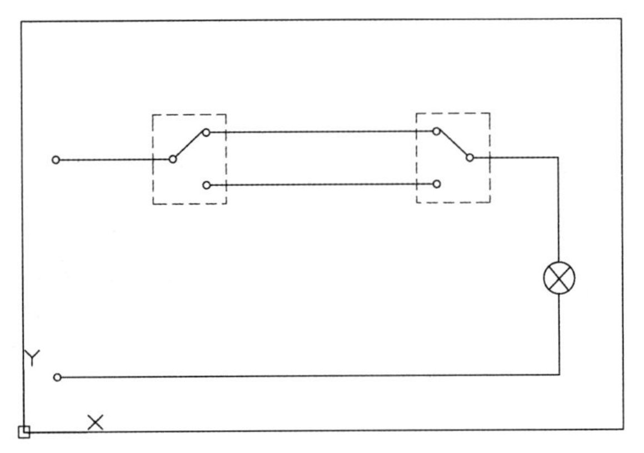

图 7-5　绘制电线

（5）文字标注（该步操作可在后续任务学习后进行）　使用“单行文字”命令，进行文字标注，然后使用“移动”命令，调整标注的文字到合适位置，即完成整个图形的绘制，如图 7-6 所示。

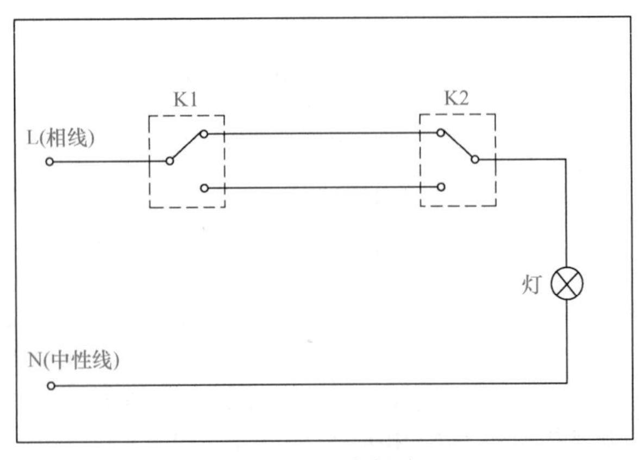

图 7-6　文字标注

（续）

<table>
<tr><td rowspan="3">任务评价</td><td>1. 任务评价表

序号	评价项目 （每项10分）	自我评价 30%	小组评价 30%	教师评价 40%
1	绘图任务分析			
2	所使用绘图命令分析			
3	绘图步骤制定			
4	绘图实施过程			
5	绘图命令运用			
6	绘制图样准确度			
7	绘制图样规范性			
8	团队协作			
9	职业规范			
10	环境保护			
小计				
总分				
</td></tr>
<tr><td>2. 小组评语
____
____
______________________________。</td></tr>
<tr><td>3. 教师评语
____
____
______________________________。</td></tr>
<tr><td>任务总结</td><td>请根据自身在任务实施中的情况进行反思和总结。
____
____
______________________________。</td></tr>
</table>

样例任务8　35kV降压变电站主接线图的绘制

<table>
<tr><td>任务名称</td><td>35kV降压变电站主接线图的绘制</td><td>任务编号</td><td></td></tr>
<tr><td>姓名</td><td></td><td>实施日期</td><td></td></tr>
<tr><td>小组成员</td><td></td><td>总成绩</td><td></td></tr>
<tr><td>任务描述</td><td colspan="3">1. 任务背景
某大型工厂总降压变电站进行扩容升级改造施工，现有电路图样设计任务，请结合总降压变电站的工作原理，合理、规范绘制出相关电路图。
2. 任务要求
使用AutoCAD 2019软件，绘制出35kV降压变电站主接线图，如图8-1所示。

图8-1　35kV降压变电站主接线图</td></tr>
<tr><td>知识技能要求</td><td colspan="3">1. 能描述降压变电站主接线图的工作原理。
2. 掌握AutoCAD 2019中常用命令：“矩形”“圆”“旋转”“镜像”“直线”“单行文字”等的用法。
3. 掌握简单主接线图的绘制方法。</td></tr>
<tr><td>任务实施</td><td colspan="3">1. 任务实施方案
绘制35kV降压变电站主接线图，首先要绘制各种设备的符号，然后根据控制原理，绘制电路连线即可，经分析确定如下绘制步骤：
1）绘制边框。
2）绘制高压隔离开关、高压断路器。
3）绘制变压器。</td></tr>
</table>

（续）

任务实施

4）绘制导线。

5）标注文字。

2. 任务实施

（1）绘制边框　使用“直线”命令，绘制出一个 210mm × 297mm 的 A4 纸张矩形。在该矩形内绘制本电路图，如图 8-2 所示。

（2）绘制高压隔离开关、高压断路器　使用“直线”命令，结合“正交”“极轴”功能，绘制高压隔离开关、高压断路器，如图 8-3 所示。

图 8-2　绘制边框（单位：mm）

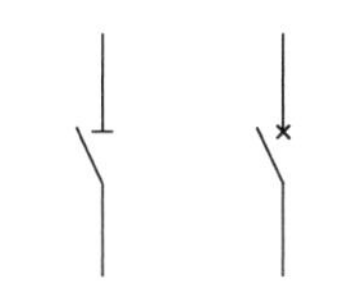

图 8-3　绘制高压隔离开关、高压断路器

（3）绘制变压器　使用“圆”命令绘制一个直径为 15mm 的圆，使用“复制”命令，复制圆，将其放置在上一个圆的下方，使其交叉，如图 8-4 所示。

（4）绘制导线　先用虚线绘制出标尺线，如图 8-5 所示。将绘制的高压隔离开关、高压断路器、变压器等通过“复制”“移动”命令，摆放到标尺线的相应位置，然后用“直线”命令进行绘制导线，如图 8-6 所示。

图 8-4　绘制变压器

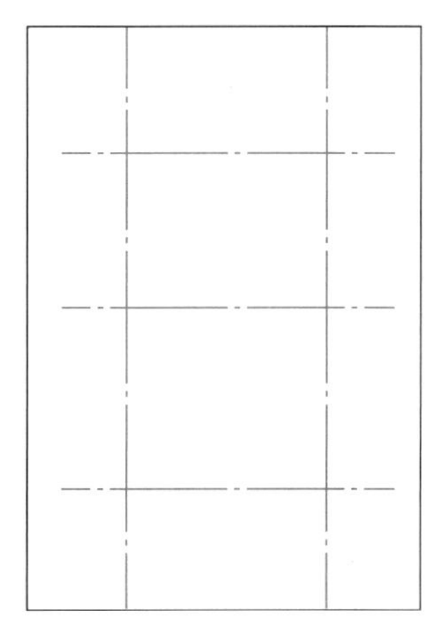

图 8-5　绘制标尺线

（续）

任务实施

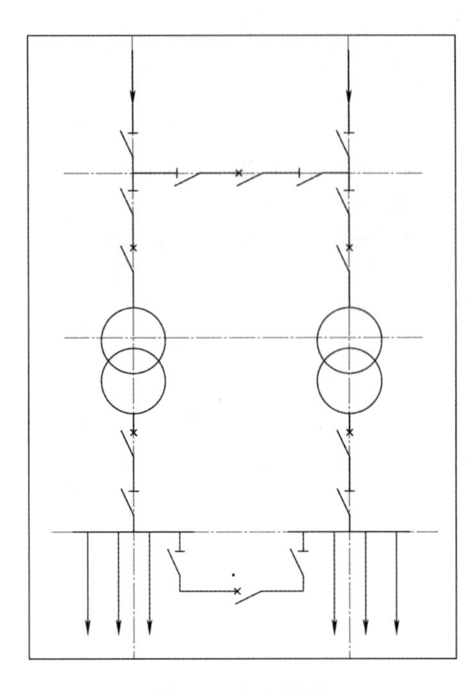

图 8-6　绘制导线

（5）文字标注（该步操作可在后续任务学习后进行）　关闭标尺图层，创建标注图层，使用“单行文字”命令，进行文字标注，然后使用“移动”命令，调整标注的文字到合适位置，即完成整个图形的绘制，如图 8-7 所示。

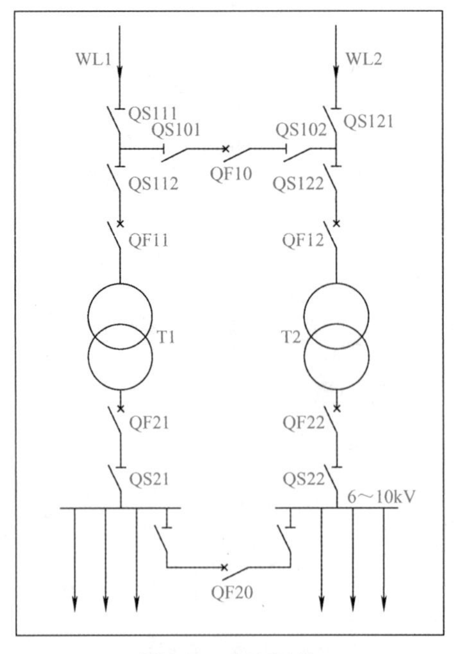

图 8-7　文字标注

（续）

<table>
<tr>
<td>任务评价</td>
<td>
1. 任务评价表
<table>
<tr><td>序号</td><td>评价项目（每项 10 分）</td><td>自我评价
30%</td><td>小组评价
30%</td><td>教师评价
40%</td></tr>
<tr><td>1</td><td>绘图任务分析</td><td></td><td></td><td></td></tr>
<tr><td>2</td><td>所使用绘图命令分析</td><td></td><td></td><td></td></tr>
<tr><td>3</td><td>绘图步骤制定</td><td></td><td></td><td></td></tr>
<tr><td>4</td><td>绘图实施过程</td><td></td><td></td><td></td></tr>
<tr><td>5</td><td>绘图命令运用</td><td></td><td></td><td></td></tr>
<tr><td>6</td><td>绘制图样准确度</td><td></td><td></td><td></td></tr>
<tr><td>7</td><td>绘制图样规范性</td><td></td><td></td><td></td></tr>
<tr><td>8</td><td>团队协作</td><td></td><td></td><td></td></tr>
<tr><td>9</td><td>职业规范</td><td></td><td></td><td></td></tr>
<tr><td>10</td><td>环境保护</td><td></td><td></td><td></td></tr>
<tr><td colspan="2">小计</td><td></td><td></td><td></td></tr>
<tr><td colspan="2">总分</td><td colspan="3"></td></tr>
</table>
2. 小组评语
____
____
____。
3. 教师评语
____
____
____。
</td>
</tr>
<tr>
<td>任务总结</td>
<td>
请根据自身在任务实施中的情况进行反思和总结。
____
____
____。
</td>
</tr>
</table>

样例任务9　教室配电平面示意图的绘制

任务名称	教室配电平面示意图的绘制	任务编号	
姓名		实施日期	
小组成员		总成绩	
任务描述	1. 任务背景 某施工队要对一教学楼进行供配电线路安装施工，现有电路图纸设计任务，请结合供配电线路的工作原理，合理、规范绘制出相关电路图。 2. 任务要求 使用AutoCAD 2019软件，绘制出教室配电平面示意图，如图9-1所示。 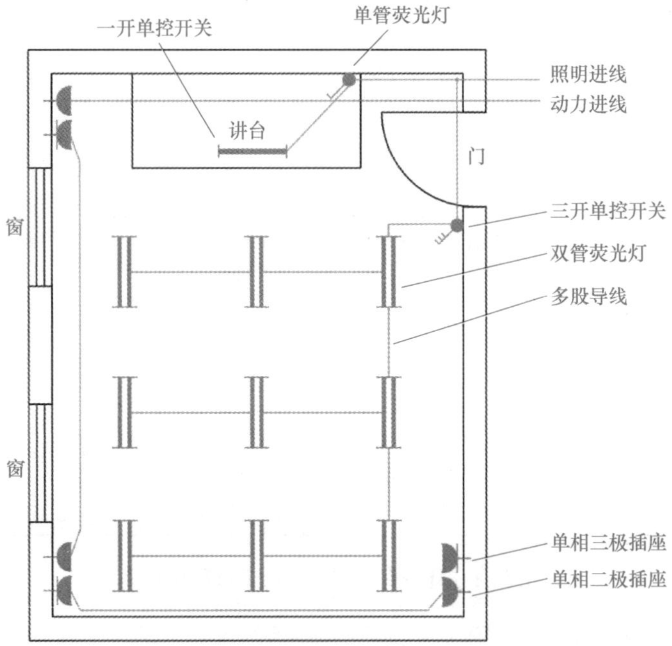 图9-1　教室配电平面示意图		
知识技能要求	1. 掌握AutoCAD 2019中常用命令："图层""直线""矩形""圆""填充""复制""移动""阵列""单行文字""引线"等的用法。 2. 掌握简单配电平面示意图的绘制方法。		
任务实施	1. 任务实施方案 绘制教室配电平面图，首先要绘制教室、用电设备，然后再根据供配电原理，绘制电路连线即可，经分析确定如下绘制步骤： 1）绘制教室平面简图。 2）绘制开关、插座、荧光灯。 3）绘制导线。 4）标注。		

（续）

任务实施

2. 任务实施

（1）绘制教室平面简图　打开图层特性管理器，创建“门窗”“文字”“导线”“墙壁”“设备”等图层，并设置每个图层的特性，如图 9-2 所示。

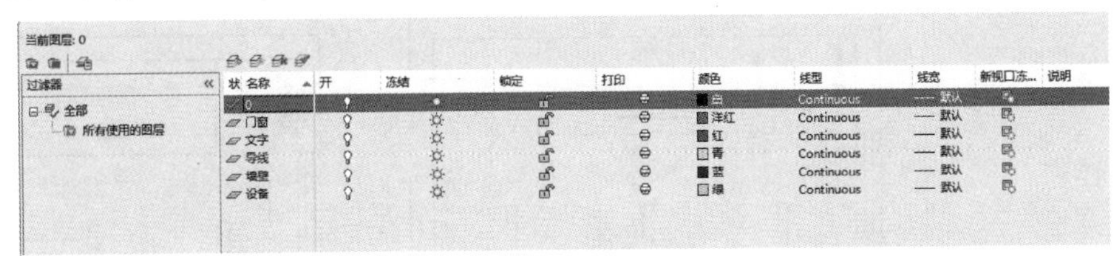

图 9-2　图层设置

在“墙壁”图层上，使用“直线”命令，绘制教室的四周墙壁和窗户。教室外墙尺寸为“4000mm × 5000mm”，墙体厚度为“200mm”，如图 9-3 所示。

使用“修剪”“直线”命令，在“门窗”图层上绘制出教室的门、窗、讲台，如图 9-4 所示。

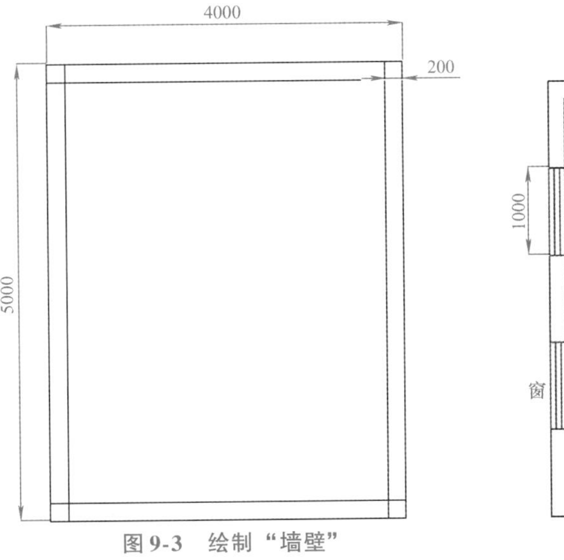

图 9-3　绘制“墙壁”

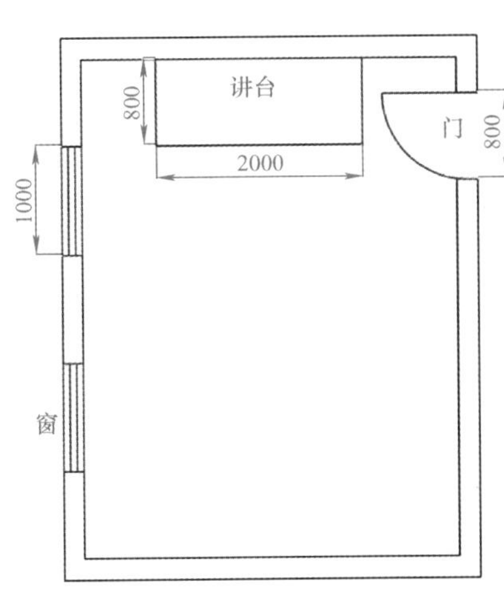

图 9-4　绘制教室平面简图

（2）绘制开关、插座、荧光灯　在“设备”图层上，使用“直线”“圆”“填充”等命令，绘制出开关、插座、荧光灯，如图 9-5 所示。

图 9-5　绘制开关、插座、荧光灯

将绘制好的设备，使用“复制”“移动”“阵列”等命令，放置到图纸中的合适位置，如图 9-6 所示。

（续）

任务实施

（3）绘制导线　在“导线”图层上，使用“直线”命令，绘制出教室内的电线走线，如图 9-7 所示。

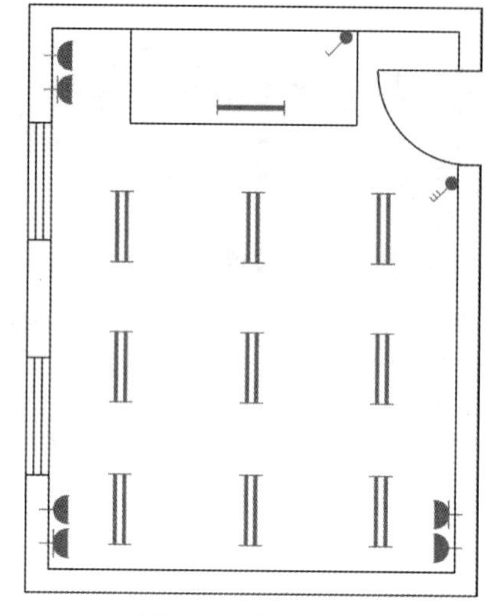

图 9-6　放置设备

图 9-7　绘制导线

（4）文字标注（该步操作可在后续任务学习后进行）　在“文字”图层，使用“单行文字”“引线”命令，进行文字标注，即完成整个图形的绘制，如图 9-8 所示。

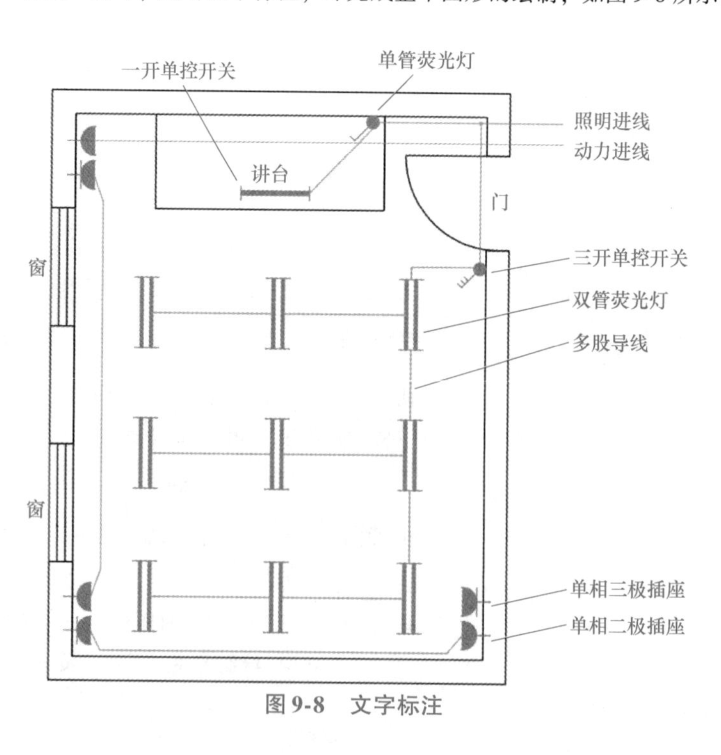

图 9-8　文字标注

（续）

任务评价

1. 任务评价表

序号	评价项目 （每项 10 分）	自我评价 30%	小组评价 30%	教师评价 40%
1	绘图任务分析			
2	所使用绘图命令分析			
3	绘图步骤制定			
4	绘图实施过程			
5	绘图命令运用			
6	绘制图样准确度			
7	绘制图样规范性			
8	团队协作			
9	职业规范			
10	环境保护			
小计				
总分				

2. 小组评语

____

____

____。

3. 教师评语

____

____

____。

任务总结

请根据自身在任务实施中的情况进行反思和总结。

____

____

____。

样例任务10　三相异步电动机双重联锁正、反转起动能耗制动电路原理图的绘制

<table>
<tr><td>任务名称</td><td>三相异步电动机双重联锁正、反转起动能耗制动电路原理图的绘制</td><td>任务编号</td><td></td></tr>
<tr><td>姓名</td><td></td><td>实施日期</td><td></td></tr>
<tr><td>小组成员</td><td></td><td>总成绩</td><td></td></tr>
<tr><td>任务描述</td><td colspan="3">1. 任务背景
某工厂新进一批三相异步电动机，需要对电动机进行安装施工，现有电动机控制电路图样设计任务，请结合电动机控制电路的工作原理，合理、规范绘制出相关电路图。
2. 任务要求
使用 AutoCAD 2019 软件，绘制出三相异步电动机双重联锁正、反转起动能耗制动电路原理图，如图 10-1 所示。 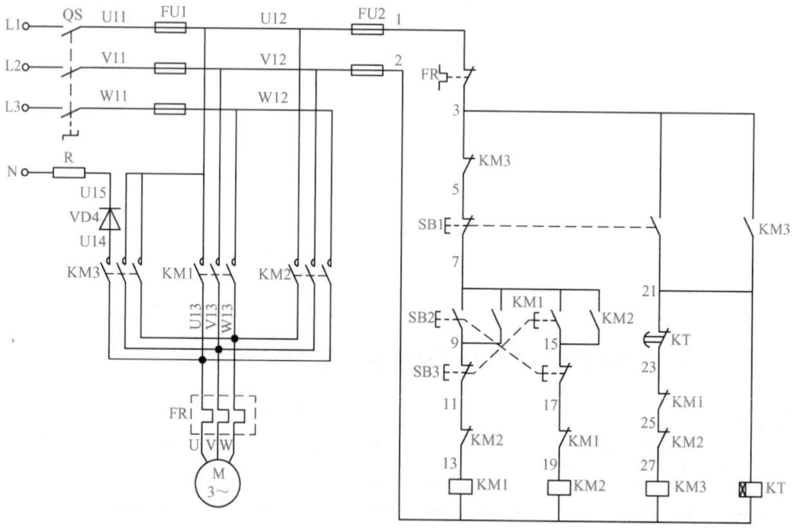

图 10-1　三相异步电动机双重联锁正、反转起动能耗制动电路原理图</td></tr>
<tr><td>知识技能要求</td><td colspan="3">1. 理解三相异步电动机双重联锁正、反转起动能耗制动电路工作原理。
2. 掌握 AutoCAD 2019 中常用命令：“图层”“直线”“圆”“复制”“旋转”“移动”“单行文字”“填充”等的用法。
3. 掌握电气控制原理图的绘制方法。</td></tr>
</table>

（续）

任务实施

1. 任务实施方案

绘制三相异步电动机双重联锁正、反转起动能耗制动电路原理图，首先要确定出电路图中设备的位置，然后根据控制原理，绘制电路连线即可，经分析确定如下绘制步骤：

1）设置绘图环境。

2）绘制元器件设备。

3）绘制导线。

4）标注文字。

2. 任务实施

（1）设置绘图环境　创建文件。单击“新建”按钮，在弹出的“选择样板”对话框中选择“acadiso”图形样板，如图 10-2 所示，单击“打开”按钮，新建一个空白图形文件。

在空白图形文件上方，单击“保存”按钮，弹出“图形另存为”对话框，将“文件名”改为“三相异步电动机双重联锁正、反转起动能耗制动电路原理图”，单击“保存”按钮，如图 10-3 所示。

图 10-2　“选择样板”对话框

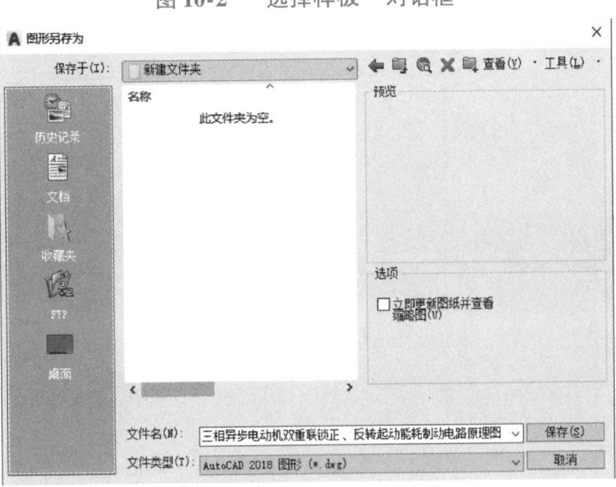

图 10-3　“图形另存为”对话框

（续）

任务实施

打开“图层特性管理器”，创建“边框”“标尺”“标注”等图层，并设置每个图层的特性，如图 10-4 所示。

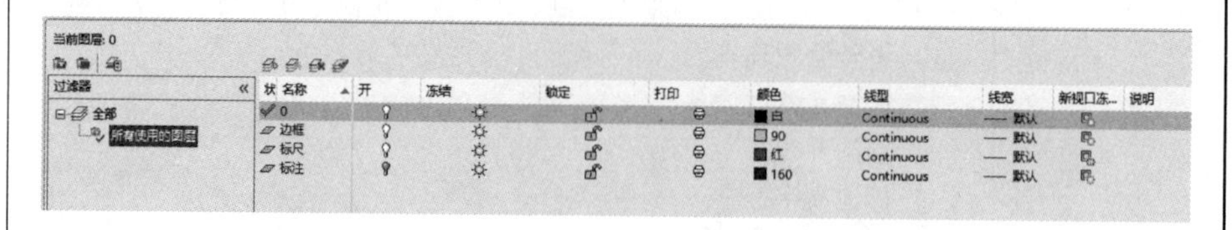

图 10-4　图层特性管理器

在图层“边框”上，使用“直线”命令，绘制出一个“420mm × 297mm”的 A3 纸张矩形。在该矩形内绘制本电路图。

（2）绘制元器件设备　使用“直线”“圆”命令，绘制熔断器、热继电器、按钮、继电器触头、继电器线圈、电动机、时间继电器等器件图形，如图 10-5 所示。

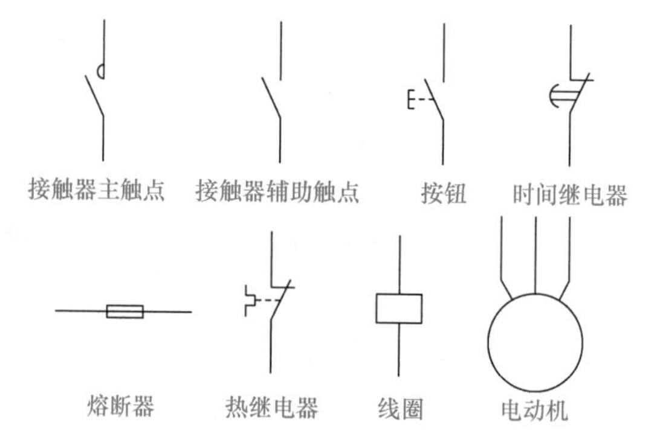

图 10-5　元器件设备

（3）绘制导线　先在“标尺”图层，用虚线绘制出标尺线，如图 10-6 所示。将绘制的元器件等通过“复制”“移动”命令，摆放到标尺线的相应位置。然后用“直线”命令进行绘制导线连接，如图 10-7 所示。

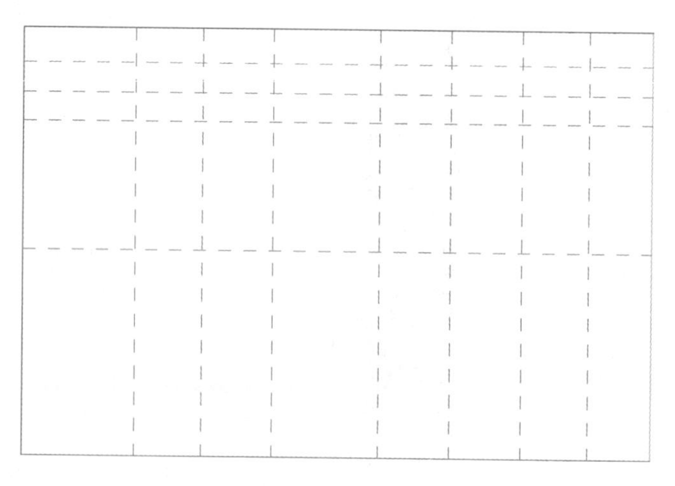

图 10-6　绘制标尺

（续）

任务实施

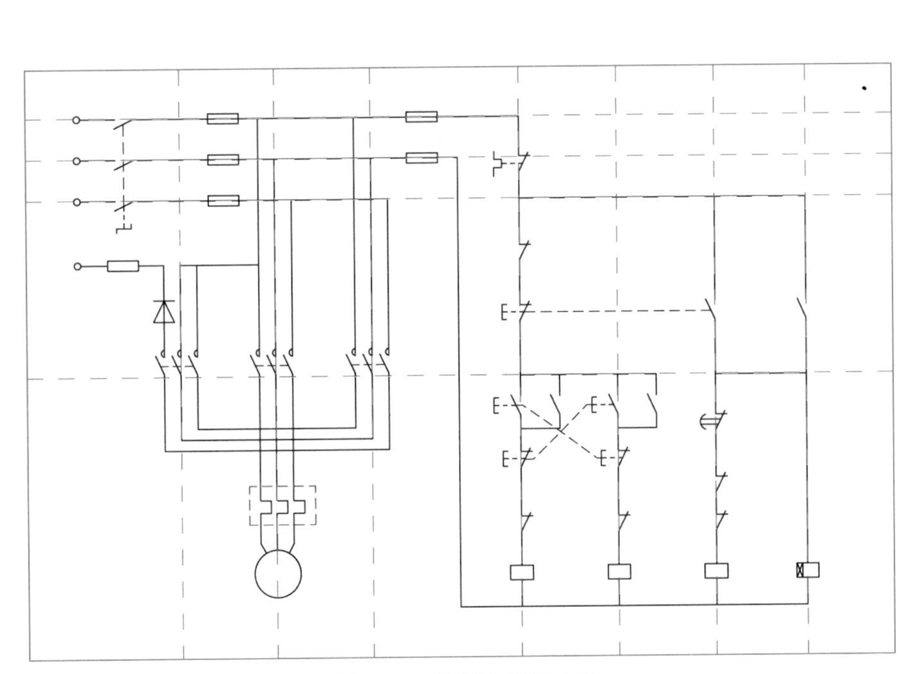

图 10-7　绘制设备和导线

（4）文字标注　关闭“标尺”图层，打开“标注”图层，使用“单行文字”命令，进行文字标注。使用“圆”“填充”命令，将线路的交点连接处用实心圆标识，即完成整个图形的绘制，如图 10-8 所示。

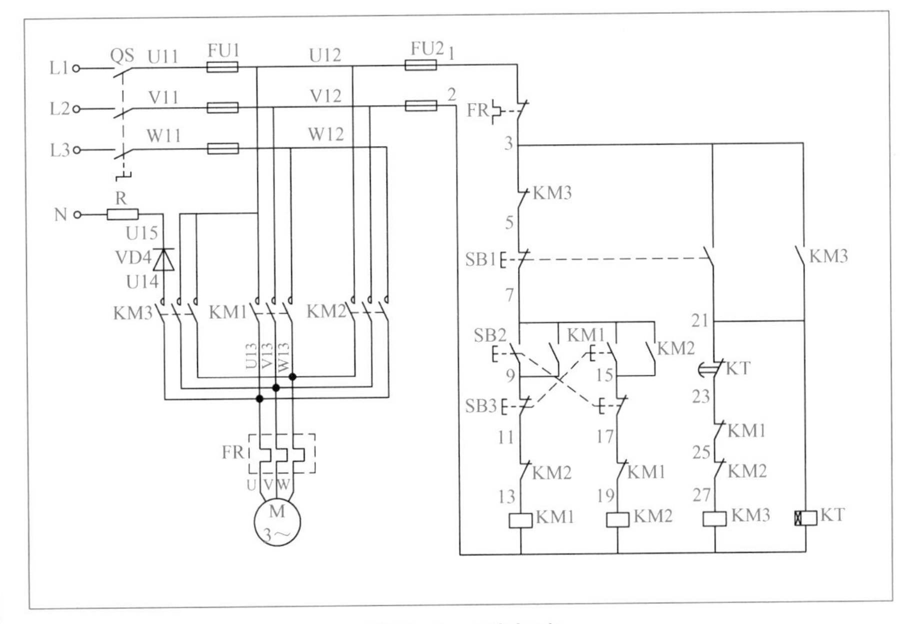

图 10-8　文字标注

（续）

<table>
<tr><td rowspan="2">任务评价</td><td>1. 任务评价表

序号	评价项目 （每项 10 分）	自我评价 30%	小组评价 30%	教师评价 40%
1	绘图任务分析			
2	所使用绘图命令分析			
3	绘图步骤制定			
4	绘图实施过程			
5	绘图命令运用			
6	绘制图样准确度			
7	绘制图样规范性			
8	团队协作			
9	职业规范			
10	环境保护			
小计				
总分				

2. 小组评语
____
____
________________________。
3. 教师评语
____
____
________________________。</td></tr>
<tr><td>任务总结</td><td>请根据自身在任务实施中的情况进行反思和总结。
____
____
________________________。</td></tr>
</table>

样例任务 11　C6150 型普通车床电气原理图的绘制

任务名称	C6150 型普通车床电气原理图的绘制	任务编号	
姓名		实施日期	
小组成员		总成绩	

任务描述

1. 任务背景

某机加工车间需要对 C6150 型普通车床进行维修施工，现有电路图样设计任务，请结合 C6150 型普通车床控制线路的工作原理，合理、规范绘制出相关电路图。

2. 任务要求

使用 AutoCAD 2019 软件，绘制出 C6150 型普通车床电气原理图，如图 11-1 所示。

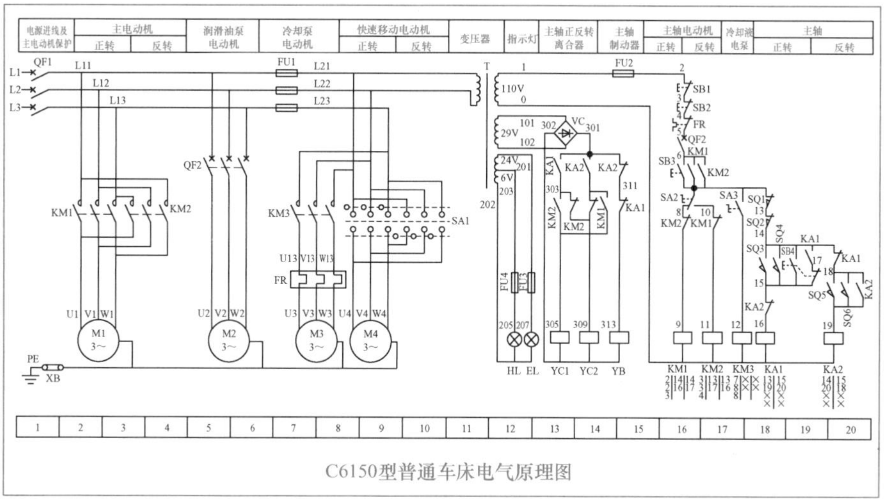

C6150型普通车床电气原理图

图 11-1　C6150 型普通车床电气原理图

知识技能要求

1. 能描述 C6150 型普通车床电气控制的工作原理。

2. 掌握 AutoCAD 2019 中常用命令：“图层”“直线”“圆”“复制”“旋转”“移动”“修剪”“删除”“单行文字”“填充”等的用法。

3. 掌握简单电气原理图的绘制方法。

任务实施

1. 任务实施方案

绘制 C6150 型普通车床电气原理图，首先要确定出电路图中设备的位置，然后根据控制原理，绘制电路连线即可，经分析确定如下绘制步骤：

1）设置绘图环境。

2）绘制元器件设备。

3）绘制导线。

4）标注文字。

2. 任务实施

（1）设置绘图环境　打开“图层特性管理器”，创建“边框”“标注”等图层，并设置每个图层的特性，如图 11-2 所示。

（续）

任务实施

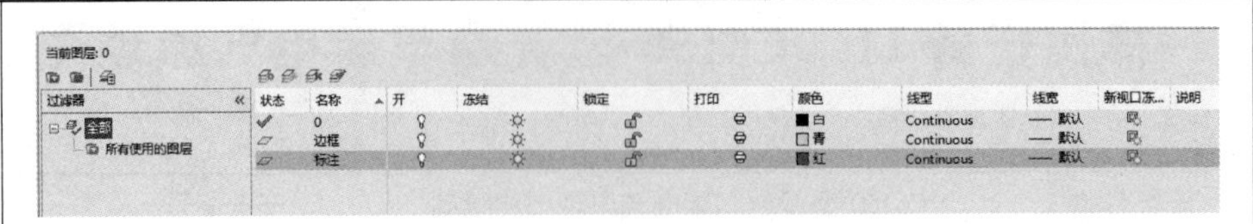

图 11-2　图层创建

在图层“边框”上，使用“直线”命令，绘制出一个 500mm × 350mm 矩形边框。在该矩形内绘制本电路图。

（2）绘制元器件设备　使用“直线”“圆”命令，绘制熔断器、热继电器、按钮、继电器触点、继电器线圈、电动机、行程开关触点等器件图形，如图 11-3 所示。

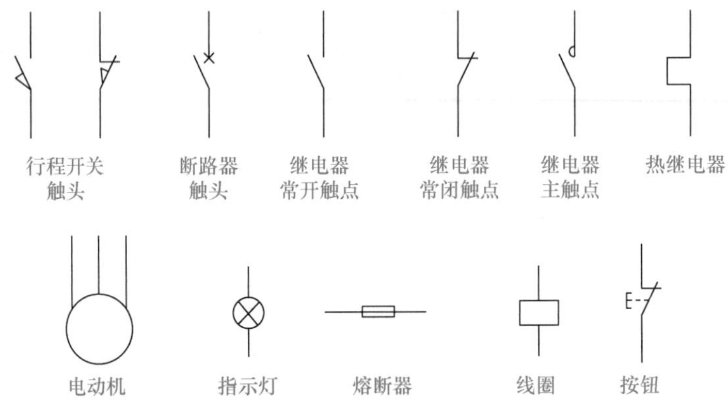

图 11-3　绘制元器件设备

（3）绘制导线　由于本图形比较大，可将本图分为两部分进行绘制，先绘制主电路图，再绘制控制电路图。

在“默认”图层，用“直线”“复制”命令绘制导线，将上步骤绘制的“电动机”复制到相应位置，如图 11-4 所示。

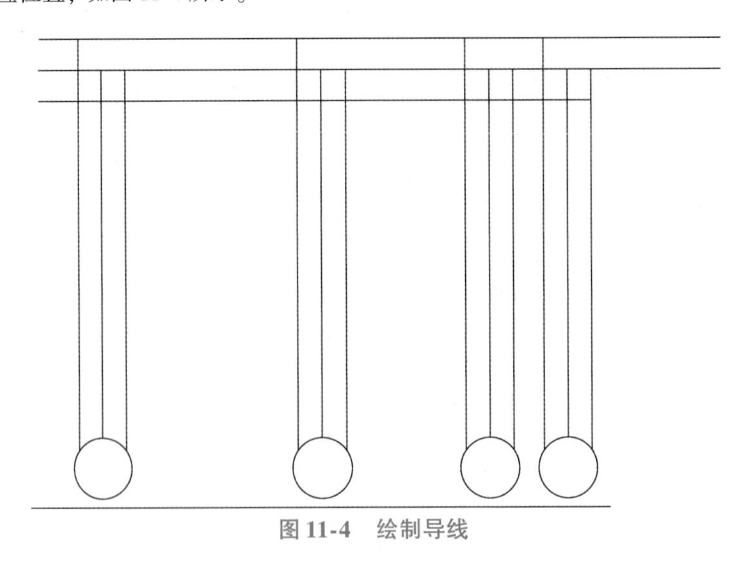

图 11-4　绘制导线

（续）

<table>
<tr><td>任务实施</td><td>
使用“修剪”“删除”等命令，对绘制的导线进行修剪，如图 11-5 所示。
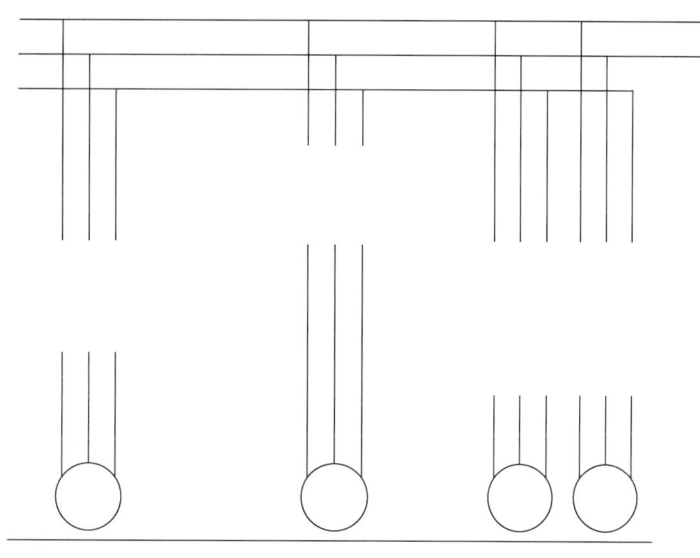
图 11-5　修剪导线
将绘制的断路器触点、继电器主触点等器件，使用“复制”“移动”命令，绘制到相应位置，如图 11-6 所示。
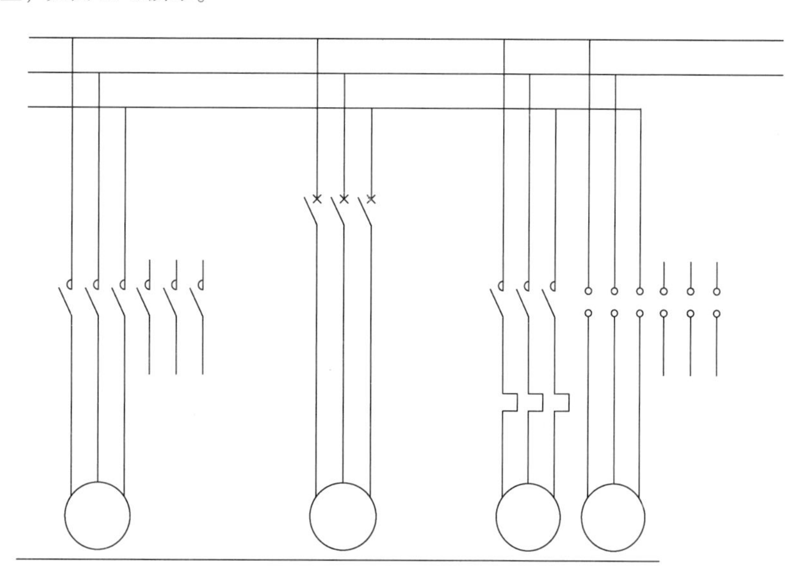
图 11-6　绘制断路器触点、继电器主触点
使用“直线”命令将剩余导线进行连接，并进行修剪，将其他部分补充完整。使用“圆”“填充”命令，将线路的连接处用实心圆标识，如图 11-7 所示。
接下来绘制控制电路，在“默认”图层，用“直线”“复制”命令绘制导线，如图 11-8 所示。
使用“修剪”“删除”等命令，对绘制的导线进行修剪，如图 11-9 所示。
</td></tr>
</table>

（续）

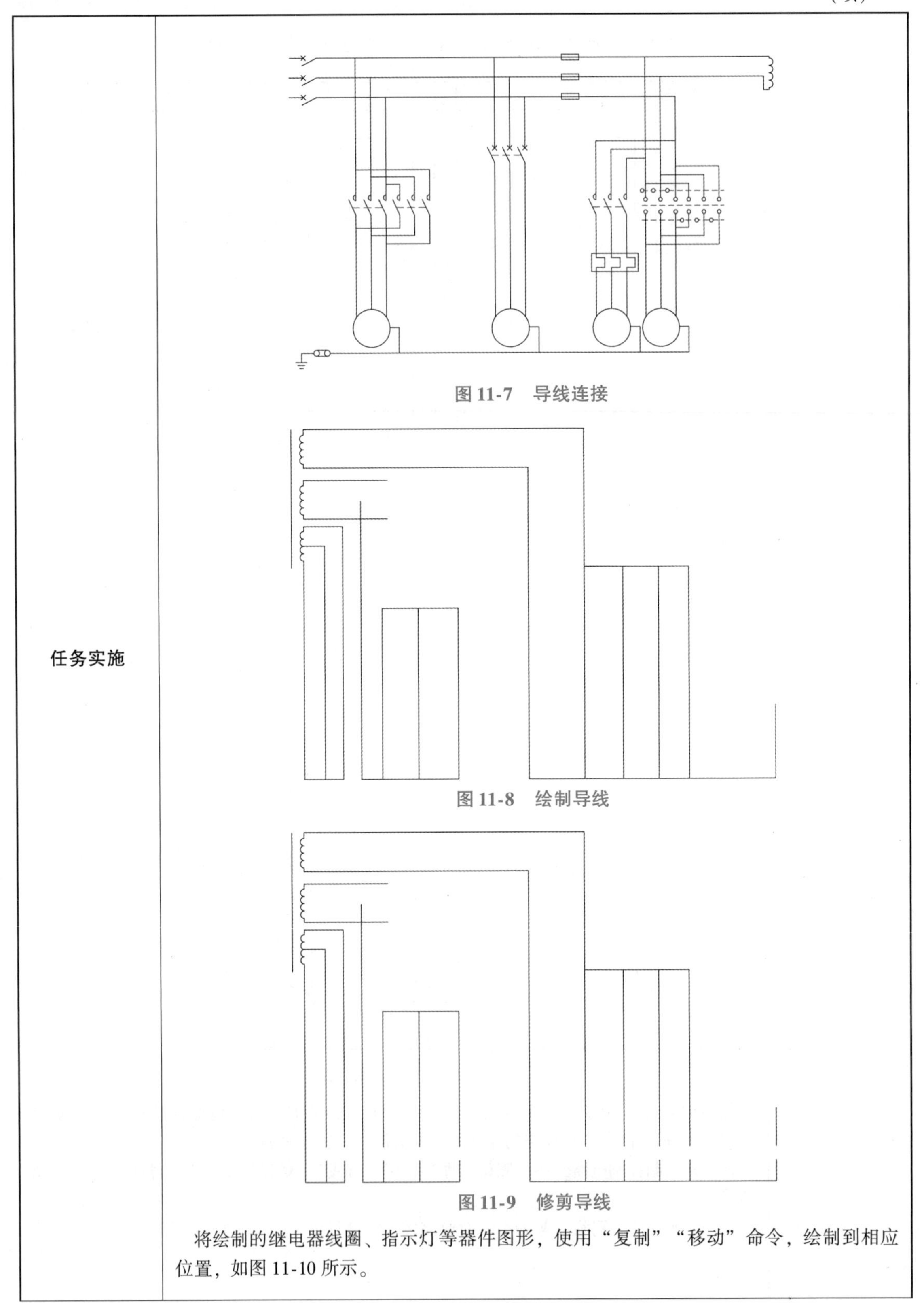

图 11-7　导线连接

图 11-8　绘制导线

图 11-9　修剪导线

任务实施

将绘制的继电器线圈、指示灯等器件图形，使用“复制”“移动”命令，绘制到相应位置，如图 11-10 所示。

（续）

<table>
<tr><td>任务实施</td><td>
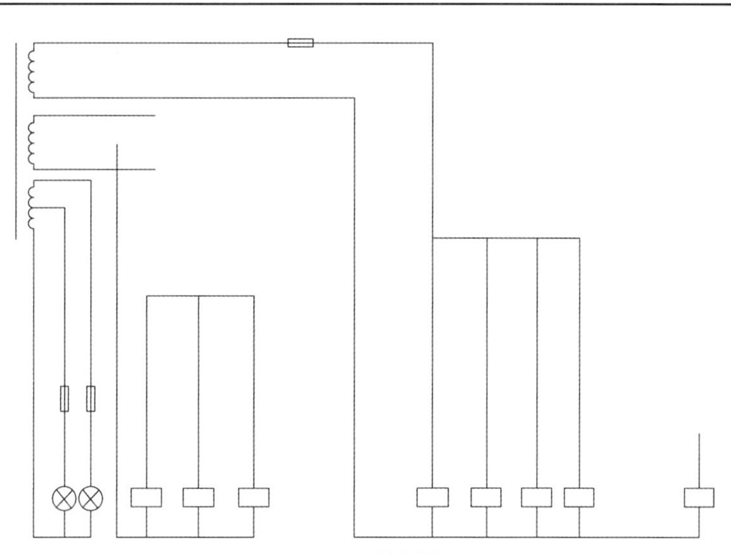

图 11-10　绘制图形

将绘制的继电器触点、行程开关触头、按钮等器件图形，使用“复制”“移动”命令，绘制到相应位置。使用“直线”命令将剩余导线进行连接，并进行修剪，将其他部分补充完整。使用“圆”“填充”命令，将线路的连接处用实心圆标识，如图 11-11 所示。

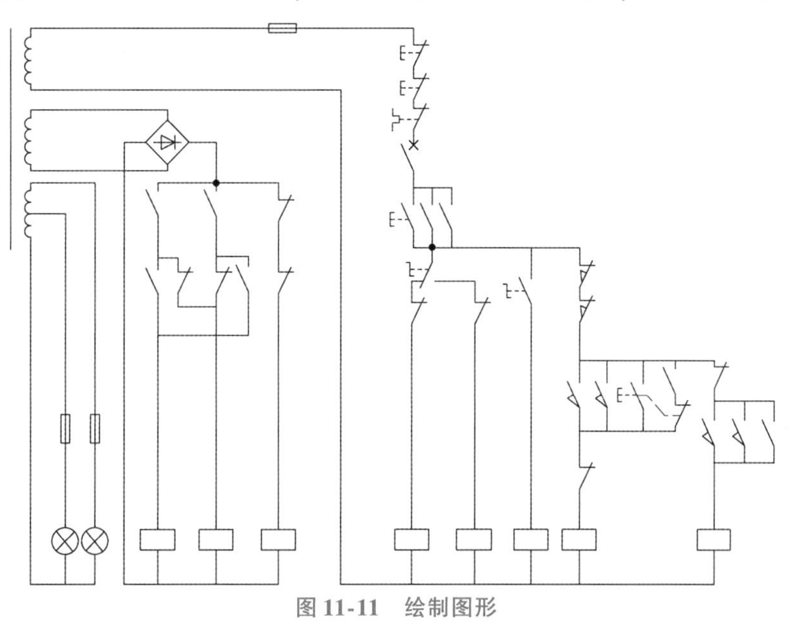

图 11-11　绘制图形

使用“移动”命令，将绘制的主电路图和控制电路图对应组合，构成整个图形，如图 11-12所示。

（4）文字标注　打开“标注”图层，使用“单行文字”命令，进行文字标注。在电路图上方使用“直线”命令绘制功能标注栏，注意栏款要与绘制的图形上下对应。在电路图下方使用“直线”“定数等分”命令绘制图区栏。在继电器线圈下方标注出触头在电路图中的位置，注意要与绘制的图区编号对应，即完成整个图形的绘制，如图 11-13 所示。
</td></tr>
</table>

（续）

任务实施

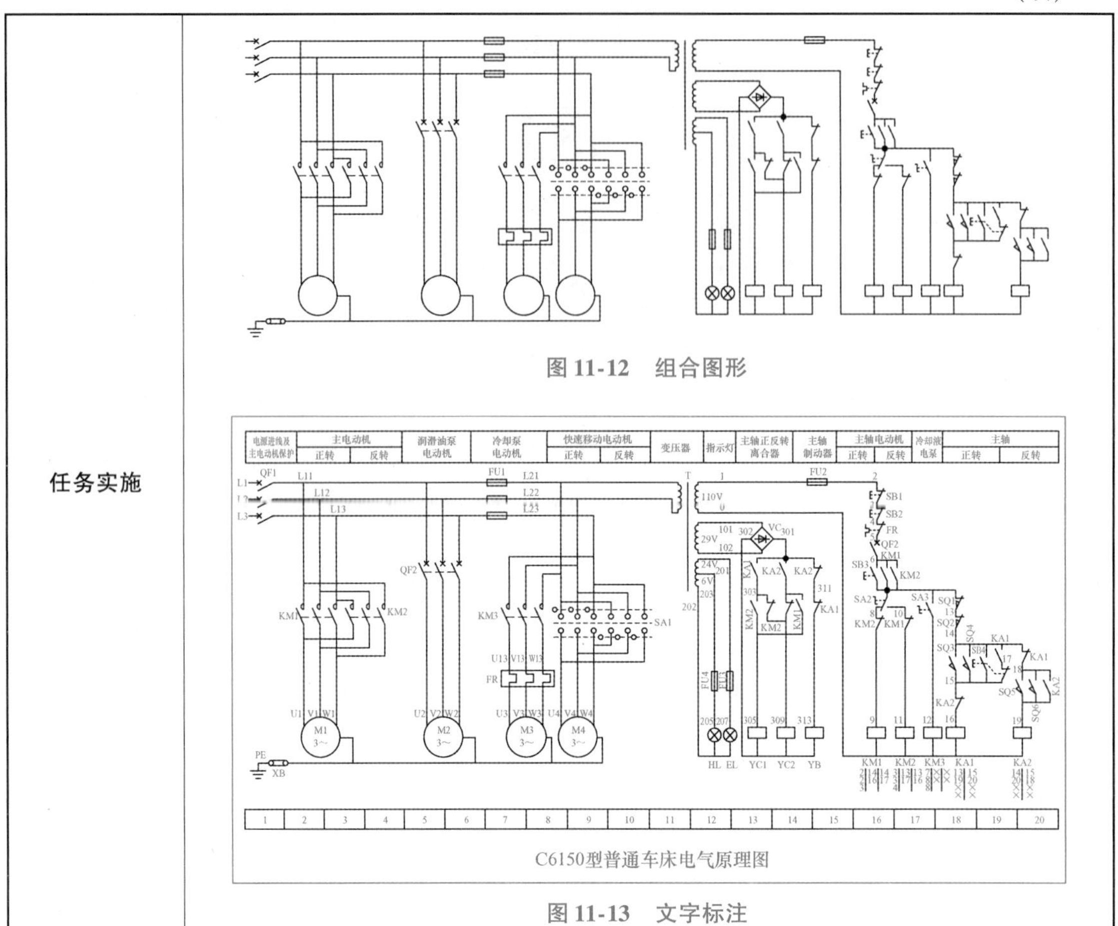

图 11-12　组合图形

图 11-13　文字标注

任务评价

1. 任务评价表

序号	评价项目 （每项 10 分）	自我评价 30%	小组评价 30%	教师评价 40%
1	绘图任务分析			
2	所使用绘图命令分析			
3	绘图步骤制定			
4	绘图实施过程			
5	绘图命令运用			
6	绘制图样准确度			
7	绘制图样规范性			
8	团队协作			
9	职业规范			
10	环境保护			
小计				
总分				

（续）

任务评价	2. 小组评语 ____。 3. 教师评语 ____。
任务总结	请根据自身在任务实施中的情况进行反思和总结。 ____。

样例任务12　110kV户外变电所出线安装图出图设置

<table>
<tr><td>任务名称</td><td>110kV户外变电所出线安装图出图设置</td><td>任务编号</td><td></td></tr>
<tr><td>姓名</td><td></td><td>实施日期</td><td></td></tr>
<tr><td>小组成员</td><td></td><td>总成绩</td><td></td></tr>
<tr><td>任务描述</td><td colspan="3">1. 任务背景
电力部门要进行110kV户外变电所建设施工，现有电路图样设计任务，请结合施工要求，对图样进行出图。
2. 任务要求
使用AutoCAD 2019软件，对110kV户外变电所出线安装图进行4视口出图设置，如图12-1所示。 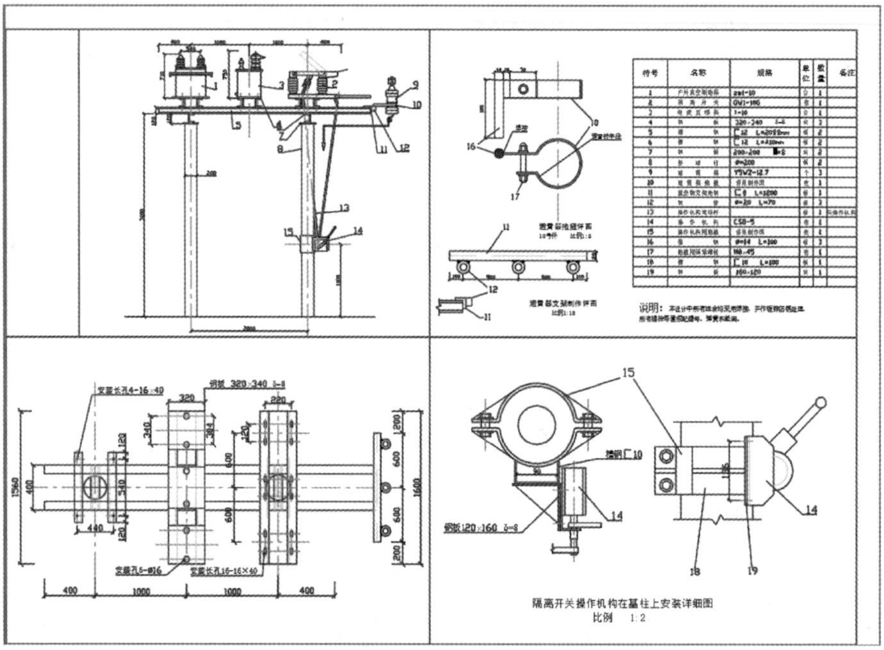

图12-1　110kV户外变电所出线安装图</td></tr>
<tr><td>知识技能要求</td><td colspan="3">1. 掌握“视口”设置操作。
2. 熟练使用“平移”“缩放”命令。
3. 掌握“打印”设置操作。</td></tr>
<tr><td>任务实施</td><td colspan="3">1. 任务实施方案
1）打开图样文件。
2）布局视口设置。
3）打印输出设置。
2. 任务实施
1）打开“110kV户外变电所出线安装图.dwg”文件，如图12-2所示。</td></tr>
</table>

（续）

任务实施

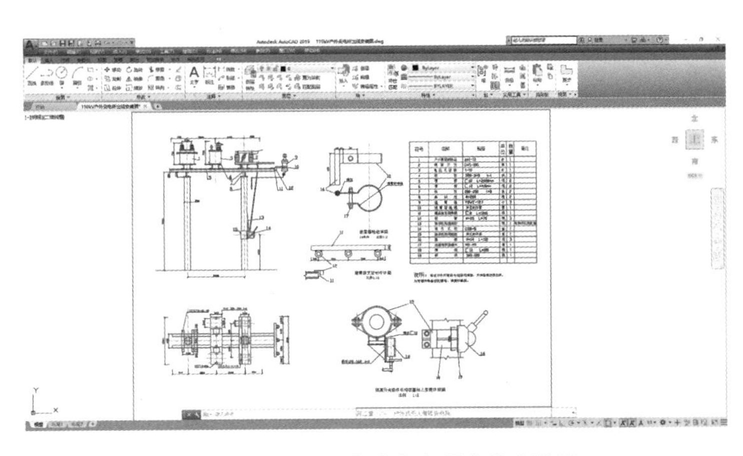

图 12-2　110kV 户外变电所出线安装图

2）在“模型”选项卡上单击鼠标右键，弹出“模型”快捷菜单，单击“新建布局”选项，如图 12-3 所示，生成“布局 3”。

3）单击进入“布局 3”，在“布局 3”上放菜单栏，单击“视图”→“视口”→“四个视口”，如图 12-4 所示，在布局窗口中创建出四个视口。

4）分别在任一视口上双击选中，使用“平移”和“缩放”命令，让视口显示图样的局部，可将鼠标放到视口边界上，单击鼠标左键拖动边界，调整视口大小，如图 12-5 所示。

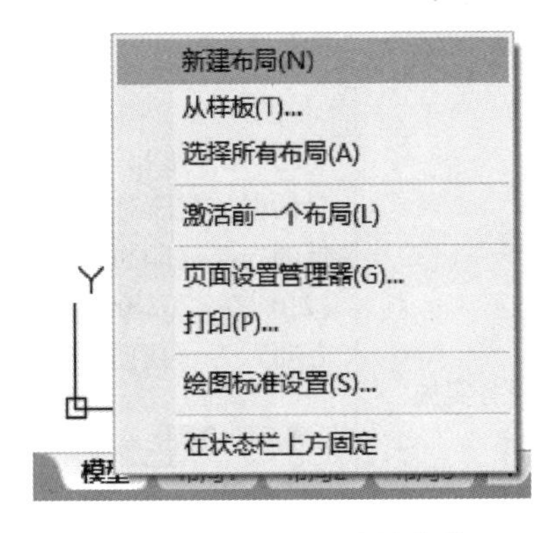

图 12-3　“模型”快捷菜单

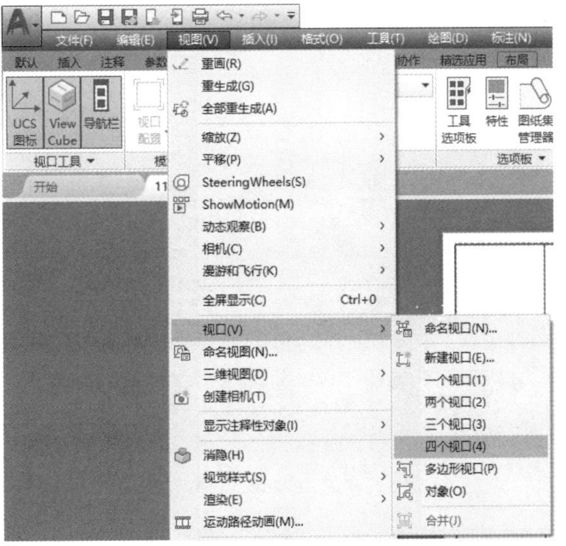

图 12-4　“视口”子菜单

（续）

任务实施

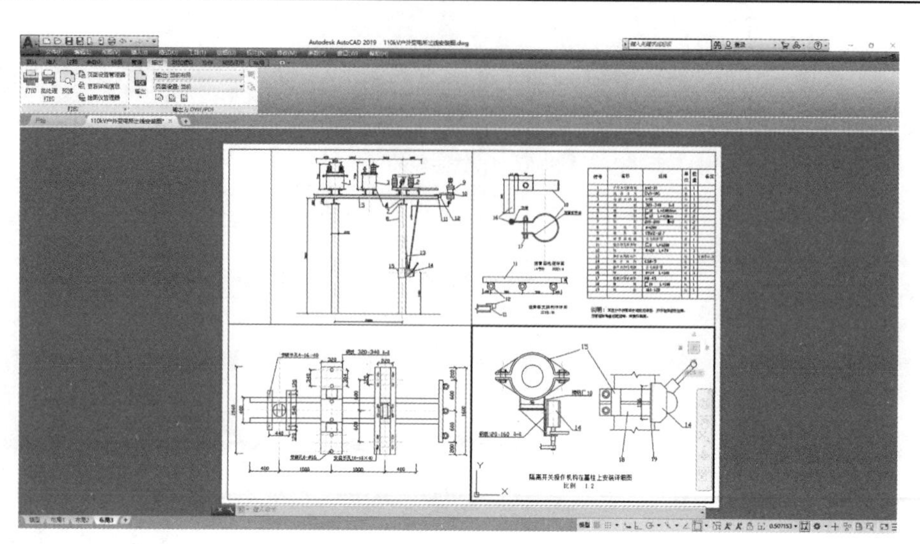

图 12-5 “布局 3”四视口空间

5）在“输出”选项卡的“打印”面板中，单击“打印”按钮，弹出“打印–布局 3”对话框，在该对话框中选择设置打印机名称为“DWG To PDF. pc3”，该打印机为系统自带的内部打印机，将图样输出为 PDF 格式。选择“图纸尺寸”为“ISO full bleed A4（210. 00×297. 00 毫米）”，设置“打印区域”→“打印范围”为“布局”，设置“图形方向”为“横向”，如图 12-6 所示。

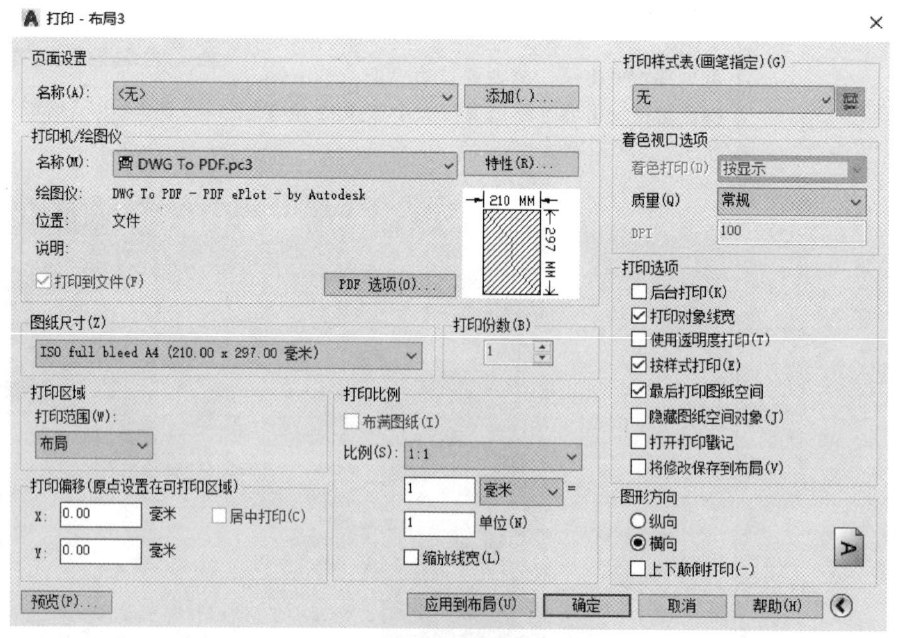

图 12-6 “打印–布局 3”对话框

6）完成设置后，单击“确定”按钮，弹出“浏览打印文件”对话框，将图样保存到指定位置，如图 12-7 所示，单击“保存”按钮，即完成 PDF 出图。

（续）

<table>
<tr><td>任务实施</td><td>
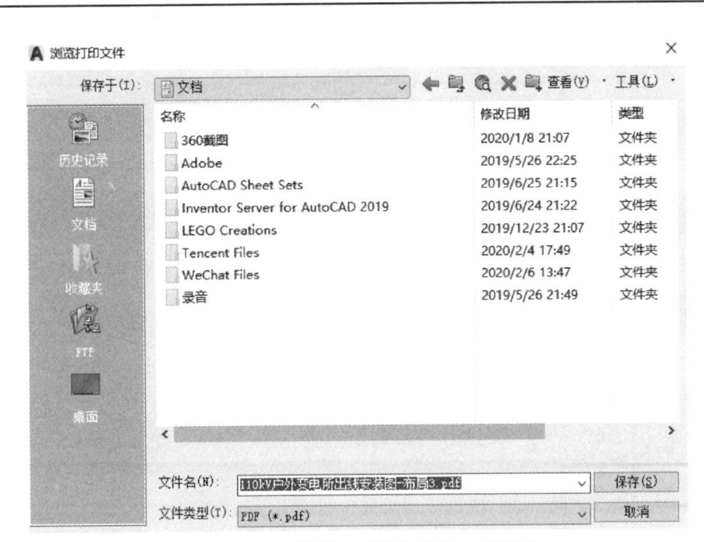

图 12-7　“浏览打印文件”对话框

也可在页面上方选项卡上进行相关设置，如图 12-8 所示。选择输出范围为“输出：当前布局”“页面设置：当前”，输出类型为“PDF”。单击“预览”按钮，可预览打印效果，如图 12-9 所示。

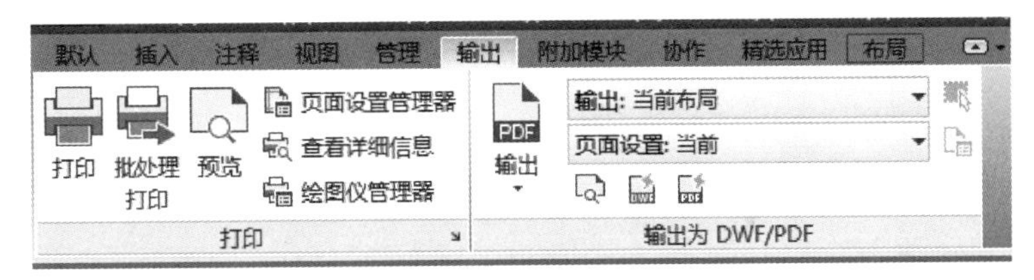

图 12-8　输出设置

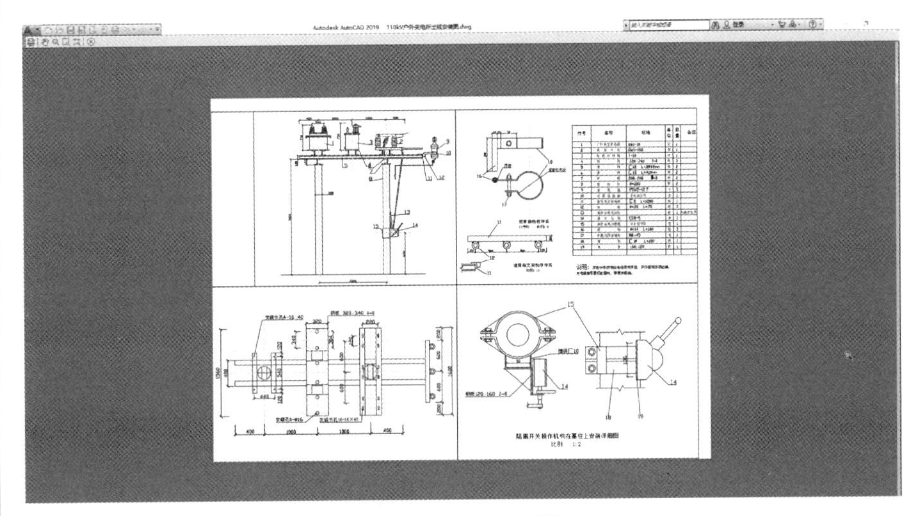

图 12-9　打印预览
</td></tr>
</table>

（续）

任务评价

1. 任务评价表

序号	评价项目 （每项 10 分）	自我评价 30%	小组评价 30%	教师评价 40%
1	绘图任务分析			
2	所使用绘图命令分析			
3	出图步骤制定			
4	出图实施过程			
5	布局设置规范			
6	打印设置规范			
7	输出图样精准			
8	团队协作			
9	职业规范			
10	环境保护			
小计				
总分				

2. 小组评语

____

____

____。

3. 教师评语

____

____

____。

任务总结

请根据自身在任务实施中的情况进行反思和总结。

____

____

____。

拓展任务1　M7130型平面磨床电气原理图的识图

任务名称	M7130型平面磨床电气原理图的识图	任务编号	
姓名		实施日期	
小组成员		总成绩	
任务描述	1. 任务背景 机床厂有一台长期使用的M7130型平面磨床出现电气故障，无法进行生产。现要进行车床维修，排除电气故障。车床电气原理图如图13-1所示。请完成图纸的识读，为机床的维修做准备。 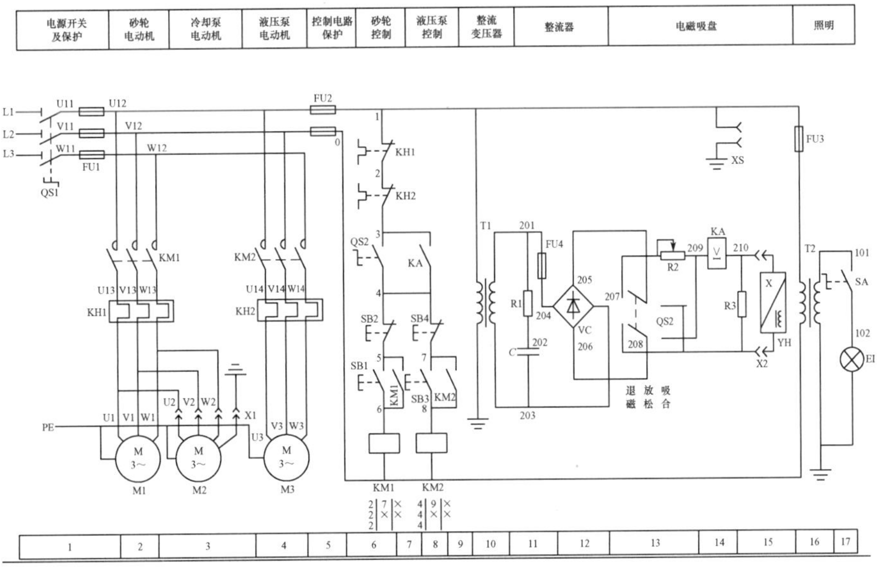 图13-1　M7130型平面磨床的电气原理图 2. 任务要求 1）能根据任务，明确M7130型平面磨床电气控制要求。 2）能准确识读电路图中的图形、文字符号。 3）能正确识读、解释M7130型平面磨床电气控制原理图。		
知识技能要求	1. 熟知电气控制线路图中元器件符号。 2. 熟悉电气控制线路图的特点。 3. 掌握电气控制线路图的读图方法。		
任务实施	1. 任务实施方案 根据电气识图的规则，制定实施步骤。 答：		

（续）

任务实施

2. 任务实施

（1）对 M7130 型平面磨床进行特点分析

1）根据 M7130 型平面磨床的工作需求，结合教师讲解和资料查询，简要描述该车床的工作特点。

答：

2）搜集资料，分析 M7130 型平面磨床主要运动形式及控制要求。

答：

3）搜集资料，分析 M7130 型平面磨床电气控制电路的特点。

答：

4）搜集资料，分析 M7130 型平面磨床对电气控制的要求。

答：

（2）识读 M7130 型平面磨床主电路图

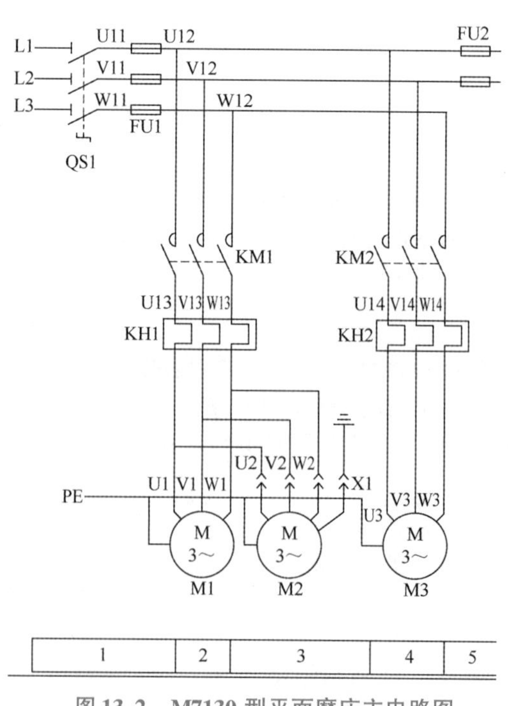

图 13-2　M7130 型平面磨床主电路图

（续）

任务实施

1）识读图 13-2，回答主电路图分为几个区，各区的功能是什么？

答：

2）运用所学知识，对电动机 M1、M2、M3 的主电路进行分析。

答：

（3）识读 M7130 型平面磨床控制电路图

控制电路保护	砂轮控制	液压泵控制	整流变压器	整流器	电磁吸盘	照明

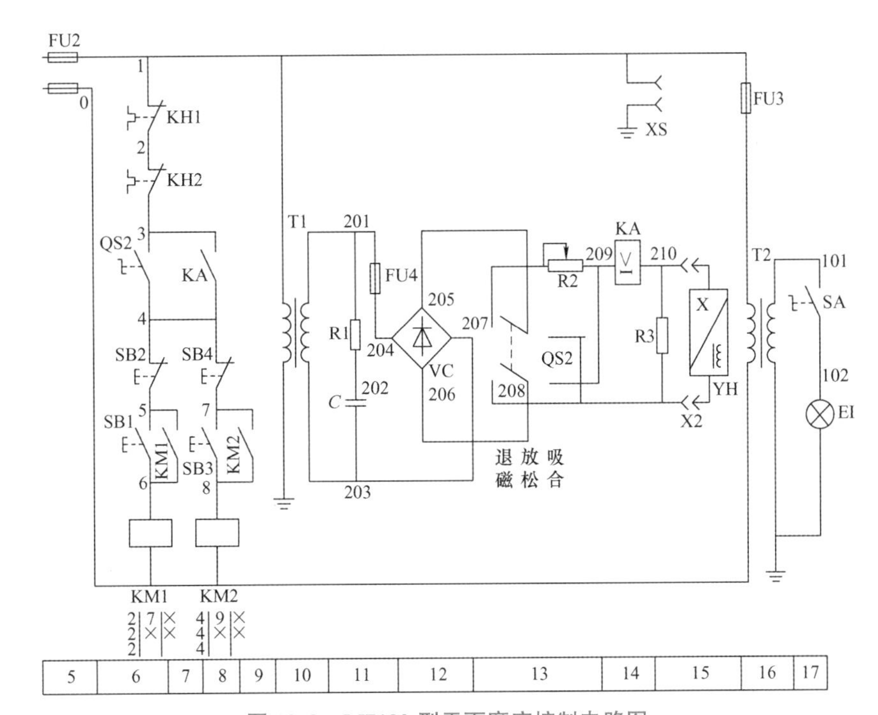

图 13-3　M7130 型平面磨床控制电路图

1）识读图 13-3，对控制电路中 6～9 区进行分析描述。

答：

2）识读图 13-3，对控制电路中 13～15 区进行分析描述。

答：

3）识读图 13-3，对控制电路中 10、11 区进行分析描述。

答：

（续）

任务评价

1. 任务评价表

序号	评价项目 （每项 10 分）	自我评价 30%	小组评价 30%	教师评价 40%
1	绘图任务分析			
2	电气符号识读			
3	主电路识读			
4	控制电路识读			
5	辅助电路识读			
6	电气原理分析			
7	描述文字规范性			
8	团队协作			
9	职业规范			
10	环境保护			
小计				
总分				

2. 小组评语

____

____

____。

3. 教师评语

____

____

____。

任务总结

请根据自身在任务实施中的情况进行反思和总结。

____

____

____。

拓展任务2　实验楼电气安装平面图的识图

任务名称	实验楼电气安装平面图的识图	任务编号	
姓名		实施日期	
小组成员		总成绩	
任务描述	1. 任务背景 学校新建一实验楼，需要对该实验楼的照明线路及动力线路进行安装。现有实验楼的电气安装任务，请完成相关图样的识读，如图14-1所示，为安装施工做准备。 接地 $R\leq10\Omega$ 电缆引入 3N～380V/220V 1-Y $\frac{2\times40}{3}$ C WL8.9 2-F $\frac{2\times100}{3.5}$ C 1-F $\frac{1\times150}{-}$ AL1 WL1.2.3 WL7 ～220V/36V 500V·A 浴室 1-Y $\frac{1\times40}{3}$ C 仓库 分析室 WL4.5.6 WL6 1-D $\frac{1\times60}{-}$ 更衣室 1-D $\frac{1\times60}{-}$ 1-D $\frac{1\times60}{-}$ WL5.6 WL5 3-D $\frac{1\times60}{-}$ WL4 2-F $\frac{1\times60}{-}$ 1-H $\frac{9\times60}{3.5}$ C WL6 4-F $\frac{1\times150}{-}$ +0.00 生化实验室 物理实验室 4-Y $\frac{2\times40}{3}$ C 1-D $\frac{1\times60}{-}$ 2-B $\frac{2\times40}{2.5}$ W 4400 1600 12000 6000 C 1/B B A 4000　4000　4000　4000　4000 1　2　3　4　5　6 说明： 1. 插座导线：BV-500-4×4-S20-FC。 2. 照明线路：BV-500-2.5-PC20-WC。 图14-1　实验楼电气安装平面图 2. 任务要求 能正确识读实验楼电气安装平面图		
知识技能要求	1. 熟知电气施工图中的元器件符号。 2. 掌握导线型号命名规则、编号含义等。 3. 熟悉电气安装平面图的特点。 4. 掌握电气安装平面图的识图方法。		
任务实施	1. 任务实施方案 根据电气识图的规则，制定实施步骤。 答：		

（续）

<table>
<tr><td>任务实施</td><td>2. 任务实施
1）识读图 14-1，分析该实验楼电气安装中照明线路的连接方式。
答：

2）识读图 14-1，分析该实验楼电气安装中接地线路的连接方式。
答：

3）识读图 14-1，分析该实验楼电气安装中导线的型号含义。
答：</td></tr>
<tr><td>任务评价</td><td>1. 任务评价表
<table>
<tr><td>序号</td><td>评价项目
（每项 10 分）</td><td>自我评价
30%</td><td>小组评价
30%</td><td>教师评价
40%</td></tr>
<tr><td>1</td><td>信息收集</td><td></td><td></td><td></td></tr>
<tr><td>2</td><td>建筑结构的识读</td><td></td><td></td><td></td></tr>
<tr><td>3</td><td>施工图电气符号识读</td><td></td><td></td><td></td></tr>
<tr><td>4</td><td>导线标注的识读</td><td></td><td></td><td></td></tr>
<tr><td>5</td><td>照明线路的识读</td><td></td><td></td><td></td></tr>
<tr><td>6</td><td>接地线路的识读</td><td></td><td></td><td></td></tr>
<tr><td>7</td><td>描述文字规范性</td><td></td><td></td><td></td></tr>
<tr><td>8</td><td>团队协作</td><td></td><td></td><td></td></tr>
<tr><td>9</td><td>职业规范</td><td></td><td></td><td></td></tr>
<tr><td>10</td><td>环境保护</td><td></td><td></td><td></td></tr>
<tr><td colspan="2">小计</td><td></td><td></td><td></td></tr>
<tr><td colspan="2">总分</td><td colspan="3"></td></tr>
</table>
2. 小组评语
____
____
____________________。
3. 教师评语
____
____
____________________。</td></tr>
<tr><td>任务总结</td><td>请根据自身在任务实施中的情况进行反思和总结。
____
____
____________________。</td></tr>
</table>

拓展任务 3 “Floor Plan Sample”图样的图层设置

任务名称	“Floor Plan Sample”图样的图层设置	任务编号	
姓名		实施日期	
小组成员		总成绩	

任务描述

1. 任务背景

某地要新建一栋大楼，为了方便施工，需要对“Floor Plan Sample”图样进行图层特性设置，方便读图。

2. 任务要求

使用 AutoCAD 2019 软件，根据要求对软件自带样例图形文件“Floor Plan Sample”进行图层特性设置，如图 15-1 和图 15-2 所示。

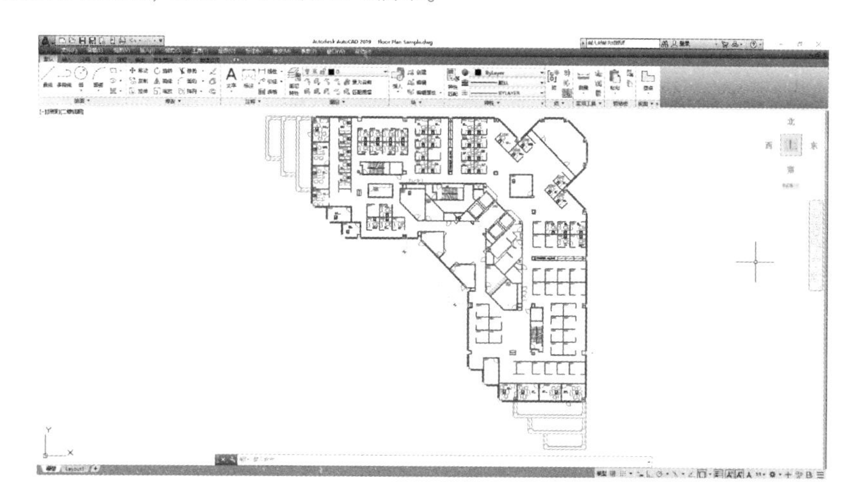

图 15-1 “Floor Plan Sample”图样

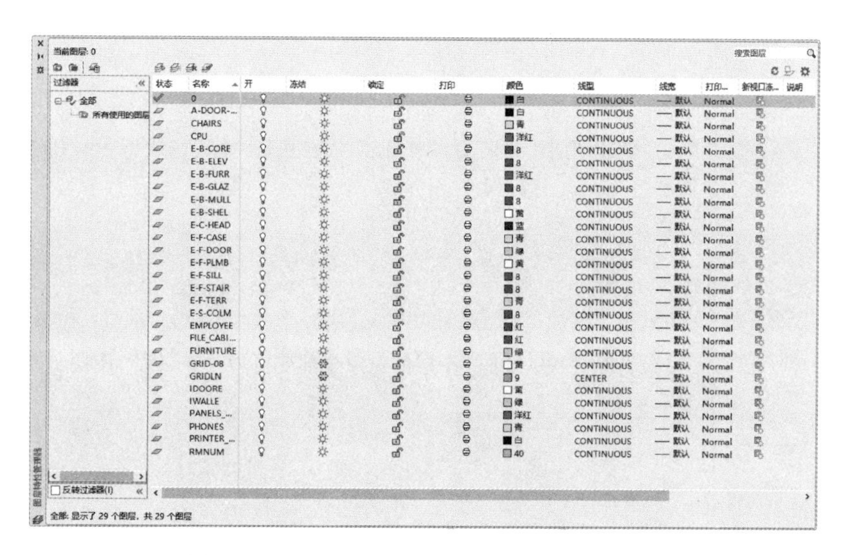

当前图层：0

状态	名称	开	冻结	锁定	打印	颜色	线型	线宽	打印...	新视口冻...	说明
	0					白	CONTINUOUS	—— 默认	Normal		
	A-DOOR-...					白	CONTINUOUS	—— 默认	Normal		
	CHAIRS					青	CONTINUOUS	—— 默认	Normal		
	CPU					洋红	CONTINUOUS	—— 默认	Normal		
	E-B-CORE					8	CONTINUOUS	—— 默认	Normal		
	E-B-ELEV					8	CONTINUOUS	—— 默认	Normal		
	E-B-FURR					洋红	CONTINUOUS	—— 默认	Normal		
	E-B-GLAZ					8	CONTINUOUS	—— 默认	Normal		
	E-B-MULL					8	CONTINUOUS	—— 默认	Normal		
	E-B-SHEL					黄	CONTINUOUS	—— 默认	Normal		
	E-C-HEAD					蓝	CONTINUOUS	—— 默认	Normal		
	E-F-CASE					青	CONTINUOUS	—— 默认	Normal		
	E-F-DOOR					绿	CONTINUOUS	—— 默认	Normal		
	E-F-PLMB					黄	CONTINUOUS	—— 默认	Normal		
	E-F-SILL					8	CONTINUOUS	—— 默认	Normal		
	E-F-STAIR					8	CONTINUOUS	—— 默认	Normal		
	E-F-TERR					青	CONTINUOUS	—— 默认	Normal		
	E-S-COLM					8	CONTINUOUS	—— 默认	Normal		
	EMPLOYEE					红	CONTINUOUS	—— 默认	Normal		
	FILE_CABI...					红	CONTINUOUS	—— 默认	Normal		
	FURNITURE					绿	CONTINUOUS	—— 默认	Normal		
	GRID-08					黄	CONTINUOUS	—— 默认	Normal		
	GRIDLN					9	CENTER	—— 默认	Normal		
	IDOORE					黄	CONTINUOUS	—— 默认	Normal		
	IWALLE					绿	CONTINUOUS	—— 默认	Normal		
	PANELS_...					洋红	CONTINUOUS	—— 默认	Normal		
	PHONES					青	CONTINUOUS	—— 默认	Normal		
	PRINTER_...					白	CONTINUOUS	—— 默认	Normal		
	RMNUM					40	CONTINUOUS	—— 默认	Normal		

全部：显示了 29 个图层，共 29 个图层

图 15-2 “Floor Plan Sample”图样的图层特性

（续）

知识技能要求	1. 掌握 AutoCAD 2019 中图层特性设置的方法。 2. 会操作图层特性管理器。 3. 会对已绘制的线型进行设置。 4. 会新建图层。 5. 会变更对象的图层。 6. 会调用 AutoCAD 2019 软件自带样例图形文件。
任务实施	1. 任务实施方案 根据任务要求，确定操作步骤。 答： 2. 任务实施 1）正确调用样例文件，打开“图层特性管理器”对话框，并展示。 答： 2）改变“E－B－CORE”图层的颜色为“洋红”，并展示。 答： 3）改变“E－C－HEAD”图层的线型为“HIDDEN”，并展示。 答： 4）新建图层，命名为“WALL”，颜色为“绿”，线型为“CENTER”，线宽默认，并展示。 答： 5）将原“IWALLE”图层的对象全部变更为“WALL”图层，并展示。 答：

（续）

任务评价

1. 任务评价表

序号	评价项目 （每项10分）	自我评价 30%	小组评价 30%	教师评价 40%
1	绘图任务分析			
2	图层分析			
3	步骤制定			
4	“图层特性管理器”应用			
5	颜色变换			
6	线宽变换			
7	操作熟练度			
8	团队协作			
9	职业规范			
10	环境保护			
小计				
总分				

2. 小组评语

____

____

____。

3. 教师评语

____

____

____。

任务总结

请根据自身在任务实施中的情况进行反思和总结。

____

____

____。

拓展任务4　常见电气符号的绘制

<table>
<tr><td>任务名称</td><td>常见电气符号的绘制</td><td>任务编号</td><td></td></tr>
<tr><td>姓名</td><td></td><td>实施日期</td><td></td></tr>
<tr><td>小组成员</td><td></td><td>总成绩</td><td></td></tr>
<tr><td>任务描述</td><td colspan="3">1. 任务背景
某工地要进行电气照明线路安装施工，现有电路图样设计任务，请结合电气照明线路的工作原理，合理、规范绘制出相关元器件的图形符号，方便后期绘图调用。
2. 任务要求
使用 AutoCAD 2019 软件，绘制出常见电气符号，如图 16-1 所示。
图 16-1　常见电气符号</td></tr>
<tr><td>知识技能要求</td><td colspan="3">1. 掌握 AutoCAD 2019 中常用命令：“圆弧”“直线”“正交”“圆”“多边形”“对象捕捉”“动态输入”等的用法。
2. 掌握简单二维图形的绘制方法。</td></tr>
<tr><td>任务实施</td><td colspan="3">1. 任务实施方案
根据任务要求，确定操作步骤。
答：

2. 任务实施
用“圆弧”“直线”“正交”“圆”“多边形”“对象捕捉”“动态输入”等命令绘制图 16-1 中的图形对象，要求方法合理，绘制精确，并分步展示绘制过程。
答：</td></tr>
</table>

（续）

任务评价

1. 任务评价表

序号	评价项目 （每项10分）	自我评价 30%	小组评价 30%	教师评价 40%
1	绘图任务分析			
2	所使用绘图命令分析			
3	绘图步骤制定			
4	绘图实施过程			
5	绘图命令运用			
6	绘制图样准确度			
7	绘制图样规范性			
8	团队协作			
9	职业规范			
10	环境保护			
小计				
总分				

2. 小组评语

____

____

____。

3. 教师评语

____

____

____。

任务总结

请根据自身在任务实施中的情况进行反思和总结。

____

____

____。

拓展任务5　单相电能表测量电路图的绘制

任务名称	单相电能表测量电路图的绘制	任务编号	
姓名		实施日期	
小组成员		总成绩	
任务描述	1. 任务背景 某单位要对电气照明线路进行电能测量，现有电路图样设计任务，请结合电气照明线路的工作原理，合理、规范绘制出相关电路图。 2. 任务要求 使用AutoCAD 2019软件，绘制出单相电能表测量电路图，如图17-1所示。 图17-1　单相电能表测量电路图		
知识技能要求	1. 能描述单相电能表测量电路的工作原理。 2. 掌握AutoCAD 2019中常用命令：“矩形”“圆”“旋转”“镜像”“直线”“复制”“单行文字”“对象捕捉”等的用法。 3. 掌握简单电路原理图的绘制方法。		
任务实施	1. 任务实施方案 根据任务要求，确定操作步骤。 答： 2. 任务实施 1）运用所学命令，绘制出一个A4纸张大小的边框，并展示。 答： 2）用“矩形”“圆”“旋转”“镜像”“直线”“复制”“单行文字”“对象捕捉”等命令绘制图17-1中的图形，要求方法合理，绘制精确，并分步展示绘制过程。 答：		

（续）

<table>
<tr><td rowspan="3">任务评价</td><td>

1. 任务评价表

序号	评价项目 （每项 10 分）	自我评价 30%	小组评价 30%	教师评价 40%
1	绘图任务分析			
2	所使用绘图命令分析			
3	绘图步骤制定			
4	绘图实施过程			
5	绘图命令运用			
6	绘制图样准确度			
7	绘制图样规范性			
8	团队协作			
9	职业规范			
10	环境保护			
小计				
总分				

2. 小组评语

____

____

____。

3. 教师评语

____

____

____。
</td></tr>
</table>

<table>
<tr><td>任务总结</td><td>请根据自身在任务实施中的情况进行反思和总结。
____
____
____。</td></tr>
</table>

拓展任务6　10kV降压变电所主接线图的绘制

<table>
<tr><td>任务名称</td><td>10kV降压变电所主接线图的绘制</td><td>任务编号</td><td></td></tr>
<tr><td>姓名</td><td></td><td>实施日期</td><td></td></tr>
<tr><td>小组成员</td><td></td><td>总成绩</td><td></td></tr>
<tr><td>任务描述</td><td colspan="3">1. 任务背景
某大型工厂总降压变电站进行扩容升级改造施工，现有电路图样设计任务，请结合总降压变电站的工作原理，合理、规范绘制出相关电路图。
2. 任务要求
使用AutoCAD 2019软件，绘制出10kV降压变电所主接线图，如图18-1所示。 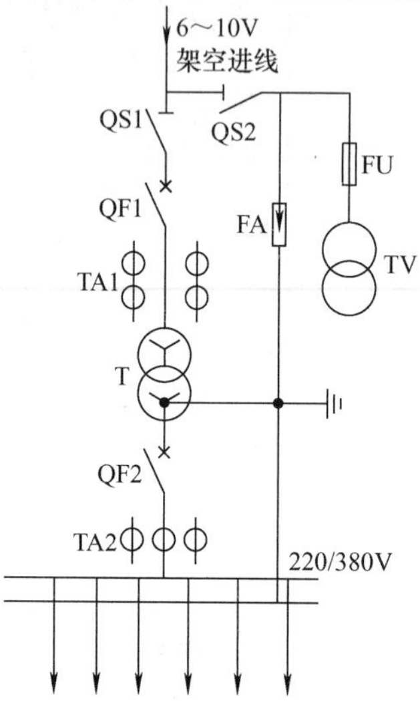
图18-1　10kV降压变电所主接线图</td></tr>
<tr><td>知识技能要求</td><td colspan="3">1. 能描述降压变电所主接线的工作原理。
2. 掌握AutoCAD 2019中常用命令：“矩形”“圆”“旋转”“镜像”“直线”“复制”“对象捕捉”“单行文字”等的用法。
3. 掌握简单主接线图的绘制方法。</td></tr>
<tr><td>任务实施</td><td colspan="3">1. 任务实施方案
根据任务要求，确定操作步骤。
答：

2. 任务实施
1）运用所学命令，绘制出一个A4纸张大小的边框，并展示。
答：

2）绘制图18-1中的高压隔离开关、高压断路器、变压器、电压互感器、电流互感器、熔断器等设备的图形符号，并展示。
答：</td></tr>
</table>

（续）

任务实施

3）绘制导线，连接设备的图形符号，并展示。

答：

4）对绘制的电路图进行文字标注，并展示。

答：

任务评价

1. 任务评价表

序号	评价项目 （每项10分）	自我评价 30%	小组评价 30%	教师评价 40%
1	绘图任务分析			
2	所使用绘图命令分析			
3	绘图步骤制定			
4	绘图实施过程			
5	绘图命令运用			
6	绘制图样准确度			
7	绘制图样规范性			
8	团队协作			
9	职业规范			
10	环境保护			
小计				
总分				

2. 小组评语

____

____

____。

3. 教师评语

____

____

____。

任务总结

请根据自身在任务实施中的情况进行反思和总结。

____

____

____。

拓展任务 7　教室照明配电图的绘制

<table>
<tr><td>任务名称</td><td>教室照明配电图的绘制</td><td>任务编号</td><td></td></tr>
<tr><td>姓名</td><td></td><td>实施日期</td><td></td></tr>
<tr><td>小组成员</td><td></td><td>总成绩</td><td></td></tr>
<tr><td>任务描述</td><td colspan="3">1. 任务背景
某施工队要对一教学楼进行供配电线路安装施工，现有电路图样设计任务，请结合供配电线路的工作原理，合理、规范绘制出相关配电图。
2. 任务要求
使用 AutoCAD 2019 软件，绘制出教室照明配电图，如图 19-1 所示。 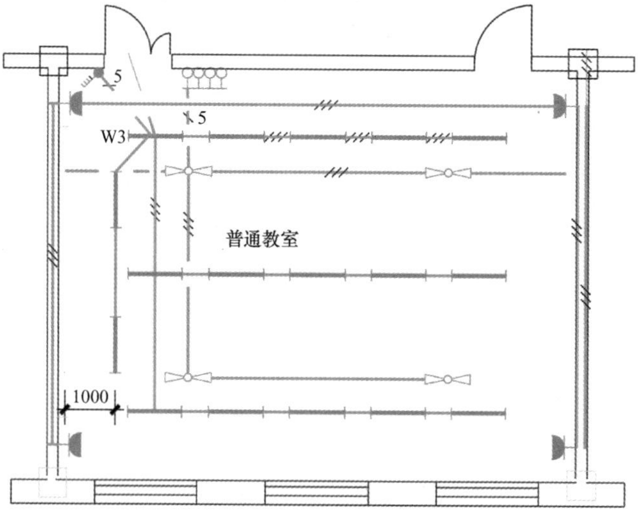

图 19-1　教室照明配电图</td></tr>
<tr><td>知识技能要求</td><td colspan="3">1. 掌握 AutoCAD 2019 中常用命令：“图层”“直线”“矩形”“圆”“填充”“复制”“移动”“阵列”“单行文字”等的用法。
2. 掌握简单配电图的绘制方法。</td></tr>
<tr><td>任务实施</td><td colspan="3">1. 任务实施方案
根据任务要求，确定操作步骤。
答：

2. 任务实施
1）绘制教室平面建筑简图。创建相关图层特性，绘制“墙壁”“门窗”等对象，并展示。
答：</td></tr>
</table>

（续）

<table>
<tr><td>任务实施</td><td>2）绘制“开关”“插座”“荧光灯”等设备的图形符号，并展示。
答：

3）绘制导线，连接设备的图形符号，并展示。
答：

4）对绘制的电路图进行文字标注，并展示。
答：</td></tr>
<tr><td>任务评价</td><td>1. 任务评价表
<table>
<tr><td>序号</td><td>评价项目
（每项10分）</td><td>自我评价
30%</td><td>小组评价
30%</td><td>教师评价
40%</td></tr>
<tr><td>1</td><td>绘图任务分析</td><td></td><td></td><td></td></tr>
<tr><td>2</td><td>所使用绘图命令分析</td><td></td><td></td><td></td></tr>
<tr><td>3</td><td>绘图步骤制定</td><td></td><td></td><td></td></tr>
<tr><td>4</td><td>绘图实施过程</td><td></td><td></td><td></td></tr>
<tr><td>5</td><td>绘图命令运用</td><td></td><td></td><td></td></tr>
<tr><td>6</td><td>绘制图样准确度</td><td></td><td></td><td></td></tr>
<tr><td>7</td><td>绘制图样规范性</td><td></td><td></td><td></td></tr>
<tr><td>8</td><td>团队协作</td><td></td><td></td><td></td></tr>
<tr><td>9</td><td>职业规范</td><td></td><td></td><td></td></tr>
<tr><td>10</td><td>环境保护</td><td></td><td></td><td></td></tr>
<tr><td colspan="2">小计</td><td></td><td></td><td></td></tr>
<tr><td colspan="2">总分</td><td colspan="3"></td></tr>
</table>2. 小组评语
____
____
____。
3. 教师评语
____
____
____。</td></tr>
<tr><td>任务总结</td><td>请根据自身在任务实施中的情况进行反思和总结。
____
____
____。</td></tr>
</table>

拓展任务 8　X62W 卧式铣床电气控制原理图的绘制

<table>
<tr><td>任务名称</td><td>X62W 卧式铣床电气控制原理图的绘制</td><td>任务编号</td><td></td></tr>
<tr><td>姓名</td><td></td><td>实施日期</td><td></td></tr>
<tr><td>小组成员</td><td></td><td>总成绩</td><td></td></tr>
<tr><td>任务描述</td><td colspan="3">1. 任务背景
某机加工车间需要对 X62W 卧式铣床电气部分进行维修施工，现有电路图样设计任务，请结合 X62W 卧式铣床电气控制线路的工作原理，合理、规范绘制出相关电路图。
2. 任务要求
使用 AutoCAD 2019 软件，绘制出 X62W 卧式铣床电气控制原理图，如图 20-1 所示。 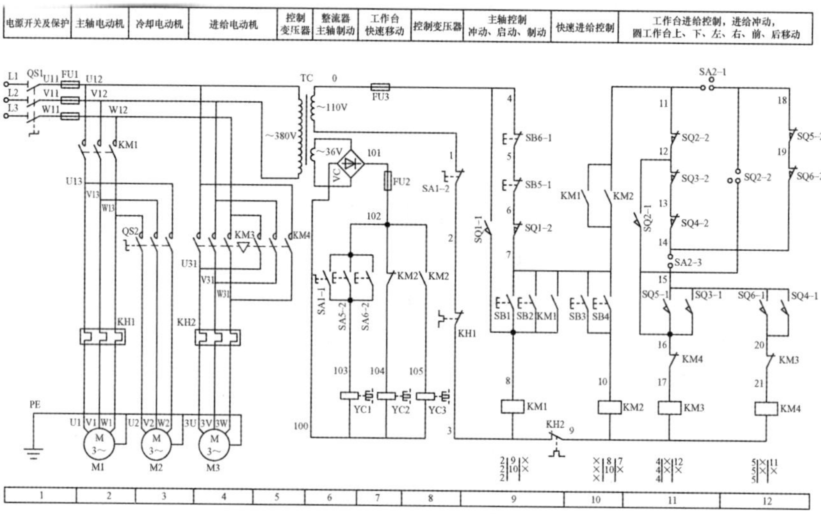

图 20-1　X62W 卧式铣床电气控制原理图</td></tr>
<tr><td>知识技能要求</td><td colspan="3">1. 能描述 X62W 卧式铣床电气控制的工作原理。
2. 掌握 AutoCAD 2019 中常用命令：“图层”“直线”“圆”“复制”“旋转”“移动”“修剪”“删除”“单行文字”“填充”等的用法。
3. 掌握简单电气原理图的绘制方法。</td></tr>
<tr><td>任务实施</td><td colspan="3">1. 任务实施方案
根据任务要求，确定操作步骤。
答：

2. 任务实施
1）设置绘图环境，使用图层特性管理器创建相关图层，并展示。
答：</td></tr>
</table>

（续）

任务实施

2）绘制“电动机”“继电器”“熔断器”“按钮”等设备的图形符号，并展示。
答：

3）绘制导线，将设备的图形符号连接，并展示。
答：

4）对绘制的电路图进行文字标注，并展示。
答：

任务评价

1. 任务评价表

序号	评价项目 （每项 10 分）	自我评价 30%	小组评价 30%	教师评价 40%
1	绘图任务分析			
2	所使用绘图命令分析			
3	绘图步骤制定			
4	绘图实施过程			
5	绘图命令运用			
6	绘制图样准确度			
7	绘制图样规范性			
8	团队协作			
9	职业规范			
10	环境保护			
小计				
总分				

2. 小组评语

____

____

____。

3. 教师评语

____

____

____。

任务总结

请根据自身在任务实施中的情况进行反思和总结。

____

____

____。